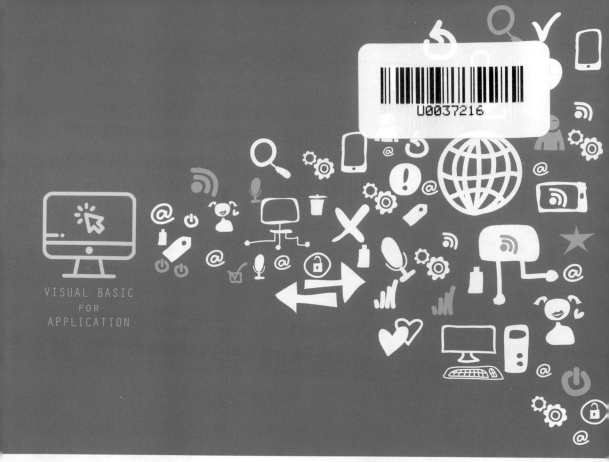

VISUAL BASIC
FOR
APPLICATION

Excel VBA
快速上手

程式設計與實務應用

全華研究室 · 郭欣怡　編著

全華圖書股份有限公司

編輯大意

PREFACE

這是一本學習 Excel VBA 極佳的入門書籍，在本書的引導下，你可以快速且無痛學習 Excel VBA。

VBA是一種專門用於開發Office系列軟體的程式語言，它讓Microsoft Office的進階使用者，可以自行開發應用程式的自訂功能或是自動化操作，以便有效提升工作效能。本書主要講述內容以 Excel VBA 為主體，帶領您快速進入VBA的世界，全面貫通相關應用！

坊間許多Excel VBA相關書籍，文字篇幅往往過於冗長，或者缺乏循序漸進的範例解說。對於希望快速入門的讀者而言，很難馬上掌握學習重點。因此，本書將焦點集中在 Excel VBA的實際應用上，配合主題提供許多實用的示例，透過範例深入淺出的示範與解說，讓讀者可以快速理解並快速上手。

本書以入門角度撰寫，章節設計以功能導向為主軸，內容說明用字精簡且淺顯易懂，將各種功能井然有序整理出來。再配合實用的範例實作，書中範例包含許多語法示例，並穿插實用的程式功能設計，更提供完整的大型專題製作說明，隨著本書循序漸進的練習，加深你對 Excel VBA 的技能學習。

章節內容的安排，規畫第1、2章是Excel VBA的基本操作學習；第3章至第7章導入物件程式設計的各項基本概念；第8章至第12章始詳述各項物件的屬性、方法與事件的相關說明；第13、14章則是表單與控制項，學習應用程式功能的整合佈署；第15章綜合演練集結了全書各章所學，以三個不同類型的專題實例，將學習與實務應用具體結合。如果您是初學者，建議您在閱讀時，跟著本書章節依序學習並跟著範例實際操作，就能一步步掌握 Excel VBA 的各種使用技巧。

學習是一件快樂的事，祈望本書能讓您的學習更事半功倍，並將習得的技能融會貫通，實際應用在生活或職場上，輕鬆提升自身職場競爭力。

全華研究室

目錄
CONTENTS

03 | 資料型態與運算

04 | 流程控制—選擇結構

05 │ 流程控制─重複結構

06 │ 陣列

07 | 副程式與函數

08 | Application物件

09 | Workbook物件

10 | Worksheet物件

11 | Range物件

12 ｜ Chart**物件**

13 | 使用者介面設計

14 | 控制項總覽

15 | 綜合實例演練

VISUAL BASIC
FOR
APPLICATION

01

Excel VBA
基本介紹

1-1 認識巨集與 VBA

雖然Microsoft Office內建許多便利好用的功能，但是進階使用者還是希望能夠透過更具彈性的開發程式，將一些繁瑣的常用作業或是個別需求的功能，實現在原有的使用者介面中。因此微軟將VBA附隨在Office系列各應用程式(如：Word、Excel、PowerPoint、Access、Outlook等軟體)之中，讓使用者可以自行開發應用程式的自訂功能，或是設計自動化的操作，以便有效提升Office應用軟體的工作效能。

1-1-1 Excel VBA

VBA為Visual Basic for Application的縮寫，是一種專門用於開發Office系列軟體的程式語言，可直接控制應用軟體。其語法與Visual Basic相似，懂得編輯或撰寫VBA碼，可幫助使用者擴充Microsoft Office的基本功能。

自1994年發行的Excel 5.0版本，即開始支援VBA程式開發功能，讓使用者除了使用Excel原有內建功能之外，還能依照需求擴充更多功能。

VBA 的優點

一般而言，VBA具備以下的功能與優點：

- **滿足特殊功能或操作需求**：使用者可能有一些個別的功能需求，當原有套裝軟體的功能不敷使用時，可透過VBA，在既有的軟體功能上開發更符合自己需要的功能。

- **內建免費VBA編輯器與函式庫**：Office系列軟體已內建VBA編輯環境與函式庫，使用者不須另行安裝或購買，就能編寫VBA程式。

- **語法簡單，容易上手**：VBA語法與Visual Basic類似，屬於容易理解與閱讀的程式語言，初學者甚至可透過錄製巨集，或簡單編輯修改既有的巨集，來達成原本Excel無法辦到的功能。

- ✅ **利用 VBA 製作自動化流程**：在使用 Excel 時，若經常操作某些相同的步驟時，便可以利用 VBA 將這些步驟編寫成自動化操作，只要按下一個指令按鈕，即可自動完成一模一樣的作業程序，大幅提升工作效率。

- ✅ **減少人為錯誤**：因為將一連串的操作步驟都轉換為固定的程式碼，因此可避免重複性操作所導致的人為錯誤。

- ✅ **可結合其他軟硬體**：透過 VBA 可操控各種版本的 Office 應用軟體或其他軟硬體資源（如：Word、PowerPoint、Access 或 MySQL 等資料庫軟體、印表機……）的共同作業，自動達成抓取資料、數據更新、輸出數據、收發郵件等作業。

1-1-2　巨集

　　巨集是將一連串 Excel 操作命令組合在一起的指令集，主要用於執行大量的重複性操作。針對 Microsoft Excel 中需要常常重複執行的操作步驟，可以將它錄製成巨集，只要執行該巨集，就可以隨時自動執行這些步驟。

　　實際上 Excel 中的每個內建按鈕或指令，都代表一段 VBA 程式碼，而我們在錄製巨集的過程，也是將所有操作步驟記錄成一長串 VBA 程式碼，因此，巨集與 VBA 有著密不可分的關係。在 Excel 中可以利用以下兩種方法建立巨集：

📝 使用內建的錄製巨集功能

　　建立巨集最簡單且快速的方法，就是直接按下**「開發人員→程式碼→錄製巨集」**按鈕，或是按下**「檢視→巨集→巨集」**按鈕，開啟 Excel 的巨集錄製器，以錄製操作過程的方式將指令轉換為程式碼，並儲存成巨集。

> 📌 「開發人員」索引標籤屬於 Excel 進階標籤，預設情況下並不顯示。若欲使用巨集及 VBA 功能，須另行開啟「開發人員」索引標籤，以便執行更完整的指令操作。（設定操作見本章第 1-5 頁）

提到撰寫程式，初學者可能一想就覺得困難，不過Excel VBA本身已有許多模組化功能，再加上巨集輔助，所以非程式開發人員也能輕鬆上手。就算不會撰寫程式，只要透過Excel操作就能將它錄製下來，讓Excel自動產生程式碼。

直接錄製巨集比起從頭撰寫程式碼要簡單得多，開發程式時間也相對縮短。在後續第1-2節中，將說明如何利用Excel的巨集錄製器來錄製巨集。

使用 Visual Basic 編輯器建立 VBA 碼

另一種比錄製巨集更具彈性的作法，就是按下「**開發人員→程式碼→Visual Basic**」按鈕，開啟Excel中的 **Visual Basic編輯器** (Visual Basic Editor, VBE) 視窗，直接編輯VBA程式碼，也是本書的主要內容。

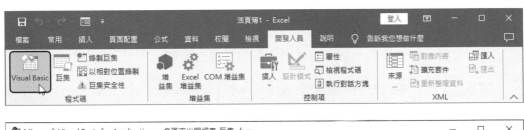

💬 開啟「開發人員」索引標籤

要使用 Excel 的巨集功能，或是撰寫 VBA 程式碼時，都須利用**「開發人員→程式碼」**群組中的各項相關指令按鈕。在預設情況下，「開發人員」索引標籤並不會顯示於視窗中，必須自行設定開啟。其設定方式如下：

STEP01 在 Excel 中點選**「檔案→選項」**功能，開啟「Excel 選項」對話方塊，再點選其中的**「自訂功能區」**標籤，於自訂功能區中將**「開發人員」**勾選，按下**「確定」**按鈕。

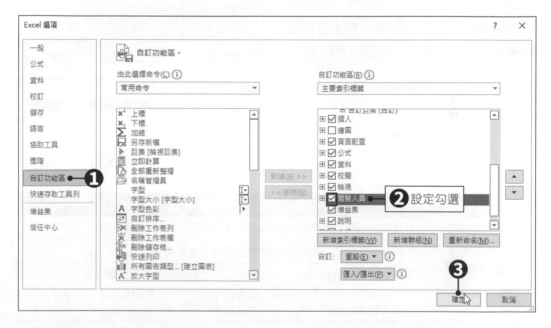

STEP02 回到 Excel 操作視窗中，功能區中便多了一個**「開發人員」**索引標籤，在**「開發人員→程式碼」**群組中，提供各種 VBA 與巨集相關功能。

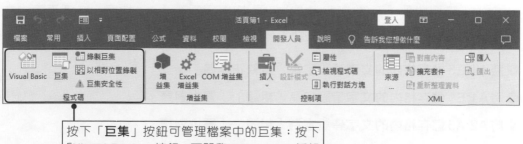

按下「巨集」按鈕可管理檔案中的巨集；按下「**Visual Basic**」按鈕，可開啟 Visual Basic 編輯器來編輯巨集或撰寫 VBA 程式。

1-2 錄製新巨集

「錄製巨集」就像是使用錄影功能一樣,透過實際的操作將這些步驟直接完整記錄下來,再由 Excel 將其轉換為 VBA 程式,日後若須重複執行這些操作,只要執行該巨集,即可自動操作相同的步驟。

在錄製巨集時,可以設定要將巨集儲存於何處。於「錄製巨集」對話方塊中的「將巨集儲存在」選單中,提供了**現用活頁簿、新的活頁簿、個人巨集活頁簿**等選項可供選擇,分別說明如下:

巨集儲存位置	說明
現用活頁簿	所錄製的巨集僅限於在現有的活頁簿中執行,為 Excel 預設值。
新的活頁簿	所錄製的巨集僅能使用在新開啟的活頁簿檔案中。
個人巨集活頁簿	所錄製的巨集會儲存在「Personal.xlsb」這個特殊的活頁簿檔案,它是一個儲存在電腦中的隱藏活頁簿,每當開啟 Excel 時,即會自動開啟,因此儲存在個人巨集活頁簿中的巨集可應用於所有活頁簿中。

1-2-1 錄製巨集

本小節請開啟「範例檔案\ch01\各區支出明細表.xlsx」檔案,在活頁簿中有北區、中區、南區三個工作表,三個工作表都要進行相同的格式設定如下:

◉ 將 A1:E5 儲存格內的文字皆設定為「微軟正黑體」。

◉ 將 A1:E1 儲存格內的文字皆設定為「粗體」、「置中對齊」。

◉ 將 A2:A5 儲存格內的文字皆設定為「粗體」、「置中對齊」。

◉ 將 B2:E5 儲存內的數字皆設定為貨幣格式。

◉ 將 A1:E5 儲存格皆加上格線。

如果每個工作表逐一設定，並不算是一個有效率的方法，因此以下我們將第一次格式設定的過程錄製成巨集，再將設定好的格式直接套用至另外兩個工作表中就可以了。作法如下：

STEP**01** 進入「**北區**」工作表中，按下「**開發人員→程式碼→錄製巨集**」按鈕。

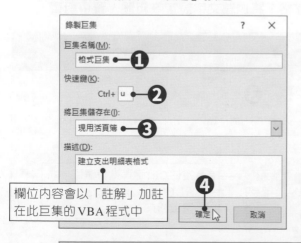

STEP**02** 開啟「錄製巨集」對話方塊，在**巨集名稱**欄位中設定一個名稱；若要為此巨集設定快速鍵時，請輸入要設定的按鍵；選擇要將巨集儲存在何處，都設定好後按下「**確定**」按鈕。

錄製巨集	? ×
巨集名稱(M):	
格式巨集 ❶	
快速鍵(K):	
Ctrl+ u ❷	
將巨集儲存在(I):	
現用活頁簿 ❸	
描述(D):	
建立支出明細表格式	

欄位內容會以「註解」加註在此巨集的 VBA 程式中

❹ 確定 取消

巨集的命名限制

● 不可使用 !@#$%^&* ... 等特殊符號。

● 不可以使用空格。

● 巨集名稱的第一個字元必須是字母（英文字母或中文字），隨後的字元則可以是字母、數字或底線字元。

註 設定快速鍵時亦可同時搭配其他功能鍵進行設定。例如，欲設定快速鍵為 Ctrl＋Shift＋U，只要在輸入快速鍵欄位時，同時按下 Shift＋U 即可。

STEP **03** 此時在狀態列上就會顯示 ■ 圖示，表示目前正在錄製巨集。

STEP **04** 接著選取 A1:E5 儲存格，按下「**常用→字型→字型**」按鈕，將文字設定為「**微軟正黑體**」。

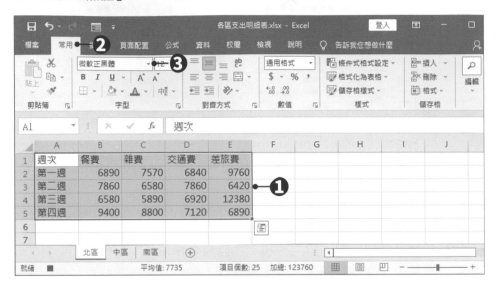

STEP **05** 同時選取 A1:E1 及 A2:A5 儲存格，將標題文字設定為**粗體**、**置中對齊**。

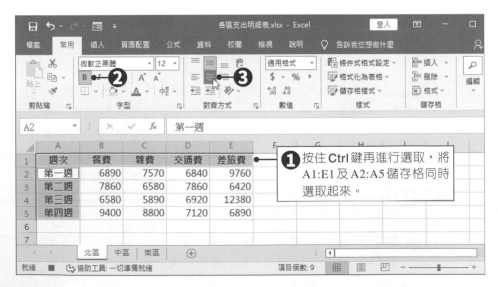

❶ 按住 **Ctrl** 鍵再進行選取，將 A1:E1 及 A2:A5 儲存格同時選取起來。

STEP**06** 選取 **B2:E5** 儲存格，點選「**常用→數值**」群組中的 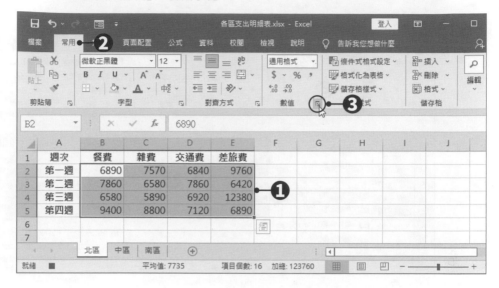 **對話方塊啟動鈕**，開
啟「設定儲存格格式」對話方塊。

STEP**07** 點選「**貨幣**」類別，將小數位數設定為「**0**」，設定好後按下「**確定**」按鈕。

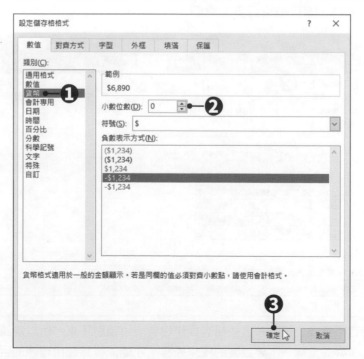

STEP**08** 選取 **A1:E5** 儲存格，點選「**常用→字型→** ⊞▾ **框線**」下拉鈕，於選單中點選「**所有框線**」，被選取的儲存格就會加上框線。

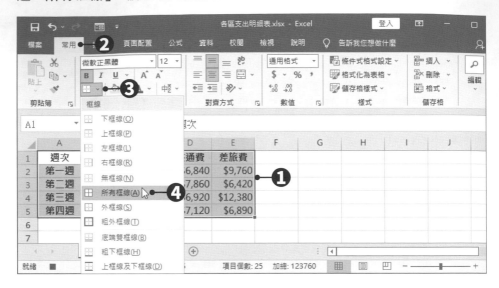

STEP**09** 到此「北區」工作表的格式已設定完成，最後按下「**開發人員→程式碼→ 停止錄製**」按鈕，即可結束巨集的錄製。

> **註** 在錄製巨集時若不慎操作錯誤，這些錯誤操作也會一併錄製下來，所以建議在錄製巨集之前，最好先演練一下要錄製的操作過程，才能流暢錄製出理想的巨集，巨集在播放時的執行效率也會越高。

STEP 10 巨集錄製好之後，點選「**檔案→另存新檔**」按鈕，選擇儲存位置，在開啟的「另存新檔」對話方塊中，按下「**存檔類型**」選單鈕，於選單中選擇「**Excel 啟用巨集的活頁簿 (*.xlsm)**」類型，接著輸入檔名，按下「**儲存**」按鈕。

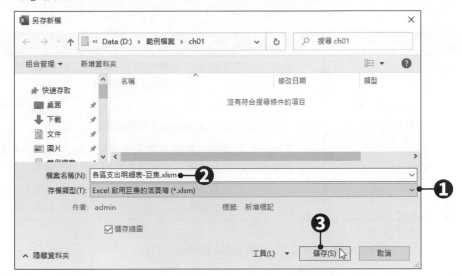

1-2-2 開啟巨集檔案

因為 Office 文件檔案有可能被有心人士用來置入破壞性的巨集，以便散播病毒，若隨意開啟含有巨集的文件，可能會面臨潛在的安全性風險。因此在預設情況下，Office 會先停用所有的巨集檔案，但會在開啟巨集檔案時出現安全性提醒，讓使用者可以自行決定是否啟用該檔案巨集。建議只有在確定巨集來源是可信任的情況下，才予以啟用。

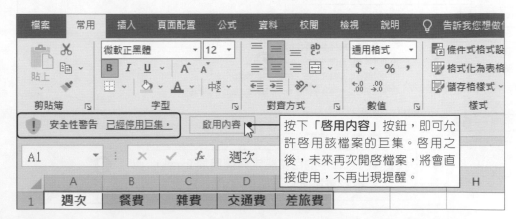

按下「**啟用內容**」按鈕，即可允許啟用該檔案的巨集。啟用之後，未來再次開啟檔案，將會直接使用，不再出現提醒。

1-2-3 巨集安全性設定

在學習或使用 Excel 的 VBA 程式開發的過程中，會常常使用到巨集和 VBA，因此有時須變更巨集安全性設定，以控制開啟活頁簿時要執行的巨集，以及執行巨集時的條件。Excel 信任中心提供四種安全性選項，分別說明如下：

巨集安全性選項	安全性	說明
停用所有巨集 (不事先通知)	高	是安全性最高的選項。會停用文件中的所有巨集，只有儲存在指定信任資料夾中的巨集才能執行。
除了經數位簽章的巨集外，停用所有巨集	↑ ↓	開啟文件時，所有與文件相關或內嵌於文件的執行檔會自動停用，執行檔必須具備信任憑證簽章才能執行。
停用所有巨集 (事先通知)		開啟含有巨集的文件時會顯示安全性通知，再依使用者指示選擇是否開啟（系統預設選項）。
啟用所有巨集	低	允許執行所有巨集。但此設定無法防範巨集病毒的攻擊，因此通常不建議使用。

STEP 01 按下「**開發人員→程式碼→巨集安全性**」按鈕，開啟「信任中心」對話方塊。

STEP 02 點選左側的「**巨集設定**」類別，在**巨集設定**欄位中點選想要設定的安全性選項，設定好後按下「**確定**」按鈕。

1-3　執行與檢視巨集

1-3-1　執行巨集

接續前述「各區支出明細表.xlsx」檔案的操作(或者開啟範例檔案中的「各區支出明細-巨集.xlsm」檔案)，錄製好巨集之後，便可在「中區」及「南區」工作表中執行巨集，讓工作表內的資料快速套用所設定的格式。

STEP01 點選進入「**中區**」工作表中，按下「**開發人員→程式碼→巨集**」按鈕，開啟「巨集」對話方塊。

STEP02 選取要使用的巨集名稱，按下「**執行**」按鈕。

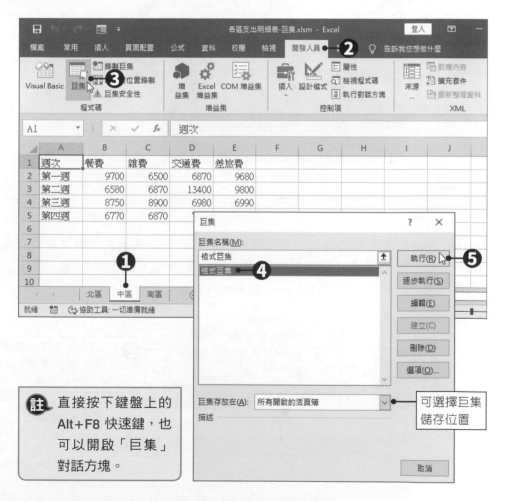

註 直接按下鍵盤上的 Alt＋F8 快速鍵，也可以開啟「巨集」對話方塊。

執行 v.s 逐步執行

在「巨集」對話方塊中執行巨集時，可選擇「執行」或「逐步執行」兩種巨集執行方式。選擇「執行」，會將指定的巨集程序全部執行一遍；選擇「逐步執行」，則每次只會執行一行指令，通常用於巨集程序內容的除錯。

STEP**03** 執行巨集後，「中區」工作表內的表格就會馬上套用我們剛剛所錄製的一連串格式設定。

STEP**04** 若在錄製巨集時同時設定快速鍵，也可以直接使用快速鍵來執行巨集。例如：我們將格式巨集的快速鍵設定為 Ctrl+u，接下來點選**「南區」**工作表，在此直接按下 **Ctrl+u**，即可執行巨集。

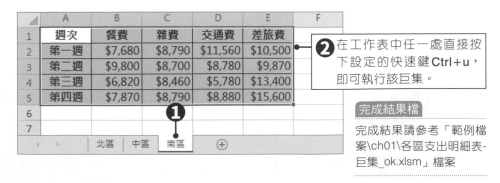

❷ 在工作表中任一處直接按下設定的快速鍵 **Ctrl+u**，即可執行該巨集。

完成結果檔

完成結果請參考「範例檔案\ch01\各區支出明細表-巨集_ok.xlsm」檔案

1-3-2 檢視巨集

STEP01 按下「**開發人員→程式碼→巨集**」按鈕；或是直接按下鍵盤上的 **Alt+F8** 快速鍵，就能開啟「巨集」對話方塊，在其中可以看到巨集清單。

STEP02 每個錄製好的巨集就是一段VBA程式碼。在選單中選定想檢視的巨集後，按下「**編輯**」按鈕，即可開啟VBA編輯視窗，該巨集的VBA程式碼會儲存在Module1模組中。

1-3-3 設定巨集快速鍵

巨集錄製完成後，可再次設定或編輯巨集快速鍵。設定巨集快速鍵時，須注意是否與 Excel 預設快速鍵重複，以免覆寫了 Excel 原有的快速鍵功能。

STEP01 按下「**開發人員→程式碼→巨集**」按鈕；或是直接按下鍵盤上的 **Alt+F8** 快速鍵，開啟「巨集」對話方塊。

STEP02 在選單中選定要設定快速鍵的巨集後，按下「**選項**」按鈕，開啟「巨集選項」對話方塊。

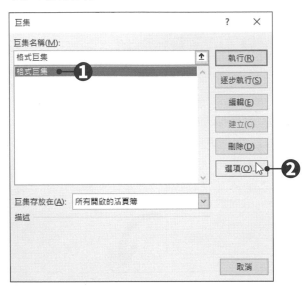

STEP03 將原先的快速鍵欄位文字選取起來(若為空白則將插入點放在欄位中)，同時按下鍵盤上的 **Shift+U**，按下「**確定**」按鈕，即可修改快速鍵設定。

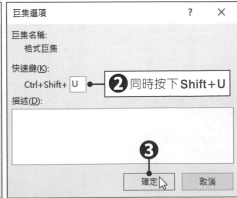

1-3-4 刪除巨集

STEP01 按下「**開發人員→程式碼→巨集**」按鈕;或是直接按下鍵盤上的 **Alt+F8** 快速鍵,開啟「巨集」對話方塊。

STEP02 在選單中選定要設定快速鍵的巨集後,按下「**刪除**」按鈕。

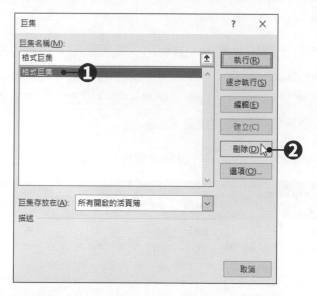

STEP03 接著會出現提示視窗確認是否刪除,在此按下「**是**」按鈕,即可將該巨集刪除。

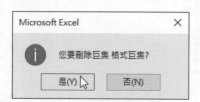

刪除 Excel 檔案中的所有巨集

● 若是想要一次刪除 Excel 檔案中的所有巨集,最快的方式就是直接將檔案轉存為「*.xlsx」格式,此時會出現提示訊息告知該檔案類型將無法儲存巨集,按下「是」即可將檔案回復為無巨集的活頁簿。

1-4 設定巨集的啟動位置

執行巨集時，除了透過「巨集」對話方塊或是設定快速鍵來執行巨集，也可以將巨集功能按鈕設置在工作表中、功能區中，或是固定在快速存取工具列。

1-4-1 指定巨集

我們可以在工作表中自訂一個按鈕圖示，並利用「指定巨集」功能，將已建立好的巨集指定到這個圖案物件上，當按下圖案後，就會執行指定的巨集。以下範例請開啟「範例檔案\ch01\成績表.xlsm」檔案，這是一個已設定好巨集的檔案，接下來將在工作表中建立一個可執行巨集的按鈕。

STEP01 按下「**插入→圖例→圖案**」下拉鈕，於選單中選擇一個圖案。

STEP02 選擇好後，於工作表中拖曳出一個圖案，在圖案上按下滑鼠右鍵，於選單中點選「**編輯文字**」按鈕。

STEP 03 接著於圖案中輸入文字，文字輸入好後，可於「**常用→字型**」及「**常用→
對齊方式**」群組中，自行設定文字格式及對齊方式。

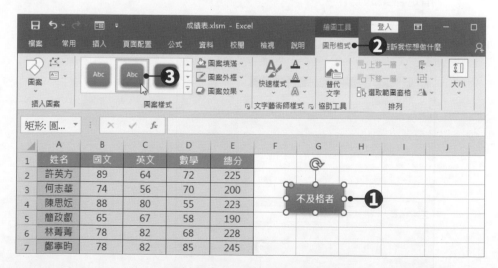

STEP 04 接著再於「**繪圖工具→圖形格式→圖案樣式**」群組中，選擇圖案要套用的
樣式。

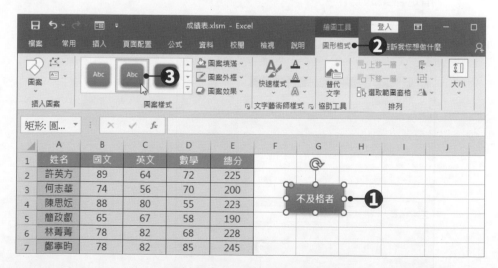

註 除了可以使用 Excel 的「圖案」功能建立按鈕圖示，若已開啟
「開發人員」索引標籤，也可以按下「開發人員→按制項→插
入」下拉鈕，於選單中選擇想要建立的按鈕控制項。

STEP**05** 圖案格式都設定好後，在圖案上按下滑鼠右鍵，於選單中點選「**指定巨集**」，開啟「指定巨集」對話方塊。

STEP**06** 在巨集清單中選擇要指定的巨集名稱，選擇好後按下「**確定**」按鈕，完成指定巨集的動作。

STEP**07** 指定巨集設定好後，當按下圖案，便會自動執行該圖案被指定的巨集。

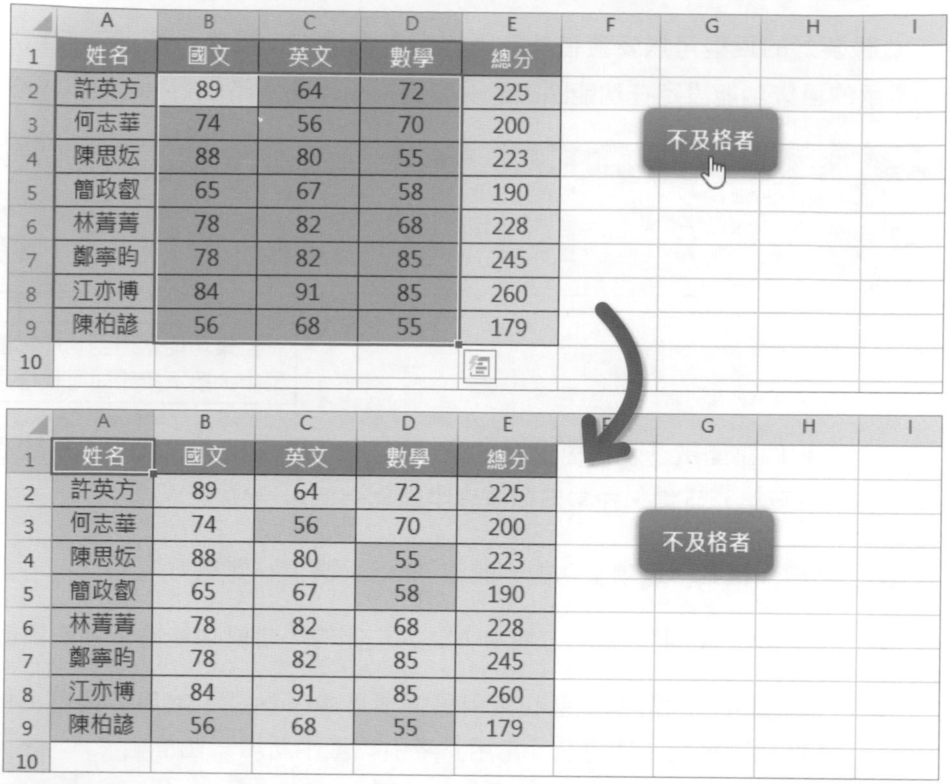

	A	B	C	D	E	F	G	H	I
1	姓名	國文	英文	數學	總分				
2	許英方	89	64	72	225				
3	何志華	74	56	70	200		不及格者		
4	陳思妘	88	80	55	223				
5	簡政叡	65	67	58	190				
6	林菁菁	78	82	68	228				
7	鄭寧昀	78	82	85	245				
8	江亦博	84	91	85	260				
9	陳柏諺	56	68	55	179				
10									

	A	B	C	D	E	F	G	H	I
1	姓名	國文	英文	數學	總分				
2	許英方	89	64	72	225				
3	何志華	74	56	70	200				
4	陳思妘	88	80	55	223		不及格者		
5	簡政叡	65	67	58	190				
6	林菁菁	78	82	68	228				
7	鄭寧昀	78	82	85	245				
8	江亦博	84	91	85	260				
9	陳柏諺	56	68	55	179				
10									

完成結果檔

範例檔案\ch01\成績表-指定巨集.xlsm

✎ 隨堂練習

開啟「範例檔案\ch01\隔行填色.xlsm」檔案，檔案中已事先建立一個「隔行填色」
巨集，請在工作表中新增一個圖案，只要按下該圖案即可執行「隔行填色」巨集。
執行結果請參考下圖。

	A	B	C	D	E	F	G
1	員工編號	姓名	職稱	年資			
2	0001	林志欽	課長	10			
3	0002	許祖民	主任	8		隔行填色	
4	0003	張茵茵	組員	5			
5	0004	何孟宗	組長	4			
6	0005	陳青耘	組員	2			

1-4-2 在功能區自訂巨集按鈕

　　錄製好的巨集可以安置在功能區的自訂群組中，成為一個指令按鈕。我們可將常用的巨集功能設定在功能區的索引標籤中，以便隨時執行。

> 將巨集功能新增至功能區的自訂群組中，按下按鈕即可執行巨集。

　　以下範例請開啟「範例檔案\ch01\成績表.xlsm」檔案，我們將為該活頁簿檔案中的「不及格」巨集，在常用功能表中建立一個指令按鈕。

STEP01 點選「**檔案→選項**」功能，開啟「Excel 選項」對話方塊。

STEP02 在「Excel 選項」對話方塊中，點選左側的「**自訂功能區**」類別標籤。

STEP03 在右側的「自訂功能區」索引標籤清單中，點選「**常用**」項目，按下「**新增群組**」按鈕，即可在「常用」索引標籤中新增一個群組。

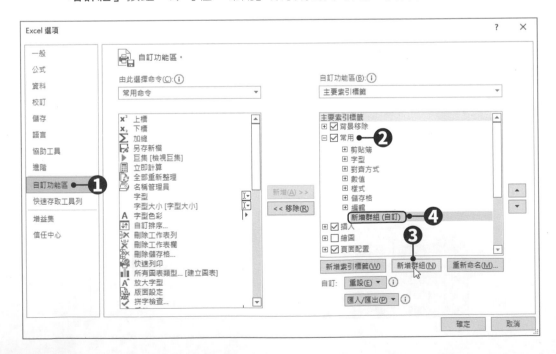

STEP**04** 接著點選「**新增群組(自訂)**」項目，按下「**重新命名**」按鈕。

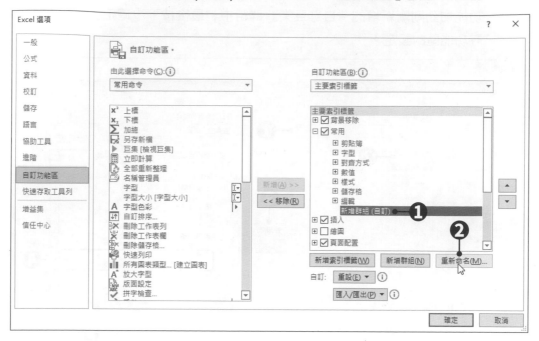

STEP**05** 在開啟的「重新命名」對話方塊中，選擇想要使用的圖示符號，並將該群
組命名為「自訂巨集」，設定完成後按下「**確定**」按鈕。

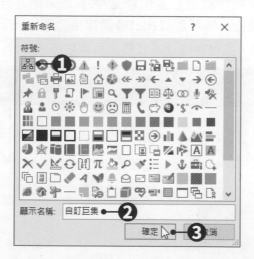

STEP**06** 回到「Excel 選項」對話方塊中，在「由此選擇命令」清單中選擇「**巨集**」
項目，此時會列出可用的巨集清單。

STEP07 點選其中的「不及格」巨集，按下「**新增**」按鈕，即可將「不及格」巨集功能加到剛剛新增的「自訂巨集」群組中。最後按下「**確定**」按鈕完成自訂功能區的設定。

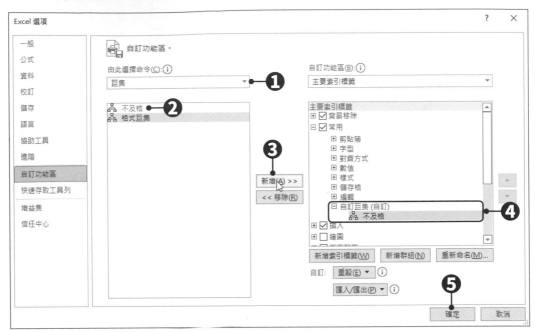

STEP08 回到Excel操作視窗，可以看到「常用」索引標籤中多了一個「自訂巨集」群組及「不及格」功能按鈕。接著選取**B2:D9**儲存格範圍，按下「**常用→自訂巨集→不及格**」按鈕，即可執行「不及格」巨集功能。

1-4-3 新增巨集按鈕至快速存取工具列

若將巨集按鈕設定在功能區中，這個按鈕只會出現在該電腦的 Excel 環境中；若想要將巨集按鈕隨著 Excel 檔案顯示，可以將它設定在快速存取工具列中。

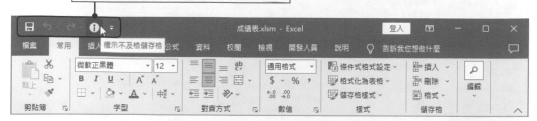

以下範例同樣開啟「範例檔案\ch01\成績表.xlsm」檔案，我們將為該活頁簿檔案中的「不及格」巨集功能，新增至快速存取工具列中。

STEP 01 點選「**檔案→選項**」功能，開啟「Excel 選項」對話方塊。

STEP 02 在「Excel 選項」對話方塊中，點選左側的「**快速存取工具列**」類別標籤。

STEP 03 按下設定頁面左側的「由此選擇命令」下拉鈕，點選選單中的「**巨集**」項目；接著按下右側的「自訂快速存取工具列」下拉鈕，點選指定的 Excel 檔案。

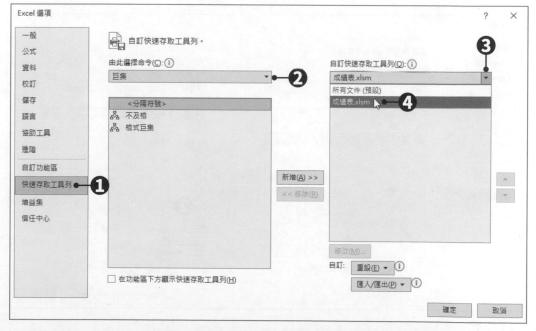

STEP04 接著在巨集清單中，選取想要加入至快速存取工具列的巨集，按下「**新增**」按鈕。

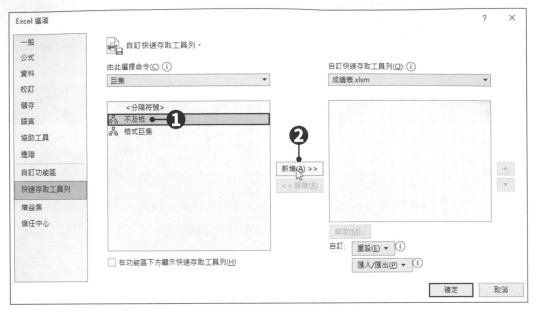

STEP05 此時在右側的快速存取工具列清單中，便可看到剛剛加入的「不及格」巨集。如果想要修改巨集按鈕顯示的圖示或標籤，可以點選巨集，按下「**修改**」按鈕，開啟「修改按鈕」對話方塊。

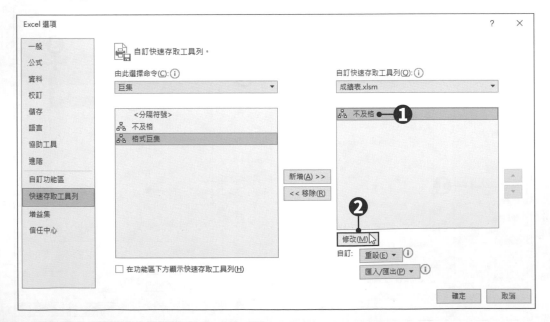

STEP**06** 在「修改按鈕」對話方塊中，重新設定按鈕的圖示符號以及按鈕標籤的顯示名稱，設定好後按下**「確定」**按鈕。

STEP**07** 回到「Excel 選項」對話方塊中，按下**「確定」**按鈕完成設定。

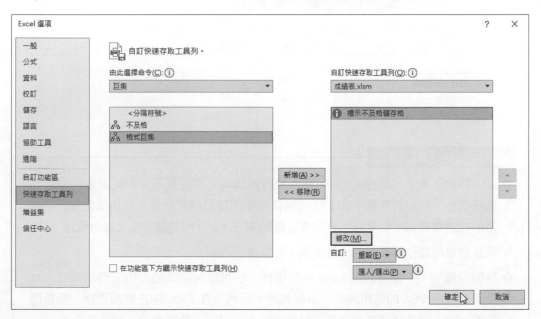

STEP08 回到 Excel 視窗中,上方的快速存取工具列上就會新增一個巨集按鈕,將滑鼠游標移至按鈕上則會出現名稱標籤。接著選取 **B2:D9** 儲存格範圍,按下該巨集按鈕,即可執行「不及格」巨集功能。

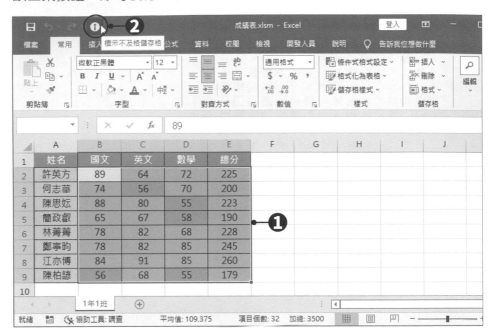

完成結果檔

範例檔案\ch01\成績表-快速存取工具列.xlsm

錄製巨集應了解的事項

- 以「錄製巨集」功能在 Excel 範圍內執行操作時,該巨集只會對範圍內的儲存格執行工作。假設對表格中的 B2:D9 儲存格範圍錄製格式巨集,日後即使在表格範圍中新增欄或列,巨集程式也只會在原範圍 (B2:D9) 內的儲存格上執行程序。

- 若是較長的操作,最好劃分為多個小巨集進行錄製。

- 錄製巨集時,不僅可錄製 Excel 內的操作,也可延伸至其他 Office 應用程式,以及其他支援 VBA 的應用程式。舉例來說,可將「在 Excel 中先更新表格、隨後開啟 Outlook 將表格傳送到某電子郵件地址」的程序,錄製在同一個巨集中。

自我評量

選擇題

(　　) 1. 下列何項Excel功能可將常用的操作步驟記錄下來，以便簡化日後工作流程？(A)運算列表　(B)錄製巨集　(C)選擇性貼上　(D)自動填滿。

(　　) 2. 將巨集錄製在下列何處，即可使該巨集應用在所有活頁簿？(A)現用活頁簿　(B)新的活頁簿　(C)個人巨集活頁簿　(D)以上選項皆可。

(　　) 3. 巨集病毒是一種將惡意程式藏身在巨集之中的病毒，是以下列何種方式儲存？(A)現用活頁簿　(B)新的活頁簿　(C)個人巨集活頁簿　(D)以上選項皆可。

(　　) 4. 下列何者不能用來做為巨集的名稱？(A)計算總額　(B)套用style01　(C) abc 22　(D) font_3。

(　　) 5. 下列各巨集安全性選項中，何者為系統預設選項？(A)停用所有巨集(不事先通知)　(B)停用所有巨集(事先通知)　(C)除了經數位簽章的巨集外，停用所有巨集　(D)啟用所有巨集。

(　　) 6. 按下下列何者快速鍵，可以開啟「巨集」對話方塊？(A) Alt＋F8　(B) Ctrl＋F8　(C) Alt＋F9　(D) Ctrl＋F9。

(　　) 7. 下列何者檔案格式，可用來儲存包含「巨集」的活頁簿？(A) .xlsx　(B) .xlsm　(C) .xltx　(D) .xls。

(　　) 8. 下列有關巨集之敘述，何者有誤？(A)一個工作表中可以執行多個不同巨集　(B)可將製作好的巨集指定在功能區按鈕上　(C)可為巨集的執行設定一組快速鍵　(D)錄製好的巨集無法進行修改，只能重新錄製。

實作題

1. 開啟「範例檔案\ch01\進貨明細.xlsx」檔案,進行以下設定。

   - 為 A2:A8 儲存格錄製一個「日期格式」巨集,作用是將儲存格的格式設定為「日期、中華民國曆、101/3/14」,將巨集儲存在目前工作表中。

   - 錄製一個「美元」巨集,作用是將儲存格的格式設定為「貨幣、小數位數 2、符號 $」,將巨集儲存在目前工作表中,設定快速鍵為 Ctrl + d。

   - 錄製一個「台幣」巨集,作用是將儲存格的格式設定為「貨幣、小數位數 0、符號 NT$」,將巨集儲存在目前工作表中,設定快速鍵為 Ctrl + n。

   - 將「美元」巨集指定在工作表上的「美元格式」按鈕;將「台幣」巨集指定在工作表上的「台幣格式」按鈕。

   執行結果請參考下圖。

	A	B	C	D	E	F	G
1		項目	數量	單價(美元)	折合台幣		
2	4月5日	麵粉	1000	3.75	112500		美元格式
3	4月5日	玉米	500	12.8	192000		
4	四月六日	綠豆	600	4.9	88200		
5	4月8日	薏仁	300	10.2	91800		台幣格式
6	2024/4/10	麵粉	300	3.86	34740		
7	2024/4/15	紅豆	500	6.2	93000		
8	4月18日	黑芝麻	200	14.25	85500		
9							

	A	B	C	D	E		G
1		項目	數量	單價(美元)	折合台幣		
2	113/4/5	麵粉	1000	$3.75	NT$112,500		美元格式
3	113/4/5	玉米	500	$12.80	NT$192,000		
4	113/4/6	綠豆	600	$4.90	NT$88,200		
5	113/4/8	薏仁	300	$10.20	NT$91,800		台幣格式
6	113/4/10	麵粉	300	$3.86	NT$34,740		
7	113/4/15	紅豆	500	$6.20	NT$93,000		
8	113/4/18	黑芝麻	200	$14.25	NT$85,500		
9							

VISUAL BASIC
FOR
APPLICATION

02 | 第一個Excel VBA程式

2-1 VBA 程式設計基本概念

VBA的程式語言基礎和VB相似，在實際撰寫VBA程式碼之前，若具備基本的 Visual Basic程式設計概念，比較能輕鬆上手。但即使不會編寫程式，只要看得懂基本的程式語法，也有能力修改既有的巨集或VBA程式碼。

VBA是一種物件導向程式語言，是以**物件**(Object)觀念來設計程式。現實世界中所看到的各種實體，像是樹木、建築物、汽車、人，都是物件。**物件導向程式設計**(Object-oriented Programming, OOP)的概念是將問題拆解成若干個物件，物件包含處理的程序與資料，彼此間也能互相傳遞資料。藉由組合物件、建立物件之間的互動關係，來解決問題，可使程式設計更具彈性也更易讀易懂。

2-1-1 類別與物件

類別(Class)可說是物件的「藍圖」，**物件**則是由類別所建立的一個「實體」，類別定義了基本的特性或稱**屬性**(Attribute)，不同的屬性值可建構出各個物件。舉例來說，「汽車」這個類別定義了「廠牌」、「顏色」、「動力方式」等屬性，根據不同屬性值的設定，可建立出「吉普車」、「卡車」、「轎車」等物件，它們同屬「汽車」這個類別，但不同物件之間仍各有差異。

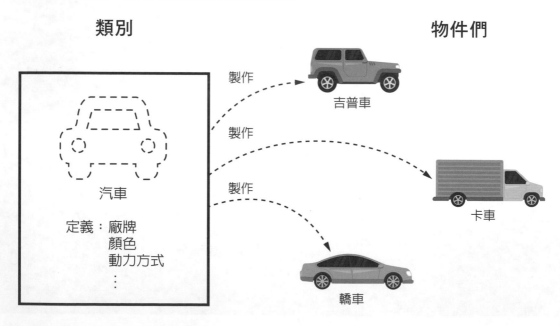

在 VBA 也是類似的觀念，Excel 中包含應用程式、活頁簿、工作表、圖表、儲存格範圍、儲存格等，皆視為「物件」。

Excel 的物件階層

按照 Excel 各元件的所在階層，應用程式中可同時開啟多個活頁簿，活頁簿中可包含多個工作表，工作表中又有多個儲存格。因此 Excel 的基本物件模型也具有明確的層級關係，由上而下包含 Application、Workbook、Worksheet、Range 等物件。

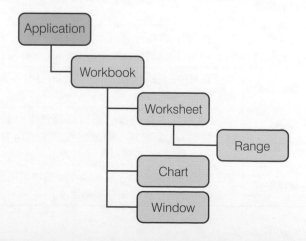

　　而相同類型物件可合稱為一個**集合** (Collection)，其作用在於透過集合以便同時參照到其他成員。舉例來說，一個 Workbooks 集合有多個 Worksheet，透過「Worksheets("b")」語法，便可用來指定其中名為「b」的 Worksheet。下列物件語法即表示參照到「a.xlsx 活頁簿」中「b 工作表」中的「C1 儲存格」。透過這樣階層性的表示，就能明確指定參照物件所在。

> **省略母物件**
>
> 因為所有物件皆源自於 Application，故最上層的 Application 可直接省略不寫。
>
> 按照參照位置的不同，若參照物件正好位於作用物件之中，則物件語法的上一層物件（或稱母物件）可省略不寫。以上圖語法為例：
>
> ● 若參照的工作表位在作用中的活頁簿，則物件語法可省略為：
>
> 　　Worksheets("b").Range("C1")
>
> ● 若參照的儲存格位在作用中的工作表，則物件語法可省略為：
>
> 　　Range("C1")

　　Excel VBA 常用物件分別說明如下：

物件名稱		說明
Application	應用程式	Excel 應用程式本身就是一個 Application 物件。
Workbook Workbooks	活頁簿 活頁簿集合	在 Excel 應用程式中的每一個開啟的活頁簿檔案，就是一個 Workbook 物件，多個 Workbook 物件則組合成一個 Workbooks 集合。
Worksheet Worksheets	工作表 工作表集合	在活頁簿中的每一個工作表就是一個 Worksheet 物件，多個 Worksheet 物件則組合成一個 Worksheets 集合。
Sheets	工作表集合	在活頁簿中的每一個工作表 (Worksheet) 及圖表工作表 (Chart)，會組合成一個 Sheets 集合。
Window Windows	視窗 視窗集合	Excel 應用程式中的每一個活頁簿皆以一個獨立視窗開啟，即為一個 Window 物件，而應用程式中的所有視窗則組合成一個 Windows 集合。
Range	儲存格範圍	在工作表中有許多儲存格，Range 物件可用來表示單一儲存格或是包含多個儲存格的儲存格範圍。

2-1-2 屬性與方法

每個物件都有其所屬的**屬性**(Attribute)和**方法**(Method)。屬性是指物件的外觀或特徵,例如:貓有「品種」、「毛色」、「性別」等屬性;方法則是指物件可執行的行為或操作,例如:貓有「抓老鼠」、「喵喵叫」、「睡覺」等方法。

在物件導向程式設計中,物件會將處理的資料封裝(Encapsulate)起來,而程式中的所有存取與操作,皆須透過設定物件本身的屬性及方法來運作。當一個物件收到來自其他物件的訊息,會執行某個方法來回應。藉由這樣物件之間的互動,可以架構出一個完整的程式。

設定物件的屬性

每個物件皆有其相關特性。在VBA語法中,是以「.」來設定物件的屬性,其表示方法為「**物件名稱.屬性名稱**」。如下列語法中,Value為Range物件的屬性,用來記錄該儲存格的值。若要設定該物件的屬性值時,則以「=」來指定物件的屬性值,其表示方法為「**物件名稱.屬性名稱 = 值**」。因此,下列語法即表示「設定A1儲存格(物件) 中的 值(屬性) 為 100(屬性值)」。

$$\underline{\text{Range("A1")}}.\underline{\text{Value}} = \underline{\text{100}}$$

物件　　　　　　屬性　　　　　　屬性值

設定物件的方法

物件的方法是指對該物件進行的操作。在VBA語法中,同樣是以「.」來指定該物件的方法,其表示方法為「**物件名稱.方法名稱**」。如下列語法,表示「將A1:E5儲存格(物件) 選取(方法) 起來」。

$$\underline{\text{Range("A1:E5")}}.\underline{\text{Select}}$$

物件　　　　　　方法

2-1-3 事件

在執行程式時，必須驅動物件去執行所設定的動作，即為**事件**(Event)。事件是指物件可能會面臨的狀況，也就是預先定義好的特定動作，通常可由使用者啟動，也可以由系統觸發。而啟動事件後，可藉由撰寫程式來設定每一事件所引發的回應動作，即為**事件程序**(Event Procedure)。

舉例來說，Workbook物件包含Open(開啟活頁簿)、NewSheet(建立新工作表)、BeforeClose(關閉活頁簿前)、BeforeSave(儲存活頁簿前)、……等事件，當事件被觸發之後，就會自動執行相對應的程序。以下程式為**Workbook_Open事件程序**，即當每次開啟活頁簿時(觸發Workbook物件的Open事件)，就會將Excel最大化(執行Open事件程序)。

```
Private Sub Workbook_Open()
    Application.WindowState = xlMaximized
End Sub
```

2-1-4 瀏覽物件

在Visual Basic編輯器中點選「**檢視→瀏覽物件**」，或按下工具列上的 瀏覽物件 按鈕，即可開啟如下圖所示的**物件瀏覽器** (Object Browser)，瀏覽檢視專案中所有可用的物件及其所屬的屬性、方法及事件。

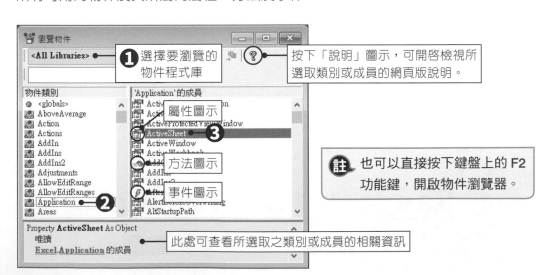

2-1-5 指定儲存格

在撰寫 VBA 程式時經常需要指定儲存格進行操作，VBA 提供了 Range 與 Cells 兩種物件來指定儲存格。**Range** 物件可用來表示單一儲存格或是包含多個儲存格的儲存格範圍，而 **Cells** 則是使用行號與列號來指定單一儲存格，其使用語法分別說明如下。

Range 物件

說明	可用來表示 Excel 工作表中的單一儲存格或儲存格範圍。
語法	Range(Arg)
引數	» **Arg**：指定儲存格所在位置或範圍。

Range("A10") ← 意指「A10 儲存格」
Range("A1:E5") ← 意指「A1:E5 儲存格範圍」

Cells 物件

說明	可用來表示 Excel 工作表中的單一儲存格。
語法	Cells(Row, Column)
引數	» **Row**：列編號。 » **Column**：欄編號。

Cells(6, 1) ← 意指「第6列第1欄儲存格」
Cells(2, "A") ← 意指「第2列A欄儲存格」

當然，兩者也可以搭配使用來指定儲存格範圍，例如以下語法意指「A1:E3 儲存格範圍」。

Range(Cells(1, 1), Cells(3, 5))

2-1-6 基本輸出入函數

在撰寫 VBA 程式時，可以無須在表單上建立控制項，只要善用 InputBox 函數或 MsgBox 函數，就得以產生一個輸入方塊或對話方塊。分別說明如下：

InputBox 函數

輸入方塊(InputBox)是如右圖所示的對話方塊，可以讓使用者輸入資料。

利用 InputBox 函數可以產生輸入方塊，讓使用者輸入資料，並傳回包含文字方塊內容的字串。其設定方法如下所示：

$$pw = InputBox("請輸入密碼","輸入密碼","密碼")$$

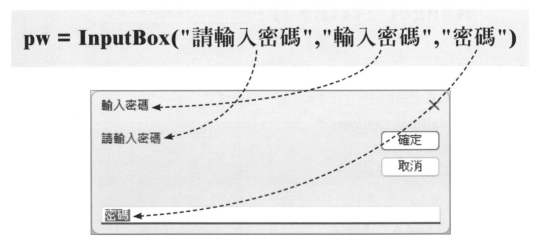

括弧中的**參數**(Parameter)可依序設定輸入方塊要顯示的訊息內容、標題、預設文字及距螢幕左上角的座標距離。其中除了訊息內容之外，其他參數設定如標題、預設文字及座標距離等皆可省略。

InputBox 函數的傳回值，隨著按下按鈕的不同而有所差異。使用者輸入資料後按下「確定」按鈕，會以字串型式傳回所輸入的資料；若按下「取消」按鈕，會傳回一個空的字串。舉例來說，當在輸入方塊中輸入「123x」，按下「確定」鈕時，變數內容即為「123x」；當按下「取消」鈕時，變數內容則為空字串。

MsgBox 函數

訊息方塊(MsgBox)是如右圖所示的對話方塊，MsgBox
函數可以產生對話方塊，還可以配合各種參數值來設定訊息
方塊要顯示的按鈕及圖示。設定方法如下所示，括弧裡的按
鈕、圖示、標題等參數，都可以省略。

$$\text{learn} = \text{MsgBox}("想學習嗎？", 1 + 48, "意願調查")$$

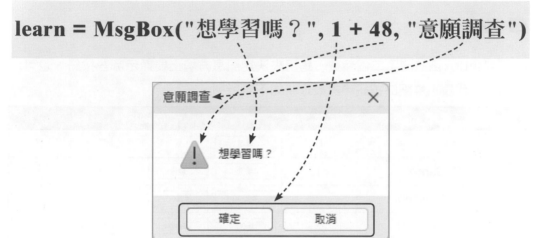

📝 MsgBox 傳回值

MsgBox 函數的傳回值是一個整數數值，可將它指定為一個「變數」。當按下
訊息方塊的按鈕，程式會根據所按的按鈕，傳回對應的數值，每個按鈕所代表的數
值，如下表所列。

常數	值	使用者按下的按鈕
vbOK	1	確定
vbCancel	2	取消
vbAbort	3	中止(A)
vbRetry	4	重試(R)
vbIgnore	5	略過(I)
vbYes	6	是(Y)
vbNo	7	否(N)

> 註　若是設計一個有傳回值的訊息方塊，便可在程式中設定一個變數來存放傳回值，撰寫出互動程式；若只想利用訊息方塊來顯示某訊息或結果，而不須傳回值，則可使用 MsgBox 敘述，其語法如下所示，括弧裡的按鈕、圖示、標題參數，若不需使用則可以省略。
>
> MsgBox(訊息內容 , 按鈕 + 圖示 , 標題)

📋 按鈕

MsgBox 函數的第二個參數，是用來決定訊息方塊上要顯示哪些按鈕，也可以用數字來代表，詳細的按鈕參數設定，如下表所列。

常數	值	顯示的按鈕
vbOKOnly	0	確定
vbOKCancel	1	確定　取消
vbAbortRetryIgnore	2	中止(A)　重試(R)　略過(I)
vbYesNoCancel	3	是(Y)　否(N)　取消
vbYesNo	4	是(Y)　否(N)
vbRetryCancel	5	重試(R)　取消

📋 圖示

MsgBox 函數的第三個參數表示要顯示的圖示，也可以用數字來表示，其參數值如下表所列。

常數	值	顯示的圖示
vbCritical	16	 ❌
vbQuestion	32	 ❓
vbExclamation	48	 ⚠️
vbInformation	64	 ℹ️

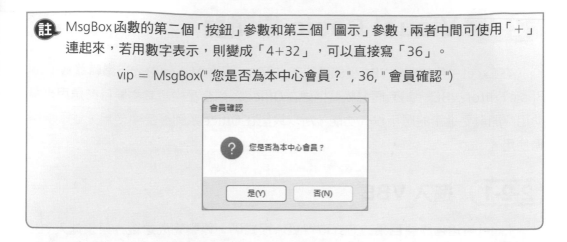

註 MsgBox 函數的第二個「按鈕」參數和第三個「圖示」參數,兩者中間可使用「+」連起來,若用數字表示,則變成「4+32」,可以直接寫「36」。

vip = MsgBox(" 您是否為本中心會員? ", 36, " 會員確認 ")

2-1-7 格式化輸出

格式化輸出是指將顯示結果進行排列或對齊,讓視覺編排看起來更美觀,也更易於閱讀。VBA 提供了一些內建常數,可幫助進行顯示結果的換行或定位設定。

vbNewLine、vbCrLf 常數

vbNewLine 與 vbCrLf 是用來強迫換行的字元常數。當程式執行到 vbNewLine 與 vbCrLf 時,會將插入點移至下一行的最前面,進行換行。

🖵 簡例

```
MsgBox ("Good Morning!" & vbNewLine & "早安!")
```

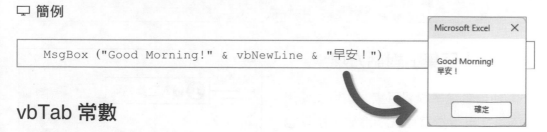

vbTab 常數

vbTab 常數的作用類似「Tab」鍵,可用來進行編排時的定位設定。當程式執行到 vbTab 時,會將插入點移至下一個定位點顯示。

🖵 簡例

```
MsgBox ("漢堡" & vbTab & "薯條" & vbTab & "可樂")
```

2-2 Visual Basic 編輯器

在 Excel 中用來開發 VBA 程式碼的工具程式，稱為 **Visual Basic 編輯器** (Visual Basic Editor, VBE)。這套開發軟體內建在 Office 系列產品中，其主要目的是用來幫助用戶開發更進階的應用程式功能，所以只能在 Office 系列產品中使用，並不能單獨使用。

2-2-1 進入 VBE

Excel 可透過錄製巨集的方式取得 VBA 程式碼，錄製完成之後，只須進入 VBE 稍加編輯修改即可使用。進入 VBE 的方式有以下兩種：

方法一 「Visual Basic」功能按鈕

若已啟動「開發人員」索引標籤，只要點選**「開發人員→程式碼→Visual Basic」**；或是直接按下鍵盤上的 **Alt+F11** 快速鍵，即可開啟 Visual Basic 編輯器。

方法二 「巨集」對話方塊

使用者除了錄製巨集，也可以使用 VBA 語言自行撰寫巨集指令碼，所以也可點選**「開發人員→程式碼→巨集」**按鈕，在開啟的「巨集」對話方塊中，先建立一個巨集名稱，按下**「建立」**按鈕，即可開啟 Visual Basic 編輯器。

2-2-2 VBE 開發環境介紹

建立巨集開啟Visual Basic編輯器之後，會看到如下圖所示的VBE開發環境。視窗的上方為功能表與常用工具列，左側則為專案資源管理器。

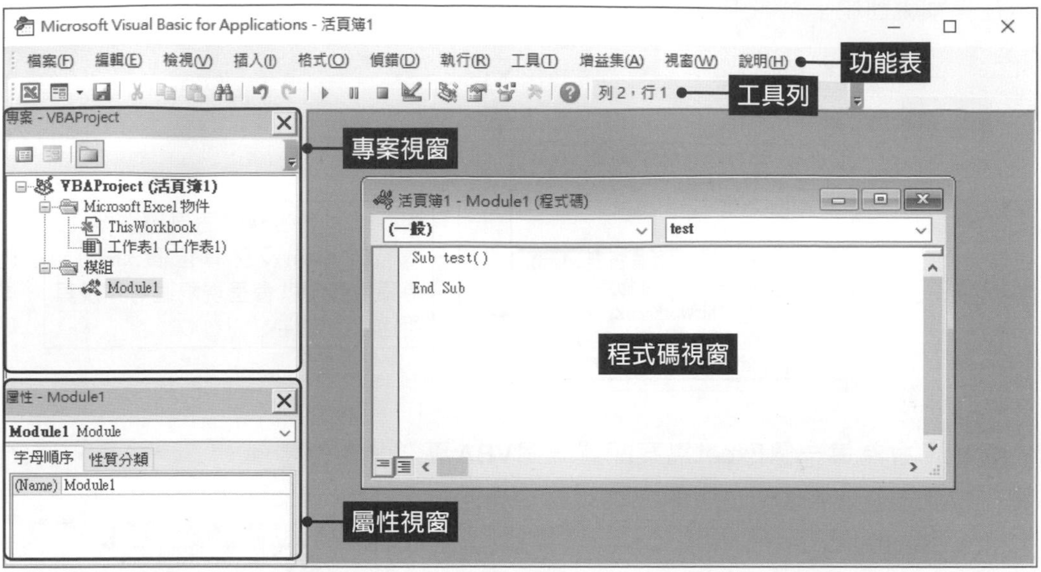

> **註** 一般而言，Excel 視窗與 Visual Basic 編輯器視窗會重疊同時存在，可利用鍵盤上的 Alt+F11 快速鍵來切換兩個視窗。

工具列

工具列按鈕	快速鍵	說明
檢視 Excel	Alt + F11	切換至 Excel 視窗。
插入自訂表單		開啟下拉選單可選擇在專案中插入下列四種物件： 自訂表單 / 模組 / 物件類別模組 / 程序
執行 中斷模式 重新設定	F5 Ctrl + Break	執行程序、自訂表單或巨集。 暫停程序、自訂表單或巨集。 停止程序、自訂表單或巨集，並重設專案。
設計模式		關閉或開啟設計模式。
專案總管 屬性視窗 瀏覽物件	Ctrl + R F4 F2	開啟專案總管。 開啟屬性視窗。 開啟物件瀏覽器。

專案視窗

「專案視窗」的作用是用來管理 Excel 應用程式中的所有專案。每個開啟的活頁簿檔案皆視為一個專案，活頁簿中的工作表、模組、表單等物件，都會以階層顯示在專案視窗中。

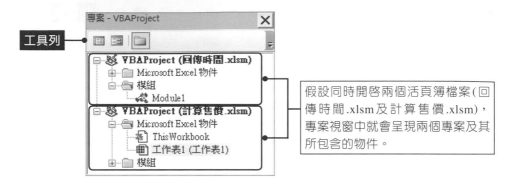

假設同時開啟兩個活頁簿檔案 (回傳時間.xlsm 及計算售價.xlsm)，專案視窗中就會呈現兩個專案及其所包含的物件。

VBE 會為每一個 Excel 檔案配置一個 **VBA 專案** (VBAProject)，每個 VBA 專案可以有下列四種不同類型的資料夾：

● Microsoft Excel 物件：預設下會自動建立，資料夾中內建 **This Workbook** (表示整個活頁簿) 與 **工作表1** (表示活頁簿中的工作表) 物件。

● 模組：模組 (Module) 是存放巨集程序之處，資料夾中會包含專案中所有巨集程序。

● 表單：非預設選項，有插入相關物件才會出現。

● 物件類別模組：非預設選項，有插入相關物件才會出現。

專案視窗的工具列有三個工具按鈕，分別說明如下：

工具列按鈕	說明
檢視程式碼	在專案視窗中先點選物件，再按下 **檢視程式碼** 按鈕，即可開啟或切換至所選物件的程式碼視窗。
檢視物件	在專案視窗中先點選物件，再按下 **檢視物件** 按鈕，可切換至所選取的物件。例如：點選「工作表 1」物件並按下此鈕，將切換至 Excel 視窗中的工作表 1。
切換資料夾	顯示或隱藏專案中的物件資料夾。

屬性視窗

不同的物件有各自不同的屬性設定,而屬性視窗即是用來設定與所選物件相關的屬性。例如:UserForm(自訂表單)物件的標題欄名稱、表單背景色、表單高度與寬度、字型、字體大小等屬性。

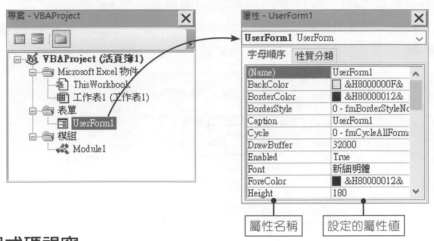

屬性名稱　　　設定的屬性值

程式碼視窗

程式碼視窗就是用來撰寫及編輯VBA程式碼的地方。在專案中的每個物件都有其程式碼視窗,只要在專案視窗中的物件上雙擊滑鼠左鍵,即可開啟該物件的程式碼視窗。

假設新增「test」巨集程序並進入VBE後,會在**Module1**模組中新增一個以test為名稱的巨集,模組的程式碼視窗如下圖所示。

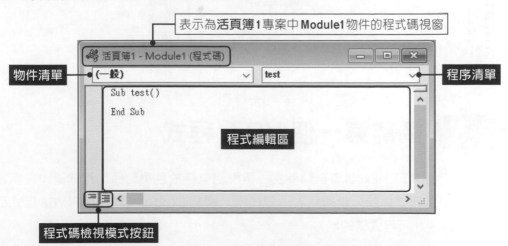

● **物件清單**：若為單一模組，則只有(一般)選項；若為某一特定物件，則會列出(一般)及所屬物件名稱兩個選項，選擇**(一般)**代表撰寫一般程序，選擇**物件名稱**代表撰寫物件的事件處理程序。

● **程序清單**：

若物件清單設定為**(一般)**，則清單會列示**(宣告)**項目以及模組內的所有巨集名稱，如右圖所示，點選**(宣告)**會進入宣告區，可宣告共用變數。

若物件清單設定為特定**物件名稱**，則此處將列示該物件所提供的事件程序。

2-3 撰寫第一個 VBA 程式

在錄製巨集時，Excel 會自動產生一個模組來存放巨集對應的程式碼；在撰寫一個新的 VBA 程式之前，也須插入一個模組。**模組**(Module)就是撰寫 VBA 程式碼的場所，也是執行程式碼的地方。

2-3-1　撰寫 VBA 程式

本小節請開啟「範例檔案\ch02\兩數相加.xlsx」檔案，檔案中已事先設計好表格格式及數字，接下來將在工作表中建立一個將兩數相加的VBA程式。

STEP01 點選「**開發人員→程式碼→Visual Basic**」按鈕；或是直接按下鍵盤上的 **Alt＋F11** 快速鍵，開啟 Visual Basic 編輯器。

STEP02 點選功能表上的「**插入→模組**」功能，或是按下工具列上的 圖 下拉鈕，於選單中選擇「**模組**」，在專案視窗中就會新增一個 **Module1** 的模組，並開啟屬於該模組的空白編輯視窗。

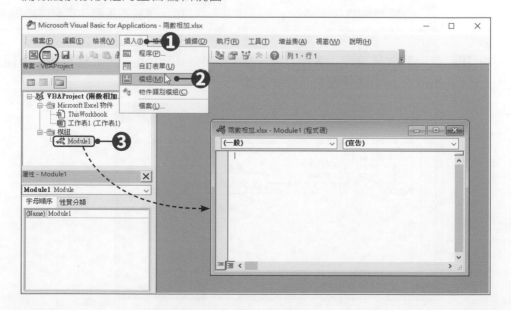

STEP **03** 接著點選功能表上的「**插入→程序**」功能，或是按下工具列上的 🔲 下拉
鈕，於選單中選擇「**程序**」，開啟「新增程序」對話方塊。

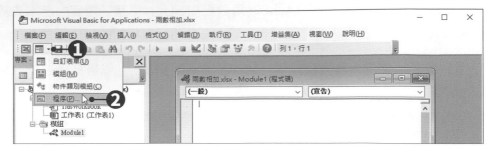

STEP **04** 在「新增程序」對話方塊中，輸入欲建立的程序名稱「addition」，按下
「**確定**」按鈕。(程序的型態與有效範圍則維持預設值「Sub」、「Public」選
項)

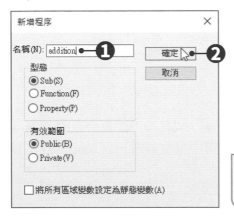

> 🈯 有關程序的型態與有效範圍等設定
> 值，將於本書第 3 章有詳細說明。

STEP **05** 此時程式碼視窗中會建立好一個空白的 addition 程序，接著在 **Sub** 開始至
End Sub 敘述之間輸入程式碼即可。

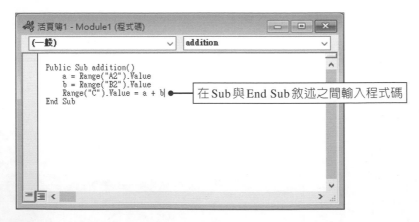

程式碼的自動提示

VBE 程式碼視窗具備自動提示功能，可依據撰寫程式時輸入的文字，判斷後續可能填入的內容，並自動提示相關清單供直接選用，讓開發者不須強記也能撰寫程式。

● 當輸入物件或函數名稱後，再輸入左括號「(」，會出現該物件或函數的語法提示。
　例如：輸入程式碼「Range(」，會顯示如下圖所示的提示訊息。

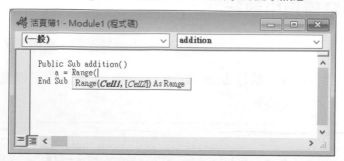

● 當輸入物件名稱後，再輸入小數點「.」或引數開頭字母，會自動出現方法或屬性清單，直接在清單中雙擊想要使用的項目，就能將它加入到程式碼中。

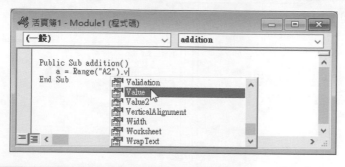

STEP 06 程式碼撰寫完成後，點選一般工具列上的 🖾 **檢視 Microsoft Excel** 按鈕，或是直接按下鍵盤上的 **Alt+F11** 快速鍵，回到 Excel 視窗中。

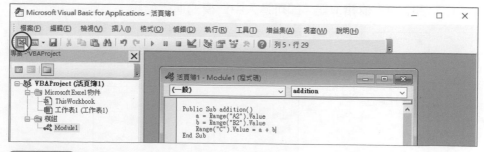

完成結果檔

完成結果請參考「範例檔案\ch02\兩數相加.xlsm」檔案

2-3-2 執行 VBA 程式

在撰寫程式的同時，可以直接在VBE開發環境或Excel視窗中執行自己的VBA程式，以便隨時測試程式結果。

在 VBE 開發環境中執行

STEP 01 將游標移至欲執行程序的程式碼中，按下滑鼠左鍵，使插入點位於程序中。

STEP 02 接著點選「**執行→執行 Sub 或 UserForm**」，或是按下鍵盤上的 **F5** 功能鍵，即可執行該程序。

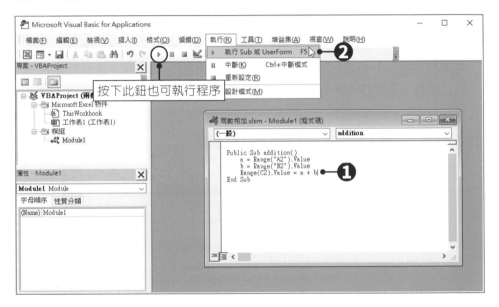

STEP 03 若是程式碼有錯誤，程式會出現對話方塊提示何處發生錯誤。按下對話方塊中的「**偵錯**」鈕，即可進入中斷模式進行偵錯。

STEP 04 進入中斷模式後，程式碼會以黃色箭頭與黃色醒目標示文字來指出執行發生中斷之處，可按下工具列上的 ■ **重新設定** 鈕先停止執行，回到編輯模式中修改程式碼。

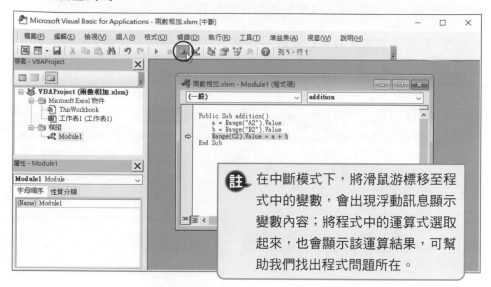

註 在中斷模式下，將滑鼠游標移至程式中的變數，會出現浮動訊息顯示變數內容；將程式中的運算式選取起來，也會顯示該運算結果，可幫助我們找出程式問題所在。

STEP 05 修改完成後，重新點選「**執行→執行 Sub 或 UserForm**」，或是按下鍵盤上的 **F5** 功能鍵執行程式碼，即可看到執行結果。

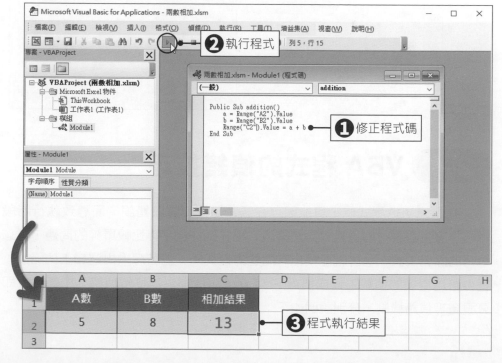

在 Excel 視窗中執行

撰寫好的VBA程式，除了可在工作表中自訂表單按鈕執行程式之外，也可以開啟「巨集」對話方塊，直接執行指定的程式。

STEP01 點選「**開發人員→程式碼→巨集**」按鈕，開啟「巨集」對話方塊。

STEP02 選取要使用的巨集名稱，按下「**執行**」按鈕，即可執行程式碼。

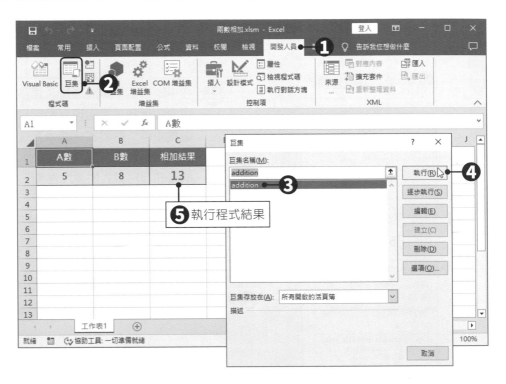

2-4 VBA 程式的偵錯技巧

在撰寫VBA程式時，可能因存在語法錯誤或邏輯錯誤，而導致執行階段或執行結果發生錯誤。如果遇到語法錯誤、程式碼打錯字等比較單純的問題，透過程式執行的除錯工具，也許就能找出有問題的程式碼；但若想揪出邏輯上的錯誤，可能就得善用更多的偵錯工具或技巧了。Excel VBA 提供了逐行偵錯、中斷點、即時運算視窗等偵錯機制，分別說明如下：

2-4-1 程式逐行偵錯

若是程式行較多,無法輕易找出問題點,可以利用逐行偵錯功能,一行一行檢查程式碼。

STEP 01 將游標移至欲執行程序的程式碼中,按下滑鼠左鍵,使插入點位於程序中。

STEP 02 點選功能表上的**「偵錯→逐行」**功能,或是直接按下鍵盤上的 **F8** 功能鍵,即可進入中斷模式,開始逐行偵錯。

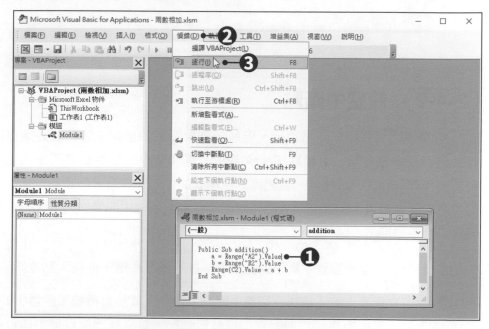

STEP 03 接著會由程式的第一行開始逐行執行(以黃色醒目標示表示即將執行的程式行),繼續按下 **F8** 功能鍵,就能依序執行下一行程式。

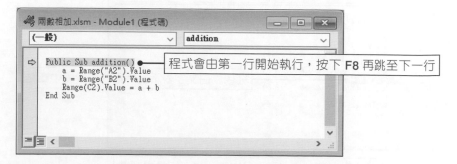

STEP**04** 當執行到有問題的程式行,便會出現對話方塊提示此列發生錯誤。按下對話方塊中的「**偵錯**」鈕,即可進入中斷模式進行偵錯。

(2-4-2) 設置中斷點

有時遇到程式可以正常執行,但執行結果卻不如預期,這時就必須自行檢查程式碼哪裡撰寫有誤。**中斷點**(Break-point)是開發程式的重要偵錯技巧之一,適用於將複雜的程式分段執行。我們可以在程式的任何一行設置中斷點,當程式執行到中斷點就會暫停,程式開發者便可以取得目前記憶體中的變數內容,檢查實際結果是否合乎預期。

STEP**01** 將游標移至欲設置中斷點的程式行,按下滑鼠左鍵,使插入點位於該行。

STEP**02** 點選功能表上的「**偵錯→切換中斷點**」功能,或是直接按下鍵盤上的 **F9** 功能鍵,此時該程式行前方會出現紅色圓點,並以紅色反白標示該行程式碼文字,表示此處已設置中斷點。

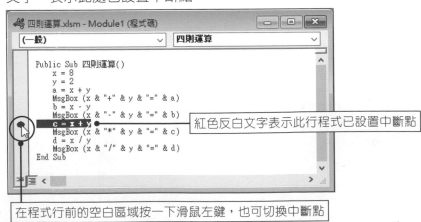

STEP**03** 接著點選「**執行→執行 Sub 或 UserForm**」，或是按下鍵盤上的 **F5** 功能鍵執行程序。程式會依中斷點為界分成兩段執行，須再按下 **F5** 功能鍵才能執行下一段程式。

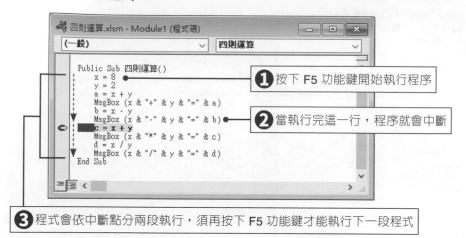

執行結果分別如下。

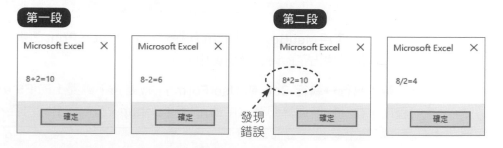

2-4-3 Debug.Print 與即時運算

　　VBE 開發環境中的「即時運算視窗」通常用來顯示運算結果，也可以直接在視窗中輸入指令，測試想要檢視的運算結果。可將它與 **Debug.Print** 函數搭配使用，方便程式開發者在撰寫程式的同時，就能即時確認程式執行是否正確。以下請開啟「範例檔案\ch02\四則運算.xlsm」檔案，進入 Visual Basic 編輯器中，進行即時運算視窗的練習。

> **Debug.Print 函數**
>
> Debug.Print 是除錯用的函數，用來將測試結果或輸出訊息顯示在即時運算視窗中。
> 每呼叫一次 Debug.Print，就會自動在即時運算視窗中輸出一行訊息。

STEP 01 點選功能表上的「**檢視→即時運算視窗**」功能，或是直接按下鍵盤上的 **Ctrl+G** 快速鍵，開啟即時運算視窗。

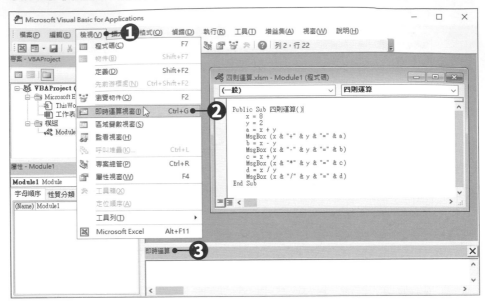

STEP 02 將程式中原本使用 **MsgBox** 函數的所有程式，以 **Debug.Print** 函數改寫，就能將顯示結果輸出至即時運算視窗中。

STEP 03 接著點選「**執行→執行 Sub 或 UserForm**」，或是按下鍵盤上的 **F5** 功能鍵執行程序，在「即時運算視窗」中即可檢視 Debug.Print 輸出的內容。

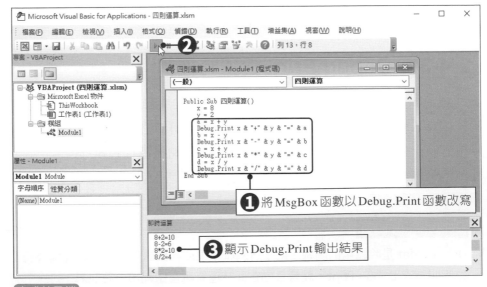

❶ 將 MsgBox 函數以 Debug.Print 函數改寫

❸ 顯示 Debug.Print 輸出結果

完成結果檔

完成結果請參考「範例檔案\ch02\四則運算_DebugPrint.xlsm」檔案

2-5 設定 VBA 密碼保護

確認建立的VBA程式執行無誤之後，在儲存檔案前，可以先設定VBA專案的保護，可避免程式被任意更動。

STEP01 在 Excel 中點選 **「開發人員→程式碼→Visual Basic」** 按鈕；或是直接按下鍵盤上的 **Alt+F11** 快速鍵，開啟 Visual Basic 編輯器。

STEP02 點選功能列上的 **「工具→VBAProject 屬性」** 功能，開啟 **「VBAProject-專案屬性」** 對話方塊。

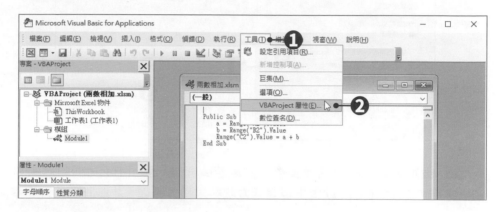

STEP03 在 **「VBAProject-專案屬性」** 對話方塊中，點選 **「保護」** 標籤，將其中的 **「鎖定專案以供檢視」** 項目勾選起來，並於下方設定檢視專案的密碼 (chwa001)，設定完成後按下 **「確定」** 按鈕。

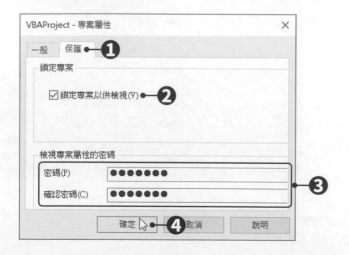

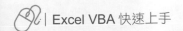

STEP **04** 最後點選一般工具列上的 ☒ **檢視 Microsoft Excel** 按鈕；或是直接按下鍵盤上的 **Alt+F11** 快速鍵，回到Excel視窗中。

STEP **05** 完成保護設定後，點選「**檔案→另存新檔**」按鈕，開啟「另存新檔」對話方塊，按下「**存檔類型**」選單鈕，於選單中選擇「**Excel 啟用巨集的活頁簿 (*.xlsm)**」類型，輸入檔名後，按下「**儲存**」按鈕。

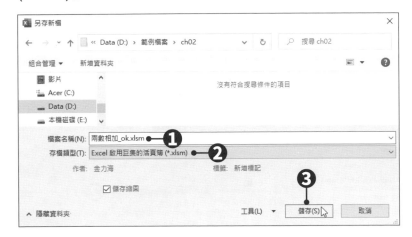

STEP **06** 設定VBA專案密碼保護後，日後若欲開啟Visual Basic編輯器來檢視或編輯VBA程式碼，就會出現對話方塊要求輸入密碼，才能開啟檢視專案內容。

完成結果檔

完成結果請參考「範例檔案\ch02\兩數相加_ok.xlsm」檔案

2-6 程式碼的編排

程式碼的編排可能不會影響程式執行的正確性,但經過妥善編排的程式碼,可以增加該程式的可讀性,並強化後續的可擴充性與可維護性,讓開發人員可以很快理解程式碼的架構及意義,因此養成良好的程式編排習慣是重要的。

2-6-1 程式編輯器的自動格式設定

Visual Basic 編輯器針對程式碼本來就有一些自動編排功能,在輸入一行程式後,便會立即調整格式。像是文字顏色上的區隔,一般程式碼文字為黑色,關鍵字及指令以藍色字標示、註解文字則以綠色字標示。此外,運算子符號的前後會自動補上空白,皆可增加程式的可讀性,如下圖所示。

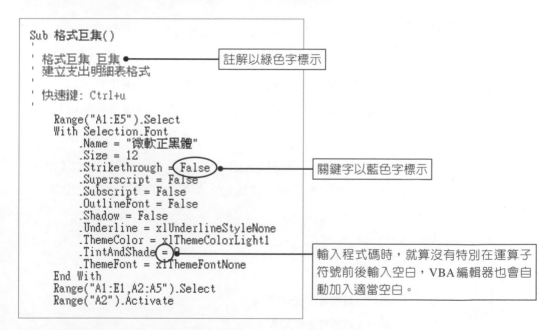

程式碼視窗的外觀樣式設定

如果想要修改 Visual Basic 編輯器預設的樣式設定,可以點選 Visual Basic 編輯器功能表上的「**工具→選項**」功能,開啟「選項」對話方塊,在其中的「**撰寫風格**」標籤頁中,即可設定程式碼的字型、大小、色彩,以及程式碼視窗的前景、背景等外觀樣式。

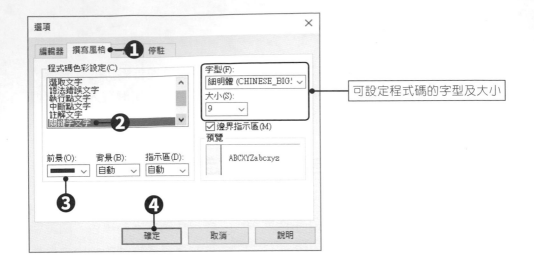

可設定程式碼的字型及大小

2-6-2　縮排

在程式碼中善用縮排和凸排，除了讓編排更井然有序之外，最重要的是可以讓程式的層次結構更清楚明瞭。當遇到程式碼較多或較複雜的結構化程式時，齊行的程式碼並不利於閱讀，我們可以透過適當的縮排，來快速理解每個程式區段的分界與結構關係。

通常在程序內的程式碼會加入一個縮排，還有像是If…Then、Select Case、For…Next、Do While…Loop這類流程控制敘述句，使用上都要注意加上縮排。

```
Public Sub discount()
    Dim age As Integer
    age = Range("B1").Value

    If age >= 65 Then
        MsgBox ("65歲以上請購買7折敬老票")
    ElseIf age < 12 Then
        MsgBox ("12歲以上孩童可免費入場")
    Else
        MsgBox ("請購買全票")
    End If
End Sub
```

透過正確的縮排，可以清楚掌握程式的層次結構。

　　一般來說，一個縮排或凸排代表4個空白，只要在程式碼前方每按下一次鍵盤上的 **Tab** 鍵，或是點選 Visual Basic 編輯器功能表上的「**編輯→縮排**」功能，即可插入一個縮排；按下鍵盤上的 **Shift＋Tab** 快速鍵，或是點選功能表上的「**編輯→凸排**」功能，則是收回一個縮排。此外，若想將多行程式區段一次縮排，可以將程式碼選取起來，再執行指令即可。

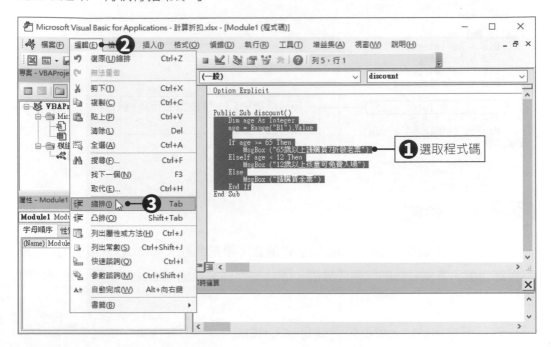

2-6-3　敘述換行

　　程序中的一行敘述就是一個執行指令，最長可允許255個字元，一般來說不會換行，但我們可以利用**接續符號**(_)讓敘述換行顯示。當程式行過長不利閱讀時，可以在句子結尾處加上一個**空格**和一個**底線**(_)，就能將句子斷行，其後敘述會跳至下行，讓程式更便於閱讀。

```
Public Sub test()
    If Cells(1, "A") > 0 Or Cells(1, "B") > 0 Or Cells(1, "C") > 0 _
    Or Cells(1, "D") > 0 Or Cells(1, "E") > 0 Then
    MsgBox ("抓到你了!")
End Sub
```

在尾端輸入一個空格及一個底線，就能讓該敘述換行顯示。

2-6-4 多行敘述合併在一行

如果想將同類型的多行敘述直接寫在同一行，可以利用**分隔符號**(:)。在敘述尾端加上一個冒號(:)，再接續輸入第二行敘述，依此類推，就能在同一行程式中放入多個敘述。

```
Public Sub sum()
    Dim a As Integer
    Dim b As Integer
    Dim c As Integer
    Dim sum As Integer

    a = 5: b = 10: c = 15
    sum = a + b + c
    MsgBox ("加總為" & sum)
End Sub
```

使用分隔符號(:)，就能讓多行敘述合併寫在同一行。

2-6-5 註解

為程式加上**註解**(Comment)的主要用意，是幫助程式開發人員閱讀與迅速理解程式作用，方便日後的改寫或維護，因此在程式重要處加上註解說明，是良好的程式撰寫習慣。

在註解文字前加上**單引號**(') 或是輸入 **REM**，後方的整行文字皆視為註解，並以綠色文字顯示。

```
Public Sub add()
Rem 計算1加到100的總和
    Dim i As Integer        'i為加總的數字
    Dim total As Integer    'total為總和

    i = 1        '起始值為1
    'i每次加1存入total,直到i大於100
    Do While i <= 100
        total = total + i
        i = i + 1
    Loop
    MsgBox ("1+2+...+100=" & total) '以訊息方塊顯示結果
End Sub
```

註解可以單獨成行，也可以寫在敘述的最後。在單引號(')或REM之後的敘述，都不會被執行。

> **註** 無論註解寫了什麼，程式都不會執行，因此在撰寫程式時，也可以用來讓特定程式碼暫時處於不執行狀態喔！

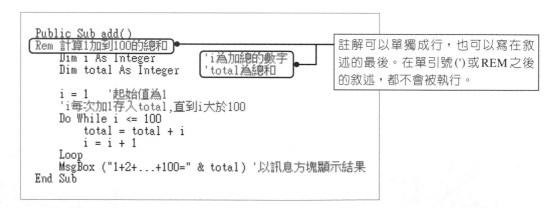

自我評量

選擇題

(　　) 1. 若以文法詞性來比喻的話，物件導向程式設計概念中的「物件」應屬下列何者？(A)名詞　(B)動詞　(C)形容詞　(D)連接詞。

(　　) 2. 若以文法詞性來比喻的話，物件導向程式設計概念中的「屬性」應屬下列何者？(A)名詞　(B)動詞　(C)形容詞　(D)連接詞。

(　　) 3. 若以文法詞性來比喻的話，物件導向程式設計概念中的「方法」應屬下列何者？(A)名詞　(B)動詞　(C)形容詞　(D)連接詞。

(　　) 4. 從物件導向的觀點來看，車子的大小、顏色及形狀是車子的？(A)屬性　(B)類別　(C)方法　(D)事件。

(　　) 5. 從物件導向的觀點來看，以下選項何者表示「人」的屬性？(A)交互蹲跳　(B)吃飯　(C)睡覺　(D)女性。

(　　) 6. 下列Excel VBA的物件中，何者表示「工作表」物件？(A) Application　(B) Workbook　(C) Worksheet　(D) Range。

(　　) 7. 下列Excel VBA的物件中，何者用來表示一個儲存格範圍？(A) Range　(B) Cells　(C) Worksheet　(D) Window。

(　　) 8. VBA專案包含下列四種資料夾類型，何項主要用於存放程式？(A)物件類別模組　(B)模組　(C)表單　(D) Microsoft Excel物件。

(　　) 9. 在Excel視窗中，按下下列何者快速鍵，可開啟Visual Basic編輯器？(A) Alt+F11　(B) Alt+F8　(C) Ctrl+F11　(D) Ctrl+F8。

(　　) 10. 在Visual Basic編輯器中，按下鍵盤上的哪一個功能鍵可執行VBA程式？(A) F4　(B) F5　(C) F8　(D) F11。

(　　) 11. 在Visual Basic編輯器中，按下鍵盤上的哪一個功能鍵可進行逐行偵錯指令？(A) F4　(B) F5　(C) F8　(D) F11。

(　　) 12. 下列物件中，何者非表示「B2」儲存格的正確語法？(A) Cells("B", 2)　(B) Cells(2, "B")　(C) Cells(2, 2)　(D) Range("B2")。

(　) 13. 在VBA程式碼視窗中，若程式行前方出現紅色圓點且顯示紅色反白，
　　　　 表示該程式行為　(A)語法發生錯誤　(B)已設置中斷點　(C)正執行至
　　　　 該列程式　(D)為註解因此不執行。

(　) 14. 利用下列哪一個符號，可將多行敘述合併在寫在同一行？(A)單引號(')
　　　　 (B)加號(＋)　(C)底線(_)　(D)冒號(:)。

實作題

1. 開啟「範例檔案\ch02\兌換點數.xlsx」檔案，假設每100點可折抵 $1 現金，
　請進行以下設定。

- 建立一個「change」程序，當使用者輸入姓名及欲兌換點數，會計算可折
　抵金額並顯示訊息方塊如下。

　　提示 1. 使用 Range 與 Cells 物件的 Value 屬性取出儲存格的值
　　　　　2. Msgbox 函數語法：「MsgBox 訊息內容(若為字串要加「"」)

- 最後將 B1:B2 的儲存格資料清空。

　　提示 Range 的 ClearContents 屬性可清除指定儲存格內的內容

- 將「change」巨集程序指定在工作表上的「按此進行計算」按鈕。

執行結果請參考下圖。

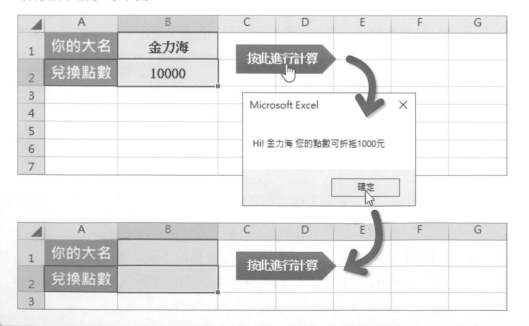

VISUAL BASIC
FOR
APPLICATION

03 資料型態與運算

3-1 常數與變數

在設計程式時，有時會一直重複使用到某個數值或字串，例如：計算圓形的周長和面積時，都會用到圓周率 π。假設我們使用 π 的近似值 3.14159 來進行計算，若每次計算都要一一輸入 "3.14159"，不僅不方便也容易出錯。因此，當資料的內容在執行過程中固定不變時，我們會給它一個名稱，將它設為**常數** (Constants)。常數是用來儲存一個固定的值，在執行的過程中，它的內容不會改變。在程式中使用常數，比較容易識別和閱讀。

而**變數** (Variables) 是記憶體中的一個位置，在執行程式的過程中用來暫時存放資料，因此其內容隨時都可以更改。

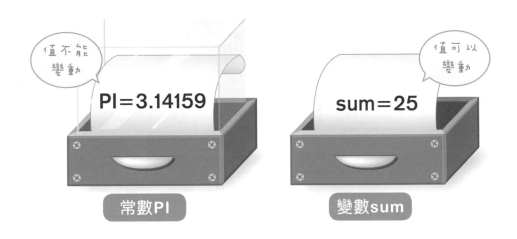

不妨將變數想像為一個儲存資料的容器，在程式設計中，我們可以透過變數來存放或取得程式所需的值。程式中的所有變數皆須經過**宣告** (Declare) 才能夠使用，宣告時會指定該變數的名稱、資料型態、值等資訊，主要用意在於提前讓系統知道程式將要使用此一變數，請系統在記憶體中事先預留一個空間來存放該變數的資料。

> 註 之所以事先為變數指定資料型態，是因為變數的內容可能隨時改變，因此事先規定變數只能存放哪一種型態的資料，較不易造成記憶體配置的混亂。而常數其實也有不同的資料型態，不過因為常數的內容是固定不動的，在宣告常數名稱和內容時，它的資料型態就已經被確立，因此可以不必指定資料型態。

3-1-1 變數的宣告

針對 Excel VBA 程式中所使用到的資料，在定義變數的同時，最好一一宣告其資料型態，如此除了不容易產生執行錯誤，也能取得較佳的程式執行效率。

📝 變數宣告語法

一般而言，變數須以 Dim、Private、Public、Static 等宣告陳述式來宣告變數。在宣告變數時，變數的命名最好與其用途有關，可幫助程式閱讀與辨識，同時一併指定資料型態，這樣記憶體的使用效率會比較好。變數宣告語法如下：

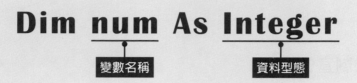

舉例來說，上述宣告語法定義了一個名為 num 的變數為整數變數 (Integer)。資料型態中，整數資料會佔用 2 Bytes 的記憶體空間，因此在執行程式時，系統會預留 2 Bytes 的記憶體空間來存放 num 變數的值。

VBA 也允許一列同時宣告多個變數，各宣告之間以**逗號 (,)** 間隔，如下語法所示為定義變數 a 為整數變數 (Integer)、變數 b 為字串變數 (String)。

Dim a As Integer, b As String

要特別注意若是寫成以下語法，則變數 a 及變數 b 將視為自由變數 (Variant)，只有變數 c 被定義為整數變數 (Integer)。

Dim a, b, c As Integer

> 註 若宣告時未指定資料型態，則該變數的資料型態將預設為 Variant（各種資料型態的詳細說明參見本書第 3-2 節）。

隱式宣告

在 Excel VBA 程式中，通常須以宣告陳述式來明確定義程式中的所有變數，但 VBA 也允許不經宣告即可直接使用變數，此時所有未宣告的變數皆自動視為**自由變數 Variant** 型態。

以下列程式碼為例來說明，程式碼中雖未以宣告陳述式定義變數 x 與變數 y，但 VBA 會在使用到它們時自動建立變數，並預設為 Variant 型態。

```
Public Sub declaration_1()
    x = 100
    y = "Hello World"
End Sub
```

設定強制宣告

雖然 VBA 允許不經宣告直接使用變數，但為避免變數名稱輸入錯誤或是在有效範圍內出現相同的變數名稱，也提供「**Option Explicit**」陳述式來進行強制宣告的設定。

「Option Explicit」陳述式必須在任何程序之前的模組中使用，用來強制規範該模組中的所有變數皆須經過明確宣告才能使用，否則編譯時將發生錯誤。設定方式如下：

STEP 01 點選「**開發人員→程式碼→Visual Basic**」按鈕；或是直接按下鍵盤上的 **Alt＋F11** 快速鍵，開啟 Visual Basic 編輯器。

STEP 02 點選功能表上的「**工具→選項**」功能，開啟「選項」對話方塊。

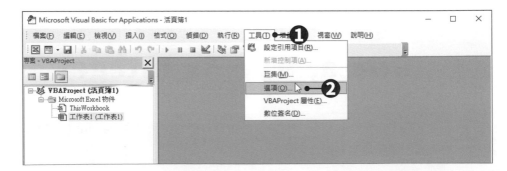

STEP**03** 點選「**編輯器**」標籤頁，勾選其中的「**要求變數宣告**」項目，按下「**確定**」按鈕完成設定。

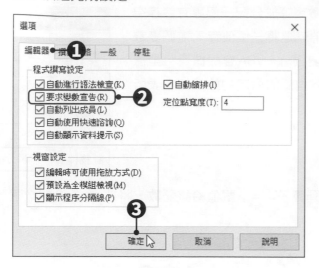

STEP**04** 之後每次新增模組時，就會在模組頂部自動加上「Option Explicit」陳述式，而在此模組之下的所有變數皆需經宣告才能使用。

註 但要注意此設定只適用於之後建立的模組才會自動加入，若是設定之前已建立的群組，就必須在程式視窗最上方的宣告區，自行手動加入「Option Explicit」這行敘述。

📝 變數賦值

在程式中宣告一個變數，等於分配一個專有儲存空間給這個變數，而變數賦值就是將一個值存入這個變數的記憶體空間中。在宣告變數時，VBA 會根據資料型態自動給定變數一個初值，各型態的內定初始值如右表所列。

資料型態	初始值
數值	0
布林值	False
字串	空字串
日期	1/1/0001
時間	12:00:00AM
物件	Nothing

我們也可以透過賦值運算子「＝」賦值給該變數，將「＝」右邊的數賦予左邊的變數。語法如下：

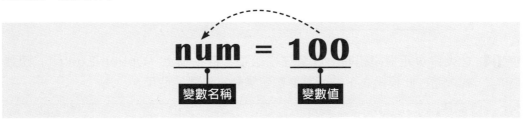

```
Public Sub declaration_2()
    Dim num As Integer      '變數num是一個整數
    num = 100               '設定num的值為100
End Sub
```

若賦予的值與宣告變數時的資料型態不符或是超出範圍時，執行時就會發生錯誤，如下所示。

```
Public Sub declaration_3()
    Dim a As Integer
    a = "Hello World"
    Msgbox a
End Sub
```

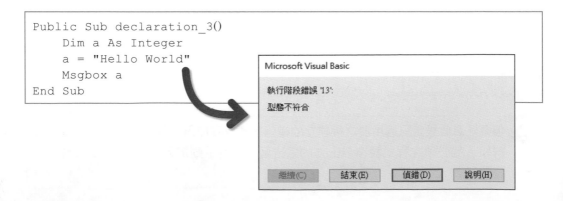

3-1-2 常數的宣告

常數是程式中希望保持不變的值,例如圓周率、單位換算比例、特殊紀念日等。一般使用 **Const** 陳述式來宣告常數,其宣告語法如下:

Const PI As Single = 3.14159

變數名稱　　　　資料型態　　　　常數值

註:在程式設計習慣上,常數名稱通常會使用全大寫英文命名。

宣告常數時,因為常數是固定的,所以可以省略指定資料型態。例如:宣告常數 BDAY 的內容為日期 01/01/1912,宣告時雖然沒有指定其資料型態,但其資料型態就是日期(Date)。

```
Public Sub declaration_4()
    Const BDAY = #01/01/1912#
    MsgBox "中華民國開國日為 " & BDAY
End Sub
```

> Microsoft Excel ×
>
> 中華民國開國日為 1912/1/1
>
> 確定

3-1-3 識別字的命名規則

識別字(Identifier)是指撰寫程式時,依程式需求自行定義的名稱,舉凡程式中所用到的常數、變數、模組、函數、程序、類別、物件等命名,都屬於識別字。VBA 對於識別字的命名,有以下限制:

- 名稱第一個字元必須為英文字母或中文字,第二個字元以後可使用英文字母、數字、中文字和底線(_),其他字元一律不能用。(雖然可完全使用中文命名,但基於程式開發習慣還是盡量避免使用中文,以免其他語言系統開啟導致亂碼。)

- 英文字母大小寫視為相同。

- 不可使用**保留字**(Reserved Words)或內儲識別字。保留字是一些具有特定意義的字及特別的功能,包括:函數、資料型態、運算子、物件、方法等。

- 識別字長度可達 1,023 個字元。

3-2 VBA 的資料型態

　　資料型態主要是決定要存放何種資料及其所佔用的記憶體大小。在程式中宣告變數時，最好將變數同時宣告為某種**資料型態**(Data Type)，以便系統事先分配適當的記憶體空間供該變數使用。在VBA中的資料型態有數值、字串、布林、日期/時間、物件等，分別說明如下：

3-2-1 數值

　　常用的數值資料有位元組、整數、長整數、單精準度浮點數、倍精準度浮點數、十進制小數、貨幣等。下表為各種數值資料型態的說明。

資料型態		記憶體	範圍
Byte	位元組	1Byte	0 ~ 255 的整數
Integer	整數	2 Bytes	-32768 ~ 32767 的整數
Long	長整數	4 Bytes	-2147483648 ~ 2147483647 的整數
Single	單精準度浮點數	4 Bytes	-3.4028235E+38 ~ -1.401298E-45（負數值） 1.401298E-45 ~ 3.4028235E+38（正數值）
Double	倍精準度浮點數	8 Bytes	1.79769313486231570E+308 ~ -4.94065645841246544E-324（負數值） 4.94065645841246544E-324 ~ 1.79769313486231570E+308（正數值）
Decimal	十進制小數	14 Bytes	+/-79228162514264337593543950335（無小數點時） +/-7.9228162514264337593543950335（小數點有 28 位） +/-0.0000000000000000000000000001（最小非 0 數字）
Currency	貨幣	8 Bytes	-922337203685477.5805 ~ 922337203685477.5807

> **科學記號表示法**
>
> VBA 程式碼敘述中，以「aE±c」表示一個非常大或非常小的數，其中 a 表示小數數值，其範圍為 $1 \le a < 10$，E 代表底數 10，±c 為 10 的指數值。
>
> 例如：$182000000 = 1.82 \times 10^8$，以科學記號表示為 1.82E+8。

3-2-2 字串 (String)

字串，是存放包含英文字母、數字、中文字和符號等一連串的字元，也就是文字資料。字串資料型態分為固定長度與可變長度兩種，如下表所示。

資料型態		記憶體	範圍
String	固定長度字串	隨字串長度變動大小	最多 2 的 16 次方 (約 65535) 個字元
	可變長度字串	10 Bytes + 字串長度	最多 2 的 31 次方 (約 20 億) 個字元

在宣告字串變數時，預設為**可變長度字串**，所佔空間是字串長度加上10個位元組。若在「As String」後方再加上「* 字串長度」，可限制字串的長度(字元數目)，即為**固定長度字串**，它在記憶體中所佔據的空間就等於字串長度。宣告語法如下所示：

Dim a As string ━━━● 可變長度字串
Dim b As string * 4 ━━━● 固定長度字串

在表示字串資料時，字串的前後要加上**雙引號 (")**。此外，也可以利用 String 函數來建立重複字元的字串，String 函數的第一個參數是指定要產生的字串長度，第二個參數則為指定重複的字元。表示語法如下：

```
Public Sub declaration_5()
    Dim mystr1 As String
    Dim mystr2 As String
    Dim mystr3 As String
    mystr1 = "我是小新"            '賦值 我是小新
    mystr2 = String(5, "A")       '賦值 AAAAA
    mystr3 = String(3, 97 )       '賦值 aaa
End Sub
```

String 函數的第二個參數，除了使用雙引號表示字串，也可以直接用 ASCII 碼來表示(ASCII 編碼97代表小寫字母a)。

3-2-3 布林 (Boolean)

布林只包含 **True**(真) 和 **False**(假) 兩種值，通常用於判斷式，作為控制程式流程之用。使用 Dim 陳述式宣告變數時，在後面加上「As Boolean」，預設的布林變數值是 False(假)。

資料型態		記憶體	範圍
Boolean	布林值	2 Bytes	True、False

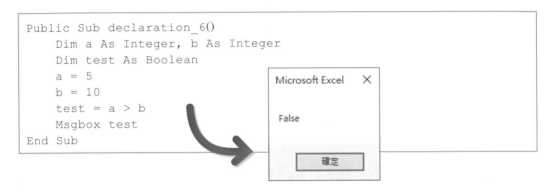

```
Public Sub declaration_6()
    Dim a As Integer, b As Integer
    Dim test As Boolean
    a = 5
    b = 10
    test = a > b
    Msgbox test
End Sub
```

3-2-4 日期時間 (Date)

日期時間是用來存放日期和時間資料的，在記憶體中佔 8 個位元組。其範圍是由西元 100 年 1 月 1 日，至西元 9999 年 12 月 31 日。

資料型態		記憶體	範圍
Date	日期 / 時間	8 Bytes	1/1/0100 00:00:00 AM ~ 12/31/9999 11:59:59 PM

使用 Dim 陳述式宣告變數時，在後面加上「As Date」。在輸入時間或日期資料時，前後必須加上「#」符號，日期是用「/」分隔，時間是用「:」分隔，可在後方標示 **AM** 或 **PM** 來代表上午或下午。

```
Public Sub declaration_7()
    Dim date1 As Date, date2 As Date, date3 As Date
    date1 = #8/3/1973 9:00:00 AM#      '賦值 1973/8/3 上午09:00:00
    date2 = #8/3/1973#                 '賦值 1973/8/3
    date3 = #9:00:00 AM#               '賦值 上午09:00:00
End Sub
```

3-2-5 物件 (Object)

物件 (Object) 資料型態用來儲存參照物件的位址，可以指向任何資料型態的資料，包含儲存格範圍、工作表、活頁簿等 Excel 中的物件。

資料型態		記憶體	範圍
Object	物件	4 Bytes	任何物件參照，如儲存格範圍、工作表、活頁簿等 Excel 中的物件

將變數定義為 Object，表示該變數為一通用物件，可用來表示工作表、活頁簿或儲存格範圍。要建立物件變數，除了宣告物件變數之外，比較特殊的是必須使用 **Set** 陳述式將有效的參照指派給該物件變數。

```
Public Sub declaration_8()
    Dim a As Object
    Set a = Range("A1:B5")        '將儲存格範圍A1:B5參照指派給物件變數a
    a.Value = 100
End Sub
```

📩 直接宣告物件變數

也可以將變數直接宣告為某一固定物件型態，同樣必須使用 **Set** 陳述式將有效的參照指派給該物件變數。如下所示：

```
Public Sub declaration_9()
    Dim b As Range                '將變數b直接宣告為儲存格範圍物件
    Set b = Range("A1:B5")
    b.value = 100
End Sub
```

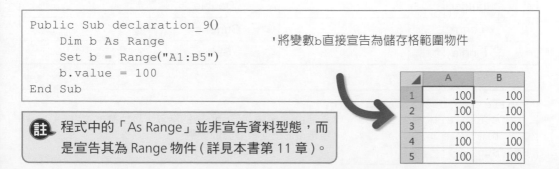

> 📌 註　程式中的「As Range」並非宣告資料型態，而是宣告其為 Range 物件 (詳見本書第 11 章)。

3-2-6　自由變數 (Variant)

Variant 資料型態可用來儲存所有的數字與文字，它可以是數字、字串、日期等任何類型的資料，可替代其他任何資料型態，且儲存範圍相當廣。缺點是沒有限制記憶體大小，故執行時較浪費電腦資源，因此除非必要，一般情況下還是建議明確宣告固定變數類型較佳。

資料型態		記憶體	範圍
Variant	自由變數	數值 16 Bytes	與 Double 相同
		字串 22 Bytes + 字串長度	最多 2 的 31 次方 (約 20 億) 個字元

在宣告變數時若不指定變數型態，VBA 預設會將變數視為 Variant 類型，因此不須宣告陳述式也能直接使用 (即隱式宣告)。例如，以下各宣告語法中，其變數皆為 Variant 類型。

```
Public Sub declaration_10()
    Dim a As Variant        '宣告一個Variant變數a
    Dim b                   '宣告一個Variant變數b
    c = 100                 '變數c預設為Variant變數，同時賦值為100
End Sub
```

3-2-7　宣告符號

在 VBA 中，除了以上述方式進行宣告外，也可以在變數名稱後加上相對應的宣告符號，就能直接宣告該常數或變數的資料型態。

資料型態	宣告符號	資料型態	宣告符號
Integer	%	Double	#
Long	&	Currency	@
Single	!	String	$

```
Public Sub declaration_11()
    Const PI! = 3.14159     '宣告PI為單精準度浮點數的常數，其值為3.14159
    Dim num%                '宣告num為整數型態的變數
End Sub
```

3-2-8 轉換資料型態

通常變數經宣告後就固定資料型態，但也可以透過資料型態的轉換函數，將運算式強制轉換為其他的特定資料型態。下表所列為常用的資料型態轉換函數。

函數名稱	回傳資料型態	範例	
CBool(運算式)	Boolean	CBool(3>2)	→ 傳回值為 True
CByte(運算式)	Byte	CByte(125.5678)	→ 傳回值為 126（小數第 1 位四捨五入）
		CByte(125.25 * 2)	→ 傳回值為 250（四捨五入到整數再運算）
CCur(運算式)	Currency	CCur(123.456789)	→ 傳回值為 123.4568（四捨五入到第 4 位）
CDate(運算式)	Date	CDate("31 Dec 2023")	→ 傳回值為 31/12/2023
		CDate("11:59:59 PM")	→ 傳回值為 下午 11:59:59
CDbl(運算式)	Double	CDbl(123.456789)	→ 傳回值為 123.456789
CInt(運算式)	Integer	CInt(2345.5678)	→ 傳回值為 2346
CLng(運算式)	Long	CLng(25427.45)	→ 傳回值為 25427
		CLng(25427.55)	→ 傳回值為 25428
CSng(運算式)	Single	CSng(75.3421115)	→ 傳回值為 75.34211
		CSng(75.3421555)	→ 傳回值為 75.34216
CStr(運算式)	String	CStr(437.324)	→ 傳回值為 437.324
CVar(運算式)	Variant	CVar(3 + 2 & 000)	→ 傳回值為 5000

註：CSng 會使用 4 個位元組來存放數值資料，經轉換後可儲存的數值位數可達 7 位；而 CDbl 則是使用 8 個位元組來儲存，經轉換後數值位數可達 15 位。

隨堂練習

下列範例將使用資料型態轉換函數來取得字串資料的整數數值，請在以下空格填上適當內容。

- Dim aStr As String
  Dim aInt As Integer
  aStr = "832.469"
  aInt = _____

- aInt 傳回值為_____

3-2-9 傳回資料的資料型態

撰寫程式時，有時可能須事先確認資料的資料型態，以避免程式執行時發生錯誤，這時可利用以下函數來取得相關資訊：

- TypeName()：會以字串格式傳回該資料的資料型態。若是資料為字串資料型態，則傳回 String；若為整數資料型態，則傳回 Integer；……。
- IsNumeric()：可用來判斷資料是否為數值資料型態。若是，則傳回 True；若不是，則傳回 False。
- IsDate()：可用來判斷資料是否為日期或是可辨識為有效的日期或時間。若是，則傳回 True；若不是，則傳回 False。
- IsObject()：可用來判斷資料是否代表物件變數。若是，則傳回 True；若不是，則傳回 False。
- Vartype()：會傳回一個整數，來對照表示該資料的資料型態。例如：傳回值為 8，表示該資料為字串資料型態。常見的傳回值如下表所列：

傳回值	資料型態	傳回值	資料型態
0	空白	7	Date
1	Null（空值）	8	String
2	Integer	9	Object
3	Long	10	錯誤值
4	Single	11	Boolean
5	Double	12	Variant
6	Currency	13	資料存取物件

隨堂練習

請在以下空格填上 MyCheck 的傳回值。

```
Dim MyCheck, IntVar, StrVar, DateVar
IntVar = 123 : StrVar = " 歡迎光臨 " : DateVar = #12/25/2024#
MyCheck = VarType(IntVar)        → 傳回值為 _____
MyCheck = TypeName(StrVar)       → 傳回值為 _____
MyCheck = IsNumeric(DateVar)     → 傳回值為 _____
```

3-3 VBA 程式基本架構

VBA程式的基本架構大致分為兩個區塊,主要為程式碼視窗頂端的**宣告區**,以及宣告區下方的**程式區**,如下圖所示。

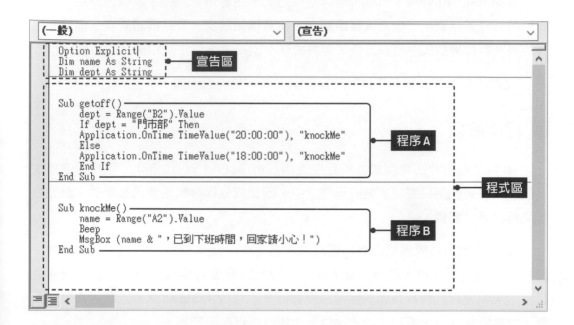

宣告區

位在程式碼最上方,所有程序之前的區域,用來進行各種宣告與設定。如果在這個模組的宣告區中宣告一個變數,則在這個模組之中的所有程序皆可使用,直到活頁簿關閉為止。

程式區

程式區是VBA巨集程序所在的主要位置。一個模組的程式區中可以包含多個程序,每個Sub開始至End Sub敘述之間的程式區塊就是一個VBA巨集程序。在程序中也可以宣告變數,但該變數只有在程序內才能使用。

3-3-1 變數的有效範圍

在VBA中宣告變數時，變數適用的範圍與時機，將依所使用的宣告陳述式以及宣告的位置而定。在VBA中宣告變數時，通常使用**Dim**陳述式來進行宣告，另外還有**Static**、**Private**、**Public**等其他陳述式，主要用意是指定變數的使用範圍。而變數的有效範圍，一般分成**程序層次**、**私有模組層次**、**公共模組層次**三個範圍。將所有常數與變數做明確的宣告，可避免在不同範圍下產生互相衝突的名稱。

變數的有效範圍與其相對應的宣告陳述式，分別說明如下：

程序層次

如果宣告變數的陳述式位於程序之內(Sub與End Sub之間)，屬於程序層次變數，其有效範圍只限於宣告的程序之中，因此其他程序無法使用該變數，此類變數又稱為**區域變數**。

通常使用Dim陳述式在程序區段內進行宣告，使用**Dim**陳述式宣告的變數，其生命週期在程序執行完畢就會消失，下次執行時會將變數初始化再執行程序內容。如果希望程式執行後還能保留原變數值，則可改用**Static**陳述式宣告為靜態變數，會為變數保留記憶體空間，以供下次執行該程序時使用。

```
Sub 程序名稱()
    Dim [Static] 變數名稱 As 資料型態
        ⋮
End Sub
```

```
Public Sub count()
    Dim x As Integer                '宣告x為整數變數
    Static total As Integer         '宣告total為整數靜態變數
    x = Range("A2").Value           '將A2儲存格值指定給x變數
    total = total + x               '加上x變數並存回total變數
    Range("B2").Value = total       '將total累加結果顯示在B2儲存格
End Sub
```

私有模組層次

在所有程序之上的宣告區中進行宣告，即為模組層次變數。若是使用**Dim**與**Private**陳述式來宣告變數，其有效範圍是在宣告的模組內有效的**私有變數**，該模組之下的所有程序都可以使用，但模組之外的其他模組就無法使用它。其生命週期會因模組產生而存在，模組釋放而消失。由於Dim與Private的使用方式及結果完全相同，因此通常比較常用Dim而少用Private。

Dim [Private] 變數名稱 As 資料型態
Sub 程序名稱()
⋮
End Sub

公共模組層次

若是在所有程序之上的宣告區中，以**Public**陳述式進行宣告，即為公共模組層次。此類變數又稱為**全域變數**，其有效範圍跳脫宣告所在的模組，只要在此活頁簿專案底下的所有模組及程序都可以使用它。若是全域變數和區域變數的名稱相同，則程序會使用區域變數的內容。

Public 變數名稱 As 資料型態
Sub 程序名稱()
⋮
End Sub

3-3-2　VBA 的陳述式

VBA程序是由 **Sub** 開始至 **End Sub** 敘述之間的程式區塊，其間由許多**陳述式**集合而成。VBA的陳述式是一個完整的程式碼，其中包含關鍵字、運算子、變數、常數及表示式等。因此，VBA的程序就是由一行一行的陳述句所建構而成。

在程序執行時，通常會按照順序逐行向下執行 Sub 與 End Sub 敘述之間的每一陳述式。若在程式中有需使用到的變數名稱，則可在程序開頭進行明確的變數宣告。VBA的基本程序結構如下所示：

> **Sub 函數或程式名稱(參數)**
> 　　**宣告1**
> 　　**宣告2**
> 　　　⋮
> 　　**陳述式1**
> 　　**陳述式2**
> 　　　⋮
> **End Sub**

VBA的陳述式可以用來執行一個動作，依其功能大致可分為宣告、指定、可執行、條件控制等四種陳述式，分別說明如下：

📑 宣告陳述式

用來宣告變數、常數或程序，同時也可指定其資料型態。宣告陳述式除了可以放在頂端宣告之外，也可放在程序之中。

```
Const limit As Integer = 20
Dim name As String
Dim myrange As Range
```

指定陳述式

以「=」來指定一個值或運算式給變數或常數。

```
Dim name As String
name = InputBox("What is your name?")
MsgBox "Your name is " & name
```

可執行陳述式

用來執行一個動作、方法或函數，通常包含數學或設定格式化條件的運算子。

```
Worksheets("通訊錄").Activate
Range("A1:D1").Select
```

條件控制陳述式

條件控制陳述式可以運用條件來控制程序的流程，以便執行具選擇性和重複的動作。

```
Sub ApplyFormat()
    Const limit As Integer = 33
    For Each c In Worksheets("Sheet1").Range("MyRange").Cells
        If c.Value > limit Then
            With c.Font
                .Bold = True
                .Italic = True
            End With
        End If
    Next c
    MsgBox "All done!"
End Sub
```

3-4 運算式與運算子

運算式(Expression)是由常數、變數資料和運算子組合而成的一個式子,式子中的「=」、「+」、「*」這些符號是**運算子**(Operator),被運算的對象則為**運算元**(Operand)。

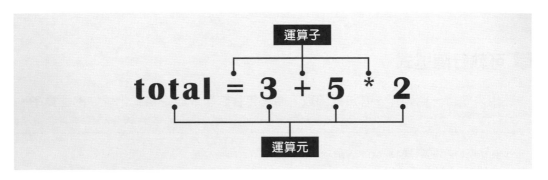

3-4-1 算術運算子

算術運算式的概念跟數學差不多,可以計算、產生數值。最基本的就是四則運算,利用「+」、「-」、「*」、「/」運算子,進行加、減、乘、除的計算。也可以使用「(」、「)」小括弧,優先計算括弧內的內容。除了四則運算之外,還有另外三種算術運算子,如下表所列。

運算子	說明	範例	
^	進行乘冪計算 (次方)。	3^4	➜ 結果為 81
\	進行整數除法。計算時會將數值先四捨五入,相除後取商數的整數部分為計算結果。	6.7 \ 3.4	➜ 結果為 2
Mod	計算餘數。結果可使用小數表示。	17.9 Mod 4.8	➜ 結果為 3.5

運算時優先順序較前面的運算子會先進行運算,例如:先乘除後加減。下表所列為各運算子的優先順序。

1	2	3	4	5	6	7
()	^	-	* /	\	MOD	+ -

在 VBA 程式中進行以下運算，x 的輸出結果為何？

x = (9 ^ 0.5 + 17 MOD 3) * 2

3-4-2 串接運算子

在VBA中，可使用「+」與「&」運算子來進行字串的合併串接。「+」運算子除了可以作為加法運算子相加數值資料外，若運算子前後都是字串資料，例如：「"哈囉"＋"小華"」則會將「哈囉」和「小華」字串，合併為新的字串「"哈囉小華"」。而「&」運算子除了字串之外，還可以合併字串和數值、數值和數值、字串和日期等不同型態的資料，合併結果都會轉成字串。

在 VBA 程式中進行以下運算，x 的輸出結果為何？

x = "B" + "W" + (5 & 1) & (6 + 1)

3-4-3 關係運算子

關係運算子可以比較兩筆資料之間的關係，包括數值、日期時間和字串，使用的運算子包括「=」、「<」、「>」、「<=」、「>=」、「<>」，當比較的結果成立，會傳回 **True**(真)；當比較結果不成立，會傳回 **False**(假)。

數字和英文字母的大小是依據ASCII值來進行比較，中文字則是先按照部首後按照筆劃來決定大小。各關係運算子的優先順序皆相同。

運算子	說明	範例	
=	等於	3 = 3.0	→ 傳回值為 True
<>	不等於	3 <> 3.0	→ 傳回值為 False
>	大於	"A" > "a"	→ 傳回值為 False
<	小於	3+2 < 3-2	→ 傳回值為 False
>=	大於等於	2+2 >= 1+3	→ 傳回值為 True
<=	小於等於	" 一 " <= " 二 "	→ 傳回值為 True

Like 運算子

與關係運算子相比，Like 運算子可對類似的內容進行更彈性的比較。Like 運算子會將**比較字串**(String) 與**模板字串**(Pattern) 進行比較，當比較的結果成立，會傳回 **True**(真)；當比較結果不成立，會傳回 **False**(假)。

在設定模板字串時，可搭配右表所列的字元來定義比對字串，就能更彈性地設定比較條件。例如，下列語法為將「字串是否為 a 字母開頭」的比對結果儲存在變數 check 之中，其回傳結果將為 True。

Pattern	String
*	不限字元長度的任何字元
?	任何一個字元
#	任一個數字字元 (0-9)
[字串]	字串中的任一字元
[! 字串]	不在字串中的任一字元

check = "apple" Like "a*"

傳回比較結果　　　比較字串　　　模板字串

✏️ 隨堂練習

在 VBA 程式中使用 Like 運算子進行以下運算，各輸出結果為何？

① "ab" Like "a*b" _____

② "a52b" Like "a?b" _____

③ "F" Like "[!A-Z]" _____

Is 運算子

Is 運算子可用來比較兩個物件參照變數是否相符。若比較結果相同則傳回 **True**(真)；若不相同則傳回 **False**(假)。

check = **Object1 Is Object2**

傳回比較結果　　　　　比較物件1　　　　　　比較物件2

3-4-4　邏輯運算子

邏輯運算子是進行布林值 **True**(真)和 **False**(假)的運算，在數值中，0代表 False(假)，非0值為 True(真)。處理邏輯運算子時的優先次序是 **Not > And > Or > Xor > Eqv**，在邏輯運算式中也可以使用括弧，括弧內的內容會優先進行處理。

運算子	功能	範例	說明
And	且	A And B	當 A、B 都為真時，結果才為真，其餘都是假。
Or	或	A Or B	只要 A 和 B 其中有一個是真的，結果就為真。
Not	非	Not A	會產生相反的結果，如果原本的值為真，則結果為假。
Xor	互斥或	A Xor B	當 A 和 B 不同時，結果就為真。
Eqv	相等	A Eqv B	當 A 和 B 相同時，結果就為真。

註：A 與 B 表運算式

🖊 隨堂練習

在 VBA 程式中進行以下邏輯運算式的運算，各輸出結果為何？

① Not 2>1 　　　　_____

② 3<5 And -2<1 　　_____

③ -2<>2 Or -2=3 　　_____

④ 0 Xor 0 　　　　　_____

⑤ 5>1 Eqv 2<3 　　 _____

自我評量

選擇題

( ) 1. 在Excel VBA中宣告變數時，若未定義資料型態，會自動視為下列何種資料型態？(A) Integer　(B) String　(C) Variant　(D) Object。

( ) 2. 下列何者為賦值運算子？(A) &　(B) =　(C) /　(D) #。

( ) 3. 在Excel VBA中宣告常數時，須使用下列哪一個宣告陳述式？(A) Dim　(B) Private　(C) Const　(D) Public。

( ) 4. 按照VBA識別字命名規則，下列何者可做為正確的變數名稱？(A) 4m　(B) k-B　(C) sum%　(D) L5_個數。

( ) 5. 表示字串資料時，字串的前後應加上下列哪一個符號？(A)雙引號(")　(B)井號(#)　(C)冒號(:)　(D)底線(_)。

( ) 6. 表示日期與時間資料時，日期或時間的前後應加上下列哪一個符號？(A)雙引號(")　(B)井號(#)　(C)冒號(:)　(D)底線(_)。

( ) 7. 欲將參照指派給Object資料型態的物件變數時，應使用下列哪一個運算子或陳述式？(A)冒號(:)　(B) Dim陳述式　(C) Set陳述式　(D) Let陳述式。

( ) 8. 在Excel VBA中宣告變數時，可透過下列哪一個宣告符號，將變數宣告為Integer資料型態？(A) &　(B) %　(C) #　(D) $。

( ) 9. 下列資料型態中，何者所佔記憶體空間最大？(A) Integer　(B) Single　(C) Boolean　(D) Date。

( ) 10. 在Excel VBA中使用下列哪一個宣告陳述式，可將變數宣告為「全域變數」？(A) Dim　(B) Static　(C) Private　(D) Public。

( ) 11. 在Excel VBA中使用下列哪一個宣告陳述式，可將變數宣告為「靜態變數」？(A) Dim　(B) Static　(C) Private　(D) Public。

( ) 12. 下列各算術運算子中，何者優先順序在最前面？(A) *　(B) +　(C) ()　(D) ^。

(   ) 13. 在Excel VBA中，可透過下列哪一個串接運算子，來進行字串與數值的合併？(A) &   (B) +   (C) *   (D) ?。

(   ) 14. 用一個運算子判斷兩個運算式的邏輯關係，當其中一個運算式的結果為真時，其邏輯運算的結果就為真，這裡所使用的是下列哪一個運算子？(A) Or   (B) And   (C) Xor   (D) Eqv。

(   ) 15. 執行下列程式後，變數A的值為何？(A) 0   (B) 1   (C) 2   (D) 3。
$A = (2 \wedge 1*3+2 \wedge 3*2)$ Mod 4

(   ) 16. 若A=-1:B=0:C=1，則下列邏輯運算的結果，何者為真(True)？
(A) A>B And C<B   (B) A<B Or C<B
(C) (B-C)=(B-A)   (D) (A-B)<>(B-C)

實作題

1. 學校的學生基本資料巨集程式中，預計將會使用到以下這些資料項目，請將這些資料項目宣告為變數或常數，並指定適當的資料型態。

- 學號
- 學生姓名
- 學生的出生年月日
- 學生聯絡電話
- 學生住址
- 是否為身心障礙學生
- 入學成績

2. 開啟「範例檔案\ch03\計算圓面積.xlsx」檔案,請建立一個巨集程式,當在 B2 儲存格中填入圓形半徑,按下「計算」按鈕後,就會進行圓面積的計算,並將計算結果顯示在 B4 儲存格中,執行結果請參考下圖。

> 提示 圓面積＝π(3.14159)× 半徑^2

3. 開啟「範例檔案\ch03\年度銷量.xlsx」檔案,請為檔案中三個工作表中的按鈕各建立巨集程式,可分別計算出所有空白欄位的數值,執行結果請參考下圖。

> 提示 1. 上半年及下半年的個別銷量可宣告私有變數,程式碼便可複製使用
>
> 2. 上半年及下半年的總計結果,可使用全域變數進行年度加總

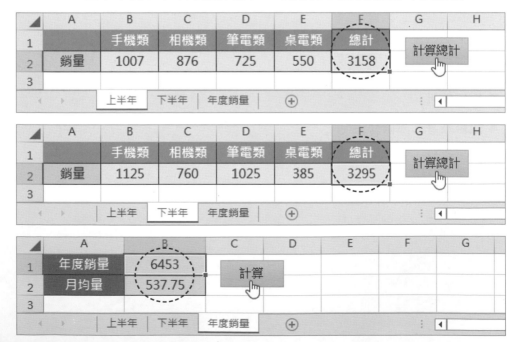

VISUAL BASIC
FOR
APPLICATION

04

流程控制─
選擇結構

設計程式的時候，必須思考如何建立良好的程式結構。程式若是缺乏良好的程式結構，會變得冗長且容易產生錯誤，日後維護也很困難。**結構化程式設計** (Structured Programming) 主要是根據**循序結構**、**選擇結構**、**重複結構**等三種基本結構，來控制程式的流程，每個控制結構都只有一個進入和離開結構的方式，稱作**單一入口/單一出口** (Single-entry/Single-exit)，將一個控制結構的出口連接到另一個控制結構的入口，可以組成結構化的程式。

其中**選擇結構** (Selection Structure) 是根據是否滿足某條件式，來決定不同的執行路徑。選擇結構又可以分為單一選擇結構、雙重選擇結構、多重選擇結構等三種。本章我們將一一介紹 Excel VBA 在建立選擇結構時常用的敘述及其實例應用。

4-1 單一選擇結構

「選擇」是依據判斷做出決策，因此其結構中必須包含條件判斷式，再根據判斷結果來控制程序的流程。單一選擇結構是最簡單的選擇結構，它包含單一測試條件及單一狀況，也就是說只有當測試條件為真時，才執行條件為真的動作，否則繼續後續的程式即可。

以流程圖來表示則如下圖所示，在決策判斷符號裡設定一個運算式 (條件判斷式) 以進行判斷，當條件式的結果為真，就執行敘述；當條件式的結果為假，就不執行敘述。

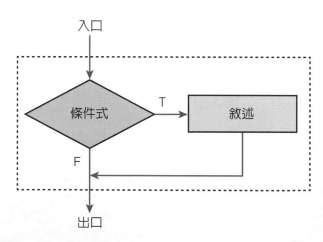

4-1-1 If...Then

「If.If...Then...」的意思是「如果…就…」。語法撰寫方式又可分為單一敘述或敘述區塊的寫法。

單一敘述

單一敘述是指所要執行的程式敘述較短,可直接與「If...Then...」撰寫在同一行中。在 If 後面接一個條件式,如果條件式的結果為真,則執行 Then 後面所接的敘述,完成後再繼續執行下一列敘述;若為假,則直接執行下一列敘述。

If 條件式 Then 敘述

💻 **簡例**

若存款少於 $1000,則顯示「餘額不足」。

```
If deposit < 1000 Then MsgBox("餘額不足")
```

敘述區段

敘述區段亦稱敘述區塊,是指要執行的程式敘述超過兩列。在 If 後面接一個條件式,如果條件式的結果為真,則執行 Then 之下的敘述區段;若為假,則直接跳到 End If。

If 條件式 Then

敘述區段

End If

□ **簡例**

若存款少於$1000，則計算存款與$1000之間的差額，並顯示「尚差 X 元」。

```
If deposit < 1000 Then
    m = 1000 - deposit
    MsgBox("尚差" & m & "元")
End If
```

程式實作 ●●

□ **範例要求**：開啟「範例檔案 \ch04\ 計算消費金額 A.xlsx」檔案，某商店產品單價為 $100，若購滿十件則享 9 折優惠。請新增一程式按鈕，當按下「計算」按鈕，可進行消費金額的計算，並將計算結果顯示在 B2 儲存格。

```
Sub amount()
  Dim a As Integer, price As Integer, amount As Integer
    a = Range("A2").Value
    price = 100
    If a >= 10 Then
        amount = a * price * 0.9
    End If
    Range("B2").Value = amount
End Sub
```

說明　1. 新增一個表單按鈕，撰寫按鈕的巨集程式。

2. 由於判斷條件只包含一個執行結果，故使用「If...Then」單一選擇敘述，檢查當符合「購買數量 >= 10」的條件，才執行「消費金額打 9 折」的結果。

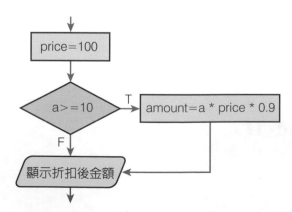

🖵 執行結果

◢	A	B	C	D
1	購買數量	消費金額	結算	
2	10			
3				

◢	A	B	C
1	購買數量	消費金額	結算
2	10	900	
3			

完成結果檔

範例檔案\ch04\計算消費金額A.xlsm

4-2　雙重選擇結構

有兩種敘述可以選擇,當條件式的結果為真,就執行右方的敘述;當條件式的結果為假,執行左方的敘述,其流程圖如下圖所示。

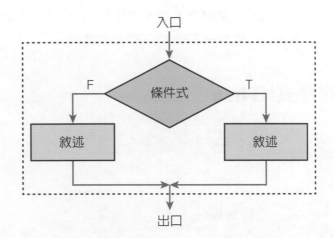

4-2-1　If...Then...Else

「If...Then...Else」的意思為「如果…就…否則…」,是從「If...Then」發展而來。當條件式的結果為真,就執行 Then 後面的敘述;當條件式的結果為假,執行 Else 後面的敘述。Then 與 Else 之後的敘述可為單一敘述或多行敘述。

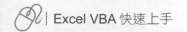

單一敘述

若是所要執行的程式敘述皆很短，可以直接與「If...Then...」撰寫在同一行。在 If 後面接一個條件式，如果條件式的結果為真，則執行 Then 後面所接的敘述；若為假，則執行 Else 後面所接的敘述。

> # If 條件式 Then 敘述 Else 敘述

🖥 簡例

若數字除以 2 的餘數為 0，顯示「偶數」，否則顯示「奇數」。

```
If num Mod 2 = 0 Then MsgBox ("偶數") Else MsgBox ("奇數")
```

敘述區段

若是要執行的程式敘述超過兩列，則使用敘述區段，大多情形皆屬此類。在 If 後面接一個條件式，如果條件式的結果為真，則執行 Then 之下的敘述區段，執行完直接跳到 End If；若為假，則執行 Else 之下的敘述區段。

> # If 條件式 Then
> ### 敘述區段
> # Else
> ### 敘述區段
> # End If

🖥 簡例

假設提款金額為 $1000，若目前存款金額大於等於 $1000，則將目前存款金額扣除 $1000 為存款餘額，並顯示「扣款成功」；否則顯示「扣款失敗」。

```
If deposit >= 1000 Then
    deposit = deposit - 1000
    MsgBox("扣款成功,目前餘額為" & deposit)
Else
    MsgBox("扣款失敗,目前餘額為" & deposit)
End If
```

程式實作 ••

💻 **範例要求**:開啟「範例檔案 \ch04\ 計算消費金額 B.xlsx」檔案,某商店產品全面 9 折,若消費滿千再打 9 折。在 A1 儲存格輸入消費累計金額,可進行折扣後的金額,並將計算結果顯示在 B2 儲存格。

```
Public Sub amount()
    Dim a As Integer, amount As Integer
    a = Range("A2").Value
    If a >= 1000 Then
        amount = a * 0.9 * 0.9
    Else
        amount = a * 0.9
    End If
    Range("B2").Value = amount
End Sub
```

說明 由於判斷條件包含兩個執行結果,故使用「If...Then...Else」雙重選擇敘述,檢查當符合「消費金額 >= 1000」的條件,執行「消費金額 9 折再 9 折」的結果;若不符合,則執行「消費金額 9 折」的結果。

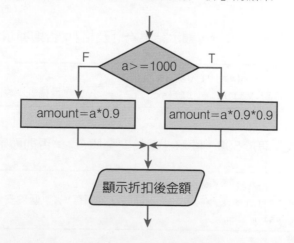

🖵 執行結果

	A	B	C
1	消費累計	折扣後金額	
2	2000	1620	
3			

消費金額滿 $1000，打 81 折 (9 折再 9 折)

	A	B	C
1	消費累計	折扣後金額	
2	880	792	
3			

消費金額未滿 $1000，打 9 折

完成結果檔

範例檔案\ch04\計算消費金額B.xlsm

4-2-2 IIf 函數

VBA 中的 **IIf** 函數是一種邏輯函數，其作用與「If...Then...Else」敘述相同，可做為雙重判斷情況使用，並用來傳回一個具體的值。其語法如下：

IIf (條件式, True傳回值, False傳回值)

IIf 函數有三個引數，三者皆為必要引數。第一個引數為條件判斷式，若判斷結果為真，則傳回引數 2 的值；若為假，則傳回引數 3 的值。

🖵 簡例

若成績大於等於 60 分，顯示結果為「及格」；否則顯示「不及格」。

```
score = Range("A1").Value
Range("B1").Value = IIf(score >= 60, "及格", "不及格")
```

若庫存大於等於 500，顯示「高於安全庫存」；否則顯示「低於安全庫存」。

```
stock = Range("A1").Value
warn = IIf(stock >= 500, "高於安全庫存", "低於安全庫存")
MsgBox warn
```

✎ **隨堂練習**

請將下列敘述功能，以 IIf 函數進行改寫。

```
If num Mod 2 = 0 Then MsgBox ("偶數") Else MsgBox ("奇數")
```

▨ **程式實作** •••

🖵 **範例要求**：開啟「範例檔案 \ch04\ 判斷性別 .xlsx」檔案，於 B2 儲存格建立性
別資料，若為「男」，則顯示訊息方塊「嗨！○○○先生」；若為「女」，則
顯示訊息方塊「嗨！○○○女士」。

```
Public Sub sex()
    Dim a As String, b As String
    a = Range("A3").Value
    b = IIf(Range("B3").Value = "男", "先生", "女士")
    MsgBox ("嗨！" & a & b)
End Sub
```

| 說明 | 由於判斷條件包含兩個執行結果，且執行結果皆傳回特定值，故使用 IIf 函
數來完成選擇結構，當符合「B3 儲存格 = 男」的條件，傳回值為「先生」；
若不符合，則傳回值為「女士」。

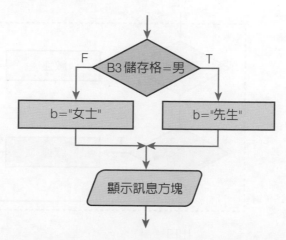

□ 執行結果

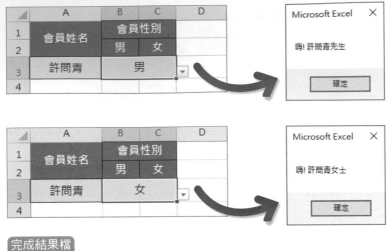

完成結果檔
範例檔案\ch04\判斷性別.xlsm

4-3 多重選擇結構

多重選擇結構使用一個以上的條件式來進行判斷,當第一條件式的結果為真,就執行右方的敘述,並連到出口;如果第一條件式的結果為假,就繼續判斷下一個條件式,其流程圖如下圖所示。

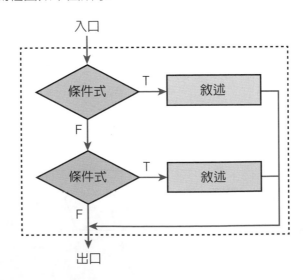

4-3-1 If...Then...ElseIf

「If...Then...ElseIf」的意思是「如果…就…否則如果…」，是從「If...Then...Else」發展而來。「If...Then...ElseIf」可利用 ElseIf 設定多個條件式，由上而下逐一檢查判斷，以選擇要執行哪一個敘述。

ElseIf 的後面接著一個條件式，當第一條件式的結果為真，就執行 Then 後面的敘述；當第一條件式的結果為假，就繼續測試下一個 ElseIf 所接的第二條件式，當所有條件式都不成立，就執行 Else 之後的敘述。

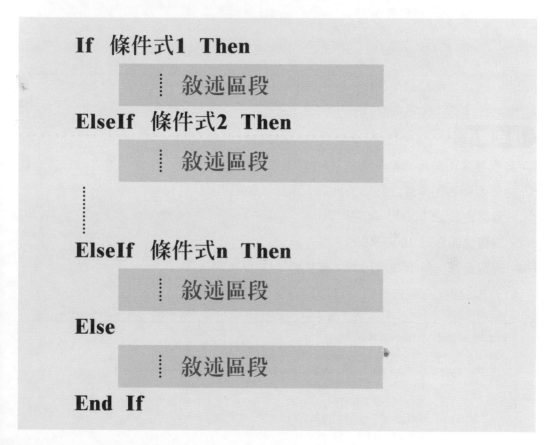

```
If  條件式1  Then
        ⋮ 敘述區段
ElseIf  條件式2  Then
        ⋮ 敘述區段
    ⋮
ElseIf  條件式n  Then
        ⋮ 敘述區段
Else
        ⋮ 敘述區段
End  If
```

簡例

　　若年齡大於等於65歲，顯示「敬老票」；否則再判斷若年齡小於12歲，則顯示「免費入場」；若年齡小於18歲，則顯示「半票」。以上優待條件皆不符合，則顯示「全票」。

```
If age >= 65 Then
    MsgBox("敬老票")
ElseIf age < 12 Then
    MsgBox("免費入場")
ElseIf age < 18 Then
    MsgBox("半票")
Else
    MsgBox("全票")
End If
```

程式實作 ••

範例要求：開啟「範例檔案\ch04\周年慶折扣數.xlsx」檔案，百貨周年慶活動將依照顧客的消費金額給予折扣，滿額條件如下：

» 消費金額 ≥ 5000，享7折

» 消費金額介於 3000~4999，享 8 折

» 消費金額介於 1000~2999，享 9 折

» 未滿 $1000，則無折扣

```
Public Sub discount()
    Dim amount As Integer
    amount = Range("A2").Value
    If amount >= 5000 Then
        MsgBox ("打7折")
    ElseIf amount >= 3000 Then
        MsgBox ("打8折")
    ElseIf amount >= 1000 Then
        MsgBox ("打9折")
    Else
        MsgBox ("無折扣")
    End If
End Sub
```

說明 按照消費金額的門檻由多至少設定條件式，依序檢查所符合的折扣數：

1. 首先檢查符合「消費金額 >= 5000」的條件，若符合則顯示「打 7 折」。

2. 否則再繼續檢查「消費金額 >= 3000」的條件，若符合則表示消費金額介於 3000~4999 之間，顯示「打 8 折」。

3. 否則再繼續檢查「消費金額 >= 1000」的條件，若符合則表示消費金額介於 1000~2999 之間，顯示「打 9 折」。

4. 以上判斷條件皆不符合，則顯示「無折扣」。

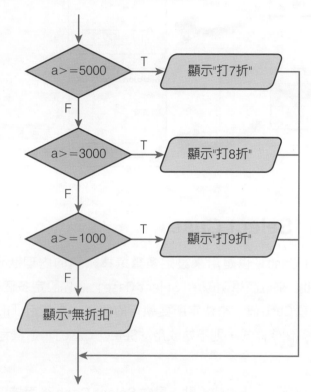

🖥 **執行結果**

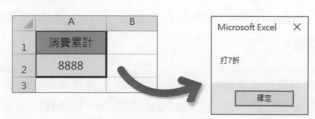

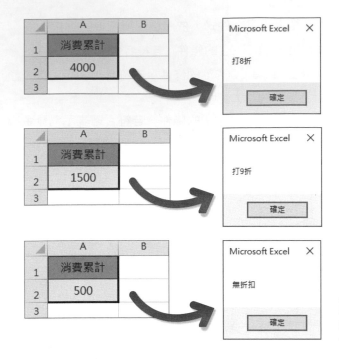

完成結果檔

範例檔案\ch04\周年慶折扣數.xlsm

4-3-2 Select Case

　　「Select Case」也是用來設定多重選擇結構的處理狀況，且其語法較「If…
Then…ElseIf」來得簡單明瞭。「Select Case」是先設定多個 Case 條件，再根據資
料符合哪一項 Case 值，來決定所要執行的敘述。在使用「If…Then…ElseIf」時，
若需要測試多個條件式，則不妨改用「Select Case」，這樣程式閱讀起來會比較方
便。

　　「Select Case」語法的重點，是在 **Select Case** 後面接用來判斷的**條件變數**，
然後再逐一比較該變數符合哪一個 Case 條件值，如果吻合，就執行該 Case 所接的
敘述，執行完則跳至 End Select 後面的敘述；如果所有的 Case 條件值通通都不吻
合，則執行 **Case Else** 之後的敘述。

> **註** 在設定 Case 條件值時，要注意不能有重複吻合的條件式。若當條件變數同時符
> 合多個 Case 條件值時，則只會執行第一個符合 Case 的敘述區塊，雖然程式同樣
> 可以執行，但其執行結果卻可能是錯誤的。

$$\begin{aligned}
&\textbf{Select Case 條件變數}\\
&\qquad\textbf{Case 條件值1}
\end{aligned}$$

⋮ 敘述區段

Case 條件值2

⋮ 敘述區段

⋮

Case 條件值N

⋮ 敘述區段

Case Else

⋮ 敘述區段

End Select

　　Case的條件值可以是單一或多個數值,也可以是一個範圍,或者是一個關係運算式(但須在Case後加上關鍵字 **Is**)。

💻 **簡例**

```
Case 8888            '表示數值8888符合條件
Case "男"            '表示字串"男"符合條件
Case 1, 3, 5         '表示數值1、3、5均符合條件
Case 5 To 10         '表示數值介於5～10均符合條件
Case Is > 100        '表示數值大於100者符合條件
```

　　此外,Case Else敘述可以省略,但它適用於處置所有不符合條件的執行結果,可避免程式執行時發生錯誤。因此除非能確定所設定的Case條件值一定有符合的結果,否則最好不要省略Case Else敘述。

🖵 **簡例**

　　若年齡大於等於 65 歲，顯示「敬老票」；若年齡符合 18 至 64 歲小於 12 歲，則顯示「全票」；若年齡符合 12 至 17 歲，則顯示「半票」；否則顯示「免費入場」。

```
Select Case age
    Case Is >= 65
        MsgBox("敬老票")
    Case 18 To 64
        MsgBox("全票")
    Case 12 To 18
        MsgBox("半票")
    Case Else
        MsgBox("免費入場")
End Select
```

程式實作 ••

🖵 **範例要求**：開啟「範例檔案 \ch04\ 成績評語 .xlsx」檔案，請根據 A2 儲存格所輸入的成績落在哪個範圍，以訊息方塊顯示對應的評語。評語標準如下：

» 輸入成績為 100，顯示「太棒了！」

» 輸入成績介於 80 ～ 99 分，顯示「不錯喔！」

» 輸入成績介於 60 ～ 79 分，顯示「還可以！」

» 輸入成績都不符合以上條件，顯示「再加油！」

```
Public Sub comment()
    Dim score As Integer
    score = Range("A2").Value
    Select Case score
        Case 100
            MsgBox ("太棒了!")
        Case 80 To 99
            MsgBox ("不錯喔!")
        Case 60 To 79
            MsgBox ("還可以!")
        Case Else
            MsgBox ("再加油")
    End Select
End Sub
```

說明 成將分數以 Select Case 敘述設定四個條件值，並按照分數符合的範圍顯示相對應的評語。設定 Case 條件值如下：

1. 符合「= 100」的條件，顯示「太棒了！」。

2. 符合「80 To 99」的條件，顯示「不錯喔！」。

3. 符合「60 To 79」的條件，顯示「還可以！」。

4. 皆不符合，顯示「再加油！」。

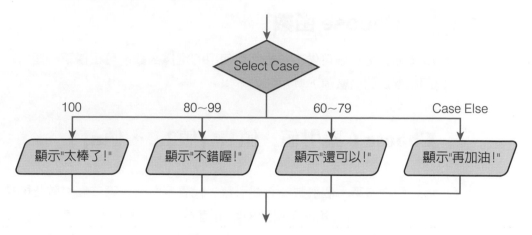

💻 **執行結果**

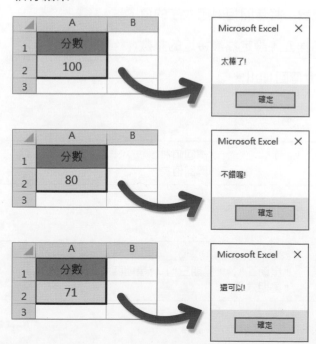

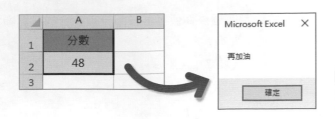

完成結果檔

範例檔案\ch04\成績評語.xlsm

(4-3-3) Choose 函數

Choose 函數是一個可做為多重判斷使用的選擇函數,可根據第一個引數的索引值,傳回相對應的引數值。其語法如下:

Choose (索引值, 值1, [值2, ⋯ 值n])

Choose 函數的第一個引數為必要引數,代表索引值。第二個引數起則按次序為各傳回值的清單。假設第一個引數的索引值為1,則傳回值 1;索引值為2,則傳回值 2;⋯;索引值為n,則傳回值n,依此類推,最多可設定254個值。

◉ 若索引值介於1~254之間的整數,將傳回相對應次序的值。

◉ 若索引值不是整數,會將它四捨五入設定為最接近的整數。

◉ 若索引值小於1或大於n,則會傳回Null。

🖵 簡例

```
Choose(3, "A", "B", "C", "D")          '傳回值為C
Choose(1, 2, 3, 4, 5)                  '傳回值為2
```

在 B1 儲存格中傳回當天星期幾。

```
Range("B1").Value = Choose(Format(Now, "w"), "星期日", "星期一", _
                   "星期二", "星期三", "星期四", "星期五", _
                   "星期六")
```

註:關於 Format 函數日期格式的用法,詳見本書第 7-2-5 節。

程式實作 •

🖳 **範例要求**：開啟「範例檔案 \ch04\ 銀行代碼 .xlsx」檔案，於 A2 儲存格中輸入銀行代碼，B2 儲存格就會出現相對應的銀行名稱。銀行代碼明細如右表所列。

若輸入的銀行代碼不在表格範圍內，則以訊息方塊顯示「您輸入的代碼超出範圍」。

銀行代碼	銀行名稱
001	中央信託
002	農民銀行
003	交通銀行
004	台灣銀行
005	土地銀行

```
Public Sub Bank_no()
    Dim bankno As Integer
    Range("B2").ClearContents        '清除B2儲存格範圍
    bankno = Range("A2").Value
    If bankno >= 1 And bankno <= 5 Then
        Range("B2").Value = Choose(bankno, "中央信託", "農民銀行", _
                            "交通銀行", "台灣銀行", "土地銀行")
    Else
        MsgBox ("您輸入的代碼超出範圍")
    End If
End Sub
```

說明 1. 使用 ClearContents 方法清除 B2 儲存格中的內容。

2. 銀行代碼為 001 至 005，正好可利用 Choose 函數來建立相對應的銀行明細，設定輸入的銀行代碼為索引值，並傳回指定內容。

🖳 **執行結果**

完成結果檔

範例檔案\ch04\銀行代碼.xlsm

4-3-4 Switch 函數

Switch 函數的作用與「Select Case」相同，是一個可建立多組運算式及其回應值清單的多重選擇函數。其語法如下：

Switch (運算式1, 值1, [運算式2, 值2, …])

Switch 函數的引數清單包含運算式與值的配對。執行時會由左至右依序進行運算式的檢查比對，判斷為真則傳回與其配對的回應值。亦即先判斷運算式1是否為真，若為真則傳回值1；否則再判斷運算式2是否為真，若為真則傳回值2；…，依此類推。若所有運算式結果皆為假，則傳回 Null。

🖵 簡例

根據 A2 儲存格輸入的國家，於 B2 儲存格傳回該國首都。

```
Dim Country As String
Country = Range("A2").Value
Rangc("B2").Valuc - Switch(Country = "美國", "華盛頓D.C.", _
                    Country = "英國", "倫敦", _
                    Country = "印度", "新德里", _
                    Country = "巴西", "巴西利亞", _
                    Country = "澳洲", "坎培拉")
```

將前述 4-3-2 節 Select Case 的範例，以 Switch 函數進行改寫。根據 A2 儲存格輸入的年齡，於 B2 儲存格傳回與年齡相對應的票種。

```
Dim Age As Integer
Age = Range("A2").Value
Range("B2").Value = Switch(Age >= 65, "敬老票", Age >= 18, "全票", _
                    Age >= 12, "半票", Age > 0, "免費入場")
```

✏️ 隨堂練習

參考 4-3-2 節「範例檔案 \ch04\ 成績評語 .xlsx」檔案練習，將 Select Case 敘述以 Switch 函數進行改寫。

4-4 巢狀選擇結構

根據結構化程式的撰寫原則，我們可以在一個控制結構中放入另一個控制結構。如果在 If 選擇結構中再加入另一個 If 選擇結構，則稱為「巢狀選擇結構」。但要注意若太多層次，反而會造成程式碼的閱讀混亂與不易維護。

以下假設在 If...Then...Else 結構中，再放入 If...Then...Else 結構，在撰寫程式碼的時候要注意 **If 與 End If 必須成對**，最外層的 If 跟最外層的 End If 為一組，裡層的 If 和 End IF 為一組，外層必須完全包含內層，各組之間的敘述不能交錯。理論上巢狀 If...Then...Else 敘述的層次數目並沒有限制，但要注意太多層次會造成閱讀及維護上的困難。

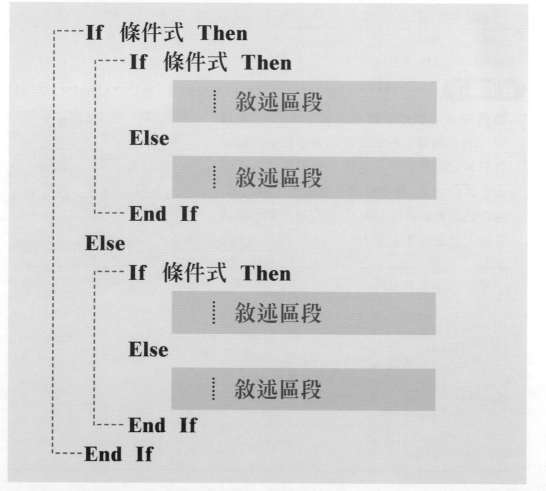

註：善用程式縮排可使程式結構一目瞭然，更易於閱讀與維護。

💻 簡例

輸入三個數字，求其中最大數。

```
┌─ If A > B Then
│    ┌─ If A > C Then
│    │      max = A
│    │  Else
│    │      max = C
│    └─ End If
│  Else
│    ┌─ If B > C Then
│    │      max = B
│    │  Else
│    │      max = C
│    └─ End If
└─ End If
```

程式實作 ••••••••••••••••••••••••••••••••••••••

💻 **範例要求**：開啟「範例檔案 \ch04\ 火鍋放題 .xlsx」檔案，一家火鍋吃到飽餐廳，其收費標準如右表所列，另成人會員可享 9 折優惠。請根據 A2 儲存格的身高資料，以及 B2 儲存格的會員資料，在 D2 儲存格中顯示該顧客應支付的餐費為多少。

身高	餐費標準
≥ 140	$300
90 - 139	$150
< 90	免費
* 成人會員享 9 折優惠	

```
Public Sub price()
    Dim Height As Integer
    Dim member As String
    Height = Range("A2")
    member = Range("B2")
        If Height > 140 Then
            If member = "是" Then
                Range("C2") = 270
            Else
                Range("C2") = 300
            End If
        Else
```

```
            If Height > 90 Then
                Range("C2") = 150
            Else
                Range("C2") = 0
            End If
        End If
End Sub
```

說明 先判斷顧客是否為成人。若是,再確認是否為會員,是則打九折 $270,否則原價 $300;若不是,則確認是否為半價兒童,是則 $150,否則 $0。

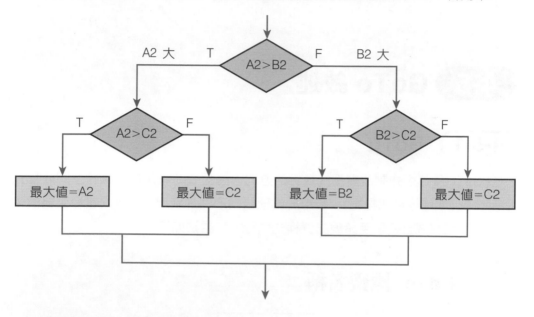

💻 **執行結果**

	A	B	C	D
1	身高cm	是否為會員	餐費	
2	180	是	$270	
3				

	A	B	C	D
1	身高cm	是否為會員	餐費	
2	180	否	$300	
3				

	A	B	C	D
1	身高cm	是否為會員	餐費	
2	120	是	$150	
3				

	A	B	C	D
1	身高cm	是否為會員	餐費	
2	70	是	$0	
3				

完成結果檔

範例檔案\ch04\火鍋放題.xlsm

4-5 GoTo 敘述

4-5-1 GoTo

GoTo 敘述可強制改變程式執行的方向，將程式流程無條件跳轉至同一程式的指定位置 (或稱標籤或標記)，多用於處理錯誤或例外狀況，也就是當發生錯誤情形時，可指引程式直接跳至錯誤處置程式執行。其語法如下：

GoTo 標籤名稱

程式區段會被跳過，不會執行

標籤名稱：

敘述區段

GoTo敘述後方須指定標籤名稱，當程式執行到GoTo敘述，會跳至標籤名稱下一行繼續執行程序。須注意標籤名稱的命名規則與變數相同，也不能與其他變數相同。設定目的行標籤時，其後方必須加上一個**冒號** (:)。

使用GoTo敘述可以簡化程序，但若程式中出現GoTo敘述，除了使程式不易閱讀，強制跳離也會破壞程式結構的完整性。因此應儘可能使用結構化程式敘述，而不建議使用過多GoTo敘述來控制程式執行流程。

程式實作 •

🖥 **範例要求**：開啟「範例檔案 \ch04\ 輸入正數 .xlsx」檔案，請設計一程式，當在 A2 儲存格中輸入數字為大於 0 的正數，會以訊息方塊顯示所輸入的數字；若輸入的是小於等於0的數字，則出現訊息方塊提示輸入有誤。

```
Public Sub positiveN()
    Dim n As Integer
    n = Range("A2").Value
    If n <= 0 Then
        GoTo InputN
    End If
    MsgBox ("您輸入的數字是：" & n)
    Exit Sub

InputN:
    MsgBox ("輸入有誤，請輸入正數！")
End Sub
```

說明 1. 若輸入非正數，會直接跳至 InputN 標籤以下程式執行，顯示輸入錯誤的提示訊息。

2. 若未加上「Exit Sub」敘述，程式會繼續往下執行 InputN 的程式指令。

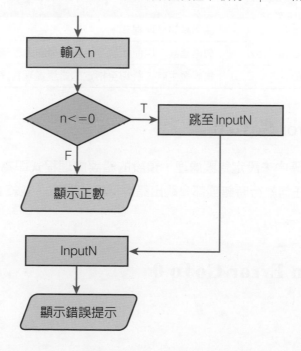

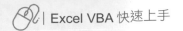

☐ 執行結果

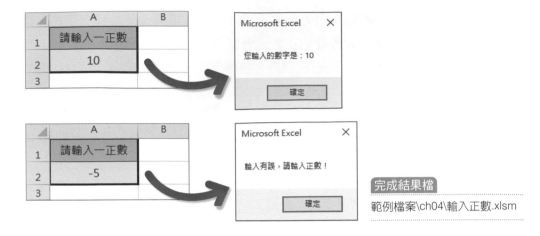

完成結果檔
範例檔案\ch04\輸入正數.xlsm

4-5-2 On Error 敘述

程式執行時，難免會發生如輸入錯誤資料、要讀取的檔案不存在等狀況。VBA提供三種On Error錯誤處理敘述，來設定發生錯誤時的處理方式。

On Error 敘述	說明
On Error GoTo 0	關閉錯誤處理程式。
On Error Resume Next	忽略錯誤，以便錯誤發生後能繼續執行後續程式。
On Error GoTo	錯誤發生時，跳轉至指定的錯誤處理程序執行。

🗩 On Error GoTo 0

若程式碼中未設定錯誤處理，預設的錯誤處理程式即為 On Error GoTo 0。在此模式下，任何執行時錯誤都會跳出錯誤訊息的視窗，並終止目前程式的執行。語法說明如下：

On Error GoTo 0

簡例

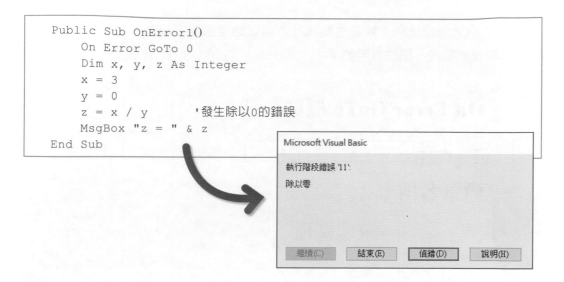

```
Public Sub OnError1()
    On Error GoTo 0
    Dim x, y, z As Integer
    x = 3
    y = 0
    z = x / y          '發生除以0的錯誤
    MsgBox "z = " & z
End Sub
```

Microsoft Visual Basic

執行階段錯誤 '11':

除以零

| 繼續(C) | 結束(E) | 偵錯(D) | 說明(H) |

On Error Resume Next

當錯誤發生時會忽略錯誤，也不會跳出任何錯誤訊息，就像沒有出現任何狀況一樣繼續執行直到程式結束。語法說明如下：

On Error Resume Next

簡例

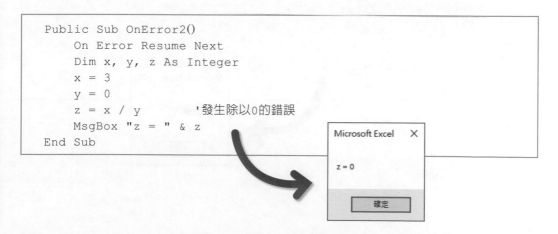

```
Public Sub OnError2()
    On Error Resume Next
    Dim x, y, z As Integer
    x = 3
    y = 0
    z = x / y          '發生除以0的錯誤
    MsgBox "z = " & z
End Sub
```

Microsoft Excel   ×

z = 0

確定

On Error GoTo

當使用這個語法時，若發生錯誤就會自動跳至標籤名稱下一行，執行指定的錯誤處理程式區段。語法說明如下：

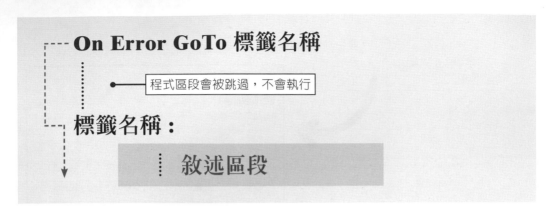

On Error GoTo 標籤名稱

程式區段會被跳過，不會執行

標籤名稱：

敘述區段

為防止錯誤沒發生的時候，該段錯誤處理程式也被執行，須在錯誤處理程式區段前放加上 Exit Sub / Exit Function 等敘述，強制離開程序。

💻 簡例

```
Public Sub OnError3()
    On Error GoTo Wrong
    Dim x, y, z As Integer
    x = 3
    y = 0
    z = x / y      '出現除以0的錯誤
    MsgBox "z = " & z
    Exit Sub

Wrong:
    MsgBox "計算發生錯誤"
End Sub
```

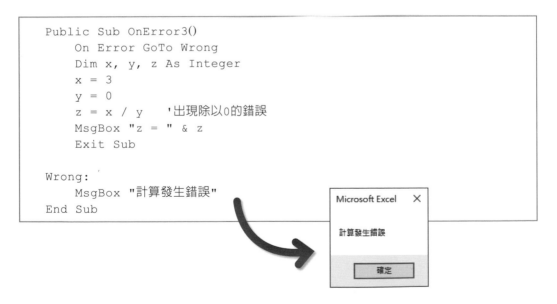

自我評量

選擇題

( ) 1. 下列何者不是結構化程式設計所採用的結構？(A)重複結構　(B)選擇結構　(C)跳躍結構　(D)循序結構。

( ) 2. 可以按照選擇的條件來選取執行順序，是哪一種控制流程結構？(A)循序結構　(B)選擇結構　(C)重複結構　(D)以上皆非。

( ) 3. 若想寫一個程式，依據使用者輸入的月份顯示季節，使用下列哪一種控制流程結構較適合？(A)循序結構　(B)選擇結構　(C)重複結構　(D)以上皆非。

( ) 4. 下列敘述或函數中，何者最適合用於多重選擇結構？(A) IIf函數　(B) GoTo　(C) If…Then…Else　(D) Select…Case。

( ) 5. 在Excel VBA中執行以下程式，顯示結果為何？(A) 5　(B) 10　(C) 50　(D) 2。

```
AA = 5: BB = 10
If AA < BB Then AA = BB
MsgBox (AA)
```

( ) 6. 在Excel VBA中執行「y = IIf(x>0, x+100, 0)」函數運算，若x=1，y值為何？(A) 0　(B) -1　(C) 100　(D) 101。

( ) 7. 在Excel VBA中執行以下程式，執行後的結果，下列何者正確？(A) C=1　(B) C=2　(C) C=3　(D) C=4。

```
A = 1 : B = 2 : C = 3
If B > 1 Then
    If A < 1 Then
        C = 2
    Else
        C = 4
    End If
End If
```

(   ) 8. 在Excel VBA中執行以下程式，輸出結果為何？(A)優   (B)甲   (C)丙 (D)丁。

```
Dim a As Integer
a = 82
If a >= 90 Then
    MsgBox("優")
ElseIf a >= 80 Then
    MsgBox("甲")
ElseIf a >= 70 Then
    MsgBox("乙")
ElseIf a >= 60 Then
    MsgBox("丙")
Else
     MsgBox("丁")
End If
```

(   ) 9. 在Excel VBA中執行以下程式，輸出結果為何？(A) A   (B) B   (C) C (D) ABC。

```
N = 6
Select Case N
    Case 1
        MsgBox("A")
    Case 2
        MsgBox("B")
    Case Else
        MsgBox("C")
End Select
```

(   ) 10. 在Excel VBA中執行「n = Choose(4, "一", "二", "三", "四", "五")」函數運算，n值為何？(A) 4   (B) 三   (C) 四   (D) 五。

(   ) 11. 使用GoTo敘述時，在目的行籤名稱後方須加上哪一個符號？(A) 逗號(,)   (B) 冒號(:)   (C) 分號(;)   (D) 不加符號。

1. 開啟「範例檔案\ch04\心理測驗.xlsx」檔案,請在工作表中新增一按鈕,當在 B2 儲存格中輸入所選的選項後,按下按鈕就會出現訊息方塊顯示心理測驗結果如下:

輸入	顏色	人格特質
A	紅色	紅色代表你是一個非常活潑開朗的人!
B	藍色	藍色代表你是一個內斂浪漫的人,溫和且實在。
C	黃色	黃色代表你非常注重美感,是帶有高質感魅力的人。
D	白色	白色代表你是智慧的化身,優秀卻不自滿,有自己的原則。

執行結果請參考下圖。

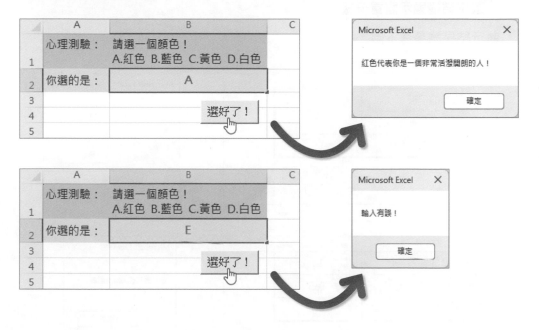

2. 右表所列為根據台灣衛福部國民健康署
   所列之成人體重分級標準。開啟「範例
   檔案\ch04\BMI.xlsx」檔案，請依照儲
   存格中輸入的年齡、身高、體重等健康
   資訊，設計一按鈕可計算出BMI值，並
   以訊息方塊顯示相對應的體重分級。

成人BMI值	分級
BMI ≥ 35	重度肥胖
30 ≤ BMI < 35	中度肥胖
27 ≤ BMI < 30	輕度肥胖
24 ≤ BMI < 27	體重過重
18.5 ≤ BMI < 24	標準體重
BMI < 18.5	體重過輕

- BMI = 體重(公斤) / 身高(公尺)^2

- 年齡須滿18歲始符合成人標準，若未滿18歲則以訊息方塊顯示「您不適用成人BMI標準」。

- 使用If...Then....Else雙重選擇結構判斷是否為成人；使用Select Case多重選擇結構顯示體重分級。

執行結果請參考下圖。

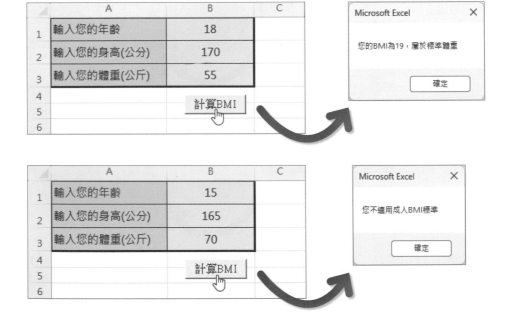

VISUAL BASIC
FOR
APPLICATION

05 | 流程控制—重複結構

重複結構(Repetition Structure)是指在程式中建立一個可重複執行的敘述區段,稱為**迴圈**(Loop)。而迴圈又區分為**計數迴圈**與**條件式迴圈**兩類,計數迴圈是指程式在可確定的次數內重複執行某段敘述,可使用 **For...Next** 敘述來建立指定執行次數的迴圈。若是無法確定重複執行的次數時,但是可以是否滿足特定條件式來判斷執行敘述與否,那就必須使用條件式迴圈,來建立指定條件的迴圈,可使用 **Do...Loop** 與 **While...Wend** 敘述來建立條件式迴圈。各敘述分別說明如下。

5-1 For...Next

For...Next 的意思是「當計數變數不超過終止值時...繼續執行」,其程式流程如下圖所示,因此是在可預知重複執行次數的情況下使用。

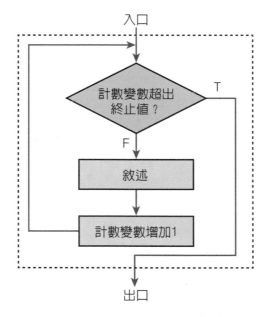

For...Next 敘述是利用迴圈的起始值、變更值與終止值來決定重複執行的次數。每次重複執行迴圈時,計數變數會根據變更值自動增減,當計數變數超過終止值時,就會跳離迴圈,離開 For...Next 結構。

$$\textbf{For 計數變數 = 起始值 To 終止值 [Step 變更值]}$$

敘述區段

[Exit For] ——— Exit For敘述可用來強制離開迴圈

Next [計數變數]

註：[ ] 表示可省略之參數

其中，變更值可以使用正數、負數或小數，但不得為 0，若省略則視為 1。當起始值小於終止值，變更值必須為正數；當起始值大於終止值，則變更值必須為負數。此外，當變更值為 1 時，「Step 變更值」可省略不寫。

🖥 **簡例**

計算 1 到 10 之間的奇數總和。

```
sum = 0
For i = 1 to 10 step 2
    sum = sum + i
Next i
```

✏ **隨堂練習**

在下列程式中，要用「For...Next」迴圈計算 1 到 100 的偶數和，則以下空格應填入哪些數字，才能得到想要的結果？

For i = _____ To _____ Step _____

　　Sum = Sum + i

Next i

MsgBox (Sum)

程式實作 ●●●

🖥 **範例要求：** 開啟一個空白 Excel 檔案，請撰寫一計算階乘的程式，當在對話方塊中輸入一正整數，按下「確定」後，即可計算該數的階乘，並將計算結果以訊息方塊顯示。

提示 正整數的階乘是所有小於等於該數的正整數的積，以 n! 表示。

例如：5的階乘 5! = 5×4×3×2×1 = 120，其值為120。

```
Public Sub fac()
    Dim n As Integer, fac As Integer, i As Integer
    n = InputBox("請輸入一正整數", "計算階乘")
    fac = 1
    For i = 1 To n
        fac = fac * i
    Next i
    MsgBox (n & "!=" & fac)
End Sub
```

說明 1. 本例不使用儲存格讀取或顯示資料，而直接利用 InputBox() 函數讀取輸入計算資料，利用 MsgBox() 函數輸出計算結果。

2. 變數 n 為輸入的正整數，變數 fac 則用來暫存階乘的計算結果，變數 i 則代表每次遞增 1 的乘數。

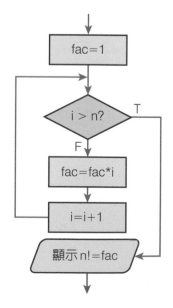

執行結果

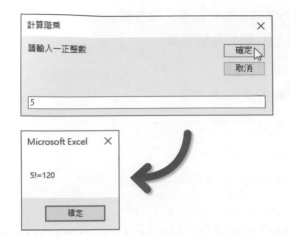

完成結果檔

範例檔案\ch05\計算階乘.xlsm

5-2 For Each...Next

For Each...Next 和 For...Next 的功能類似，兩者主要差別在於使用的設定的變數和終止條件。For...Next 須指定迴圈的起始值、終止值或變更值做為變數，並根據設定的條件來執行迴圈；而 For Each...Next 則以集合類型（如：陣列、工作表範圍等）中的元素做為變數，並在每次執行迴圈時自動設定變數，因此不需要指定終止條件，就會自動對整個集合執行迴圈，當所有元素皆執行完，即離開迴圈。

簡單來說，For...Next 適用於須明確控制迴圈次數的情況，而 For Each...Next 則適用於須對集合中所有元素執行同一敘述的情況。

「For Each...Next」語法如下：

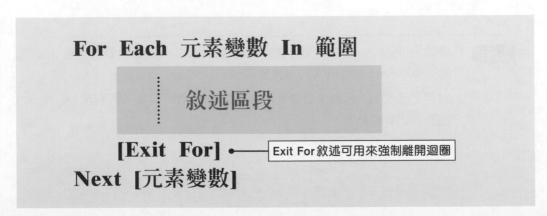

其中，元素變數與範圍皆為必要引數，範圍可以是一個物件集合或是陣列名稱。若省略 Next 後方的變數名稱，仍然可以執行迴圈，但習慣上仍建議保留，在當程式中有多個For...Next迴圈時，使程式碼較易於閱讀。

💻 **簡例**

將A1:A10儲存格範圍中每個儲存格的值加總。

```
For Each cell In Range("A1:A10")
    total = total + cell.Value
Next cell
```

程式實作 ••

💻 **範例要求**：開啟「範例檔案 \ch05\ 錄取名單 .xlsx」檔案，請以 For Each...Next 敘述撰寫一個可查詢是否錄取的程式，當在對話方塊中輸入應試號碼，按下「確定」後，若比對該號碼符合錄取名單，則以訊息方塊告知錄取。

```
Sub Findno()
    Dim myRange As Range
    Dim myCell As Range
    Dim Keyword As String

    Set myRange = Range("A2:A71")
    Keyword = InputBox("請輸入應試號碼：")

    For Each myCell In myRange
        If myCell.Value = Keyword Then
            MsgBox (Keyword & " 恭喜您錄取了!")
        End If
    Next myCell
End Sub
```

說明 1. 變數 myRange 為要查找的儲存格範圍、myCell 是會自動變更值元素變數、Keyword 則是輸入的應試號碼。

2. 利用 InputBox() 函數讀取要進行比對的應試號碼資料，再利用 MsgBox() 函數輸出計算結果。

🖵 **執行結果**

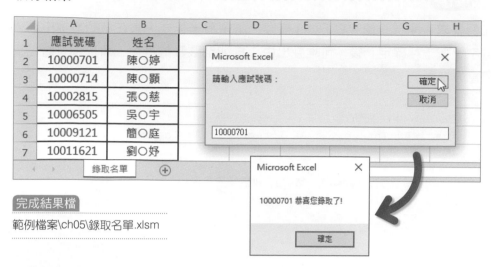

📄 **完成結果檔**

範例檔案\ch05\錄取名單.xlsm

5-3 巢狀迴圈

　　巢狀迴圈是指在迴圈敘述之中，再使用另一個迴圈敘述。而兩層迴圈結構則不一定要使用相同的迴圈敘述。若使用兩個「For...Next」敘述建立巢狀式迴圈時，要注意 **For** 與 **Next** 必須成對，外層的 For 對應到外層的 Next；內層的 For 對應到內層的 Next，外圈必須完全包含內圈，兩組之間的敘述指令不能交錯，且兩迴圈不能使用相同的計數變數。

> **For** 計數變數**A** ＝ 起始值 **To** 終止值 **[Step** 變更值**]**
> 　　**For** 計數變數**B** ＝ 起始值 **To** 終止值 **[Step** 變更值**]**
> 　　　　⋮　　敘述區段
> 　　**Next** 計數變數**B**
> 　　⋮　　敘述區段
> **Next** 計數變數**A**

程式實作 ●

🖳 **範例要求**：開啟一個空白 Excel 檔案，請撰寫一程式，當在對話方塊中輸入一數字，按下「確定」後，可堆疊出由 1 排列至該數的直角三角形，並將結果以訊息方塊顯示。

```
Public Sub 巢狀迴圈()
    Dim i As Integer, j As Integer, n As Integer
    Dim str As String

    n = InputBox("請輸入一數字", "數字三角形")
    For i = 1 To n
        For j = 1 To i
            str = str & j
        Next j
        str = str & vbNewLine    ' vbNewLine可強迫換行
    Next i
    MsgBox (str)
End Sub
```

說明 1. 本例不使用儲存格讀取或顯示資料，而直接利用 InputBox() 函數讀取輸入計算資料，利用 MsgBox() 函數輸出計算結果。

2. 在這個程式中使用了兩個迴圈。外部迴圈控制行數，內部迴圈控制每行的星號數量。

🖳 **執行結果**

完成結果檔

範例檔案\ch05\數字三角形.xlsm

✎ **隨堂練習**

利用迴圈建立一個九九乘法表程式，可在工作表中創建一個 9x9 的乘法表，程式結果請參考下圖。

	A	B	C	D	E	F	G	H	I
1	1	2	3	4	5	6	7	8	9
2	2	4	6	8	10	12	14	16	18
3	3	6	9	12	15	18	21	24	27
4	4	8	12	16	20	24	28	32	36
5	5	10	15	20	25	30	35	40	45
6	6	12	18	24	30	36	42	48	54
7	7	14	21	28	35	42	49	56	63
8	8	16	24	32	40	48	56	64	72
9	9	18	27	36	45	54	63	72	81

5-4 Do...Loop

迴圈結構依照是否先執行敘述，可區分為**前測迴圈**與**後測迴圈**。前測重複結構會先測試條件式，再依結果決定是否執行迴圈中的敘述；後測迴圈則是在迴圈的最後才測試是否滿足條件，因此至少會執行一次迴圈中的程式區段。

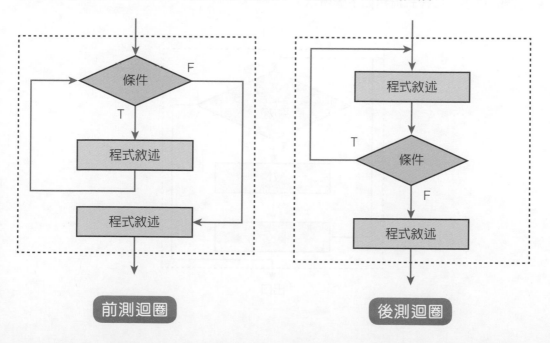

前測迴圈　　　　　　　　　後測迴圈

Excel VBA中，可使用 Do...Loop 與 While...Wend 敘述建立條件式迴圈，其中 Do...Loop 迴圈又可分為多種敘述，表列如下：

條件式迴圈	迴圈類型	敘述
「Do...Loop」迴圈	前測迴圈	Do While...Loop
		Do Until...Loop
	後測迴圈	Do...Loop While
		Do...Loop Until
「While...Wend」迴圈	前測迴圈	While...Wend

「Do...Loop」迴圈敘述可選擇搭配 **While**（當）與 **Until**（直到）兩個關鍵字，來建立前測迴圈或是後測迴圈型式，兩者皆能達到重複執行指令的目的，端視使用者依程式需求或個人使用習慣選擇適合的迴圈敘述。各敘述分別說明如下：

5-4-1 Do While...Loop

「Do While...Loop」為前測迴圈敘述，重複結構會先測試條件式，如果結果為真，則執行迴圈中的敘述，直到出現 Loop 敘述為止。接著程式流程會回到 Do While 敘述再檢查一次條件，……，直到條件式為假，就跳出迴圈，繼續執行迴圈之後的敘述。其程式流程如下圖所示。

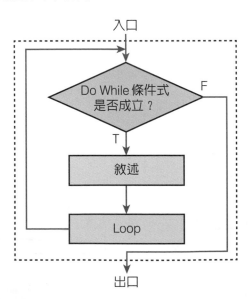

「Do While...Loop」語法如下：

Do While 條件式

敘述區段

[Exit Do] ←——— Exit Do敘述可用來強制離開迴圈

Loop

　　其中 Exit Do 指令用在強制跳離「Do...Loop」迴圈。若在「Do...Loop」迴圈中遇到 Exit Do 指令，就會馬上離開迴圈區塊，繼續執行 Loop 之後的程式碼。

💻 **簡例**

　　計算1加到10的總和。

```
Do While a <= 10
    sum = sum + a
    a = a + 1
Loop
```

程式實作 ••

💻 **範例要求**：請用「Do While...Loop」敘述設計程式，試求 1+2+3...+n，n 至少應為多少，其和才會大於 100，並將結果以訊息方塊顯示。

```
Public Sub add100_DWL()
    Dim n As Integer, sum As Integer
    n = 0: sum = 0
    Do While sum < 100
        n = n + 1
        sum = sum + n
    Loop
    MsgBox ("1+2+...+" & n & ">100")
End Sub
```

說明 變數 n 為遞加數，變數 sum 則用來暫存相加的和，使用 Do While...Loop 敘述建立迴圈，設定條件式為「相加和小於 100」，若符合則使數字由 1 開始逐一相加，直到相加和不符合「小於 100」的條件，則結束迴圈，繼續執行迴圈以下的程式。

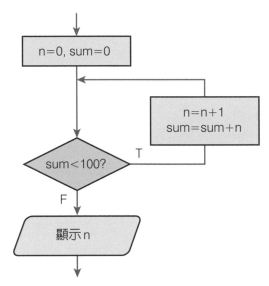

💻 **執行結果**

完成結果檔

範例檔案\ch05\和大於100_Do While Loop.xlsm

5-4-2 Do Until...Loop

「Do Until...Loop」為前測迴圈敘述，重複結構會先測試條件式，如果結果為假，則執行迴圈中的敘述，然後再次測試條件式，直到出現 Loop 敘述為止。接著程式流程會回到 Do Until 敘述再檢查一次條件，……，直到條件式為真，就跳出迴圈，繼續執行迴圈之後的敘述。其程式流程如下圖所示。

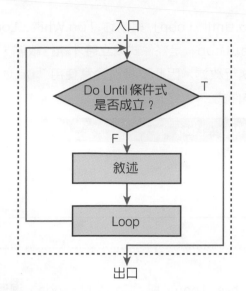

「Do Until...Loop」語法如下：

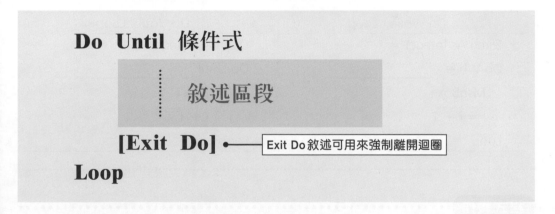

「Do Until...Loop」屬於「Do...Loop」迴圈敘述之一，因此所搭配的強制跳離迴圈敘述同樣為「Exit Do」。若在迴圈中遇到 Exit Do 指令，就會馬上離開迴圈區塊，繼續執行 Loop 之後的程式碼。

🖥 簡例

　　計算1加到10的總和。

```
Do Until a > 10
    sum = sum + a
    a = a + 1
Loop
```

要特別提醒，「Do Until...Loop」與前述「Do While...Loop」雖然皆屬前測迴圈敘述，但「Do While...Loop」是條件式**成立時**才執行敘述，「Do Until...Loop」則是條件式**不成立時**才執行敘述，因此要特別注意使用「Do Until...Loop」迴圈時，須以否定方式來設定條件式。

Do While...Loop	Do Until...Loop
Do While a <= 10 　　sum = sum + a 　　a = a + 1 Loop	Do Until a > 10 　　sum = sum + a 　　a = a + 1 Loop

✏ 隨堂練習

下表分別利用「Do While...Loop」與「Do Until...Loop」迴圈建立程式，可顯示 1 到 10 的所有整數。請在請在空格處填上適當內容。

Do While...Loop	Do Until...Loop
Dim i As Integer = 1	Dim i As Integer = 1
Do While ＿＿＿＿＿＿	Do Until ＿＿＿＿＿＿
MsgBox i	MsgBox i
i = i + 1	i = i + 1
Loop	Loop

程式實作

🖥 **範例要求**：請用「Do Until...Loop」敘述設計程式，試求 1+2+3...+n，n 至少應為多少，其和才會大於 100，並將結果以訊息方塊顯示。

```
Public Sub add100_DUL()
    Dim n As Integer, sum As Integer
    n = 0: sum = 0
    Do Until sum > 100
        n = n + 1
        sum = sum + n
    Loop
    MsgBox ("1+2+...+" & n & ">100")
End Sub
```

說明 ▶ 變數 n 為遞加數，變數 sum 則用來暫存相加的和，使用 Do Until…Loop 敘述建立迴圈，設定條件式為「相加和大於 100」，若不符合則使數字由 1 開始逐一相加，直到相加和符合「大於 100」的條件，則結束迴圈，繼續執行迴圈以下的程式。

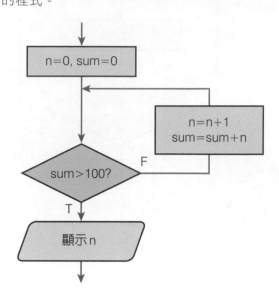

🖥 **執行結果**

完成結果檔
範例檔案\ch05\和大於100_Do Until Loop.xlsm

5-4-3 Do…Loop While

　　「Do…Loop While」為後測迴圈敘述，亦即重複結構會先執行迴圈中的敘述，然後才測試條件式，如果結果為真，則再次回到 Do 敘述，執行迴圈中的敘述，然後再次測試條件式，……，直到條件式為假，就跳出迴圈，繼續執行迴圈之後的敘述。其程式流程如下圖所示。

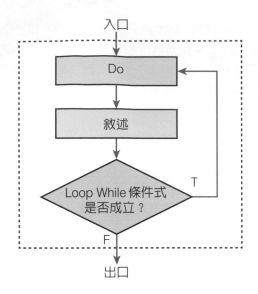

「Do...Loop While」語法如下：

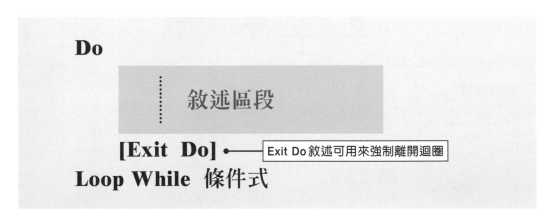

「Do...Loop While」為後測迴圈敘述，也就是說迴圈中的敘述區段至少會執一次。所搭配的強制跳離迴圈敘述同樣為「Exit Do」。若在迴圈中遇到 Exit Do 指令，就會馬上離開迴圈區塊，繼續執行 Loop 之後的程式碼。

💻 簡例

計算 1 加到 10 的總和。

```
Do
    sum = sum + a
    a = a + 1
Loop While a <= 10
```

程式實作 ●●●

🖥 **範例要求**：請用「Do...Loop While」敘述設計程式，試求 1+2+3...+n，n 至少應為多少，其和才會大於 100，並將結果以訊息方塊顯示。

```
Public Sub add100_DLW()
    Dim n As Integer, sum As Integer
    n = 0: sum = 0
    Do
        n = n + 1
        sum = sum + n
    Loop While sum < 100
    MsgBox ("1+2+...+" & n & ">100")
End Sub
```

說明　變數 n 為遞加數，變數 sum 則用來暫存相加的和，使用 Do...Loop While 敘述建立迴圈，設定條件式為「相加和小於 100」。測試條件前會先執行數字加 1 與總和相加的計算，再進行條件測試，若符合則再次執行相加程序，直到相加和不符合「小於 100」的條件，則結束迴圈，繼續執行迴圈以下的程式。

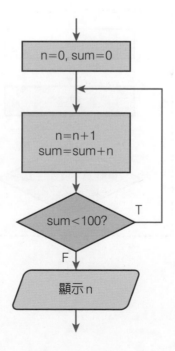

□ **執行結果**

完成結果檔
範例檔案\ch05\和大於100_Do Loop While.xlsm

5-4-4 Do...Loop Until

「Do...Loop Until」為後測迴圈敘述，亦即重複結構會先執行迴圈中的敘述，然後才測試條件式，如果結果為假，則再次回到 Do 敘述，執行迴圈中的敘述，然後再次測試條件式，……，直到條件式為真，就跳出迴圈，繼續執行迴圈之後的敘述。其程式流程如下圖所示。

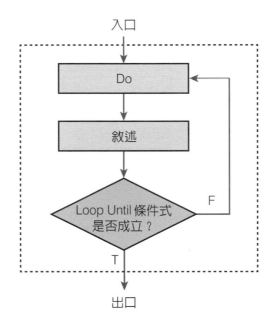

「Do...Loop Until」語法如下：

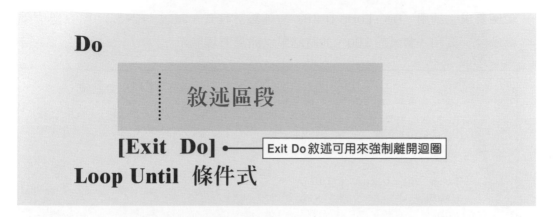

Do

敘述區段

[Exit Do] ── Exit Do 敘述可用來強制離開迴圈

Loop Until 條件式

「Do...Loop Until」所搭配的強制跳離迴圈敘述同樣為「Exit Do」。若在迴圈中遇到 Exit Do 指令，就會馬上離開迴圈區塊，繼續執行 Loop 之後的程式碼。

🖵 **簡例**

計算 1 加到 10 的總和。

```
Do
    sum = sum + a
    a = a + 1
Loop Until a > 10
```

要特別提醒，「Do...Loop Until」與前述「Do...Loop While」雖然皆屬後測迴圈敘述，但「Do...Loop While」是條件式成立時才執行敘述，「Do...Loop Until」則是條件式不成立時才執行敘述，因此要特別注意使用「Do...Loop Until」迴圈時，須以否定方式來設定條件式。

Do...Loop While	Do...Loop Until

Do
    sum = sum + a
    a = a + 1
Loop While a <= 10
	Do
	    sum = sum + a
	    a = a + 1
	Loop Until a > 10

程式實作 ●●

💻 **範例要求**：請用「Do...Loop Until」敘述設計程式，試求 1+2+3...+n，n 至少應為多少，其和才會大於 100，並將結果以訊息方塊顯示。

```
Public Sub add100_DLU()
    Dim n As Integer, sum As Integer
    n = 0: sum = 0
    Do
        n = n + 1
        sum = sum + n
    Loop Until sum > 100
    MsgBox ("1+2+...+" & n & ">100")
End Sub
```

說明 變數 n 為遞加數，變數 sum 則用來暫存相加的和，使用 Do...Loop Until 敘述建立迴圈，設定條件式為「相加和大於 100」。測試條件前會先執行數字加 1 與總和相加的計算，再進行條件測試，若不符合則再次執行相加程序，直到相加和符合「大於 100」的條件，則結束迴圈，繼續執行迴圈以下的程式。

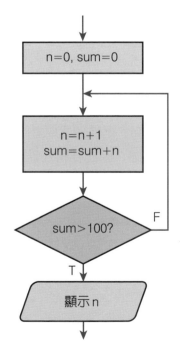

🖥 執行結果

5-5 While...Wend

　　「While...Wend」敘述屬於「前測式迴圈」,其用法與「Do While...Loop」類似,亦即程式會先測試 While 所接的條件式,當條件式成立時,再執行迴圈中的敘述,直到出現 Wend 敘述為止。接著程式流程會再回到 While 敘述再檢查一次條件,如果條件依然成立,則重複此流程;若條件式不成立,則跳出迴圈,繼續執行 Wend 敘述之後的程式。其程式流程如下圖所示。

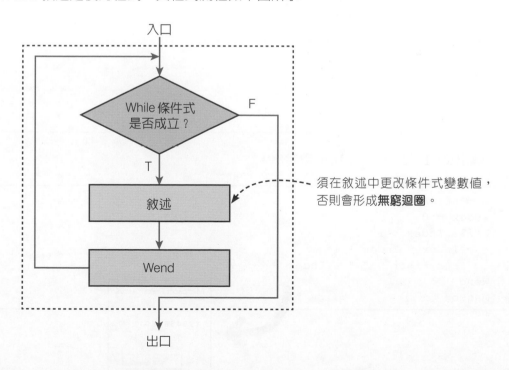

「While...Wend」語法如下：

要特別注意使用「While...Wend」敘述時，在迴圈敘述中須更改條件式變數值，否則會形成無窮迴圈，無法跳出該迴圈。

此外，「While...Wend」敘述中並無 Exit For 或 Exit Do 這類可強制跳離迴圈的敘述，且「Do...Loop」敘述所提供的迴圈結構更完整，也能使用更彈性化的方式來控制迴圈，因此通常並不建議使用「While...Wend」迴圈敘述。

💻 **簡例**

計算 1 到 10 之間的奇數總和。

```
i = 1 : sum = 0
While i <= 10
    sum = sum + i
    i = i + 2
Wend
```

輸出 0、1、2、……、10 的數字串。

```
Dim str As String
Index = 0
While Index < 10
    Index = Index + 1
    str = str & " " & Index
Wend
MsgBox (str)
```

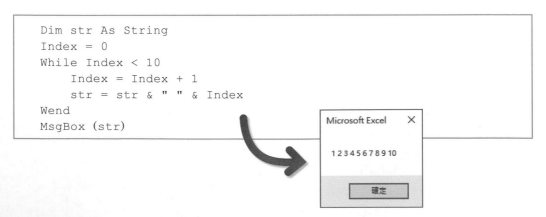

程式實作 •

💻 **範例要求：**請用「While...Wend」敘述設計程式，試求 1+2+3...+n，n 至少應為
多少，其和才會大於 100，並將結果以訊息方塊顯示。

```
Public Sub add100_WW()
    Dim n As Integer, sum As Integer
    n = 0: sum = 0
    While sum < 100
        n = n + 1
        sum = sum + n
    Wend
    MsgBox ("1+2+...+" & n & ">100")
End Sub
```

說明 變數 n 為遞加數，變數 sum 則用來暫存相加的和，使用 While...Wend 敘
述建立迴圈，讓數字由 1 開始逐一相加，直到相加和等於或大於 100，則
結束迴圈，繼續執行迴圈以下的程式。

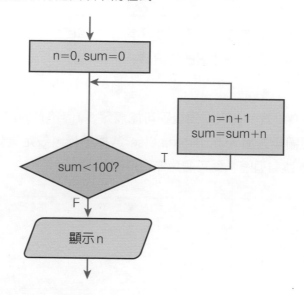

💻 **執行結果**

完成結果檔

範例檔案\ch05\和大於100_While Wend.xlsm

5-6 無窮迴圈

無窮迴圈是在迴圈執行的過程中，一直重複執行迴圈中的某段敘述，而無法跳開迴圈的情形。造成無窮迴圈的原因，可能是程式邏輯設計不周全，或是語法撰寫錯誤，而導致程式無法滿足離開迴圈的條件。

🖵 **簡例**

程式誤將「n = 1」寫在迴圈之中，造成每次進入迴圈後就會將 n 值重設為 1，因此不可能滿足「n >100」的條件，而形成無窮迴圈，程式會不斷執行無法中止。

```
Dim n As Integer
Do Until n > 100
    n = 1
    n = n + 1
Loop
```

想要避免無窮迴圈的情況發生，可以在迴圈中加入 If...Then...Else 搭配 Exit Do 敘述，建立一個可跳離迴圈的情境。

🖵 **簡例**

n 初值為負數，進入迴圈後不可能滿足「n = 0」的條件，因此將形成無窮迴圈。若在迴圈後方加入 If...Then...Else 選擇結構，設定滿足某例外條件時將執行 Exit Do 敘述跳離迴圈，便可避免無窮迴圈的發生。

```
n = -1
Do Until n = 0
    n = n - 1
    If n < 0 Then Exit Do
Loop
```

在程式執行時若發生無窮迴圈的情況，可以按下鍵盤上的 **ESC** 鍵，或是 **Ctrl＋Break** 組合鍵，來強制中斷程式執行。

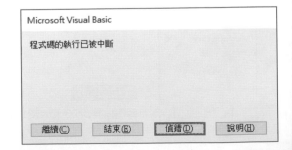

自我評量

( ) 1. 在滿足某一條件情況下，某些步驟會重複被執行，是哪一種控制流程結構？(A)循序結構 (B)選擇結構 (C)重複結構 (D)以上皆非。

( ) 2. 若想寫一個程式，累加1～200之間的正整數總和，則使用下列哪一種控制流程結構較適合？(A)循序結構 (B)選擇結構 (C)重複結構 (D)以上皆非。

( ) 3. 有關For...Next敘述，下列何者有誤？(A)是在可預知重複執行次數時使用 (B)變更值不可為負數 (C)若變更值空白時，預設為1 (D)起始值可大於終止值。

( ) 4. 下列有關Excel VBA迴圈之敘述，何者正確？(A)迴圈會使程式碼更加冗長 (B)Do...Loop Until迴圈內的敘述至少會被執行一次 (C)「Exit While」敘述可強制跳離While...Wend迴圈 (D)For Each...Next須明確指定起始值與終止值。

( ) 5. 下列敘述中，何者適用無法確定重複執行次數的情形？(A) For...Next (B) Do...Loop (C) If...Then...ElseIf (D) Select Case。

( ) 6. 下列Do...Loop敘述中，何者是先判斷條件式，若結果為真才執行迴圈內的程式敘述？(A) Do While...Loop (B) Do Until...Loop (C) Do...While Loop (D) Do...Until Loop。

( ) 7. 下列迴圈敘述中，何者會先執行一次迴圈內的敘述，才會進行條件判斷，以決定是否繼續執行迴圈內的敘述？(A) Do Until...Loop (B) Do While...Loop (C) Do...Loop While (D) While...Wend。

( ) 8. 在Excel VBA中執行以下程式，變數A的值為何？(A) -1 (B) 0 (C) 1 (D) 2。

```
A = 0
For I = 2 to -1
    A = A + I
Next I
```

(   ) 9. 在Excel VBA中執行以下程式，S值為何？(A) 163　(B) 165　(C) 167 (D) 169。

```
S = 0
For i = 1 To 26 Step 2
    S = S + i
Next i
```

(   ) 10. 在Excel VBA中執行以下程式，輸出結果為何？(A) 0　(B) 10　(C) 11 (D) 13。

```
For k = 1 To 10
    k = k + 2
Next k
MsgBox(k)
```

(   ) 11. 在Excel VBA中執行以下程式，可以完成哪一個工作？

(A)計算1＋2＋3＋ ......＋50　　(B)計算1＋2＋3＋......＋49

(C)計算2＋3＋4＋......＋50　　(D)計算2＋3＋ 4＋......＋51

```
S = 0 : X = 1
Do While X < 50
    X = X + 1
    S = S + X
Loop
MsgBox(S)
```

(   ) 12. 在Excel VBA中執行以下程式，輸出結果為何？(A) 495　(B) 550 (C) 594　(D) 5050。

```
T = 0
For i = 1 To 100
    If i Mod 9 = 0 Then
        T = T + i
    End If
Next i
MsgBox (T)
```

(　　)13. 在Excel VBA中執行以下程式，輸出結果為何？(A) 10　(B) 13　(C) 15　(D) 20。

```
S = 0
For K = 1 To 2
    For J = 2 to 3
        S = S + K * J
    Next J
Next K
MsgBox(S)
```

(　　)14. 在Excel VBA中執行以下程式，輸出結果為何？(A) 90　(B) 45　(C) 30　(D) 15。

```
X = 0
For K = 1 to 5
    For J = 1 To 3
        X = X + K * J
    Next J
Next K
MsgBox(X)
```

(　　)15. 若程式執行後發生無窮迴圈的狀況，按下鍵盤上的何組按鈕，可強制中斷程式執行？(A) Alt＋Space　(B) Alt＋Break　(C) Ctrl＋Break (D) Ctrl＋Esc。

1. 球從100公尺高度自由落下,每次落地後反跳回原高度的一半再落下,示意圖如下圖所示。請在 Excel VBA 中建立一個 For...Next 迴圈程式,求算當球在第10次落地時,共經過多少公尺?第10次反彈的高度為多少?並將結果以訊息方塊顯示。

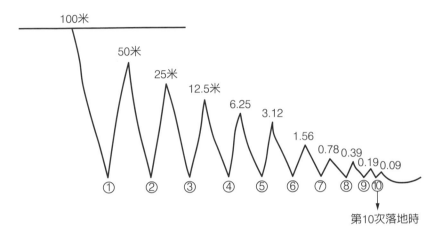

執行結果請參考下圖。

2. 開啟「範例檔案\ch05\台灣鄉鎮市區.xlsx」檔案,建立一程式,當在對話方塊中輸入欲查詢的鄉鎮市區名稱,即以訊息方塊顯示該行政區資料在哪一個儲存格。

● 以 For Each…Next 迴圈敘述撰寫查詢功能,逐一查找 B2:B369 儲存格中是否有符合的資料。

● 使用 Address 函數可傳回指定儲存格的列和欄號,以取得工作表中儲存格的位址。例如,Address(2,3) 會傳回 $C$2。

執行結果請參考下圖。

	A	B	C	D	E	F	G	H	
1	行政區名稱		類別	區域代碼	面積	人口數	人口消長	人口密度	下載
2	新北市	板橋區	區	65000010	23.1373	549572	-3141	23752.64	
3	新北市	三重區	區	65000020	16.317	379825	-1906	23277.87	
4	新北市	中和區	區	65000030	20.144	403109	-3031	20011.37	
5	新北市	永和區	區	65000040	5.7138	212170	2707	37132.91	
6	新北市	新莊區	區	65000					
7	新北市	新店區	區	65000					
8	新北市	樹林區	區	65000					
9	新北市	鶯歌區	區	65000					
10	新北市	三峽區	區	65000					
11	新北市	淡水區	區	65000100	70.6565	187823	2626	2658.26	
12	新北市	汐止區	區	65000110	71.2354	206265	275	2895.54	
13	新北市	瑞芳區	區	65000120	70.7336	37695	-754	532.92	
14	新北市	土城區	區	65000130	29.5578	237538	54	8036.39	
15	新北市	蘆洲區	區	65000140	7.4351	199811	-1678	26874.02	
16	新北市	五股區	區	65000150	34.8632	91436	971	2622.71	

對話方塊:
Microsoft Excel
請輸入要查詢的鄉/鎮/市/區:
確定
取消
土城區

Microsoft Excel
土城區 的資料位在 $B$14
確定

3. 開啟「範例檔案\ch05\應儲蓄年數.xlsx」檔案，請設計一個可計算本利和的按鈕，當使用者在儲存格中輸入本金、年利率、期數，以及希望可以達到的預期儲蓄金額，就可推算出所需的存款年限是多少年。

● 利用 Do...Loop 迴圈敘述，計算每過一年的本利和，直到本利和等於或超過預期儲蓄金額便停止累計。

● 本利和公式為：本利和＝本金*(1＋利率)^ 期數

● 最後計算結果以訊息方塊顯示。

執行結果請參考下圖。

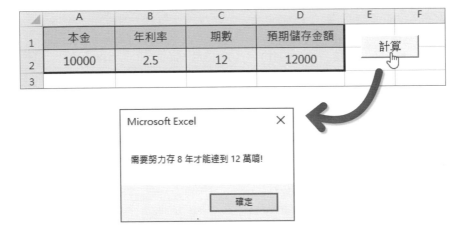

VISUAL BASIC
FOR
APPLICATION

06 陣列

6-1　一維陣列

　　一個變數可以用來存放一筆資料,因此,若想要存放多筆相同型態的資料時,其中一種解決方法就是使用多個變數。但當資料的個數很多時,這種方式就很不方便。針對這樣的情況,我們可以使用**陣列**(Array)來儲存資料。

　　陣列或稱**維度**(Dimension),是一種資料結構,是由多筆相同資料型態的資料所形成的集合。因為陣列佔有一塊連續的記憶體位置,而每個位置都會有一個**索引值**(Index Value)與之對應,透過索引值便可以存取每個位置內的資料。使用陣列的好處,除了可以減少變數的個數,使程式編寫更容易,還可配合迴圈結構來處理相同類型的大量資料。

　　一維陣列是陣列結構中最簡單的,只使用一個索引值,其結構如下圖所示。圖中以A作為陣列變數的名稱,而陣列A中的各資料以括號內的索引值來標示。A(0)～A(N)稱為陣列元素,只要更改陣列元素的索引值,即可存取該陣列中的所有元素。

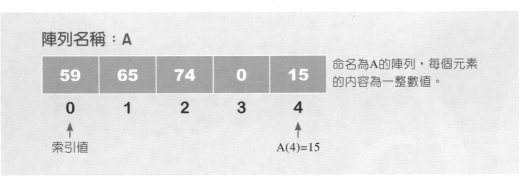

6-1-1　宣告一維陣列

　　宣告陣列時,須定義其陣列元素個數以及資料型別,系統才得以配置一個連續記憶體空間來儲存陣列資料。一維陣列的宣告語法如下:

Dim　陣列名稱(索引值上限) [As　資料型態]

1. 陣列名稱的命名同樣須遵守變數命名原則。

2. 索引值須為 0 以上的整數，下限值預設為 0。

3. 陣列變數與一般變數相同，可指定為各種資料型態。若不指定，則系統預設為 Variant。

🖥 簡例

　　宣告一個名稱為 num 的整數陣列，長度為 4。

```
Dim num(3) As Integer
```

6-1-2 存取一維陣列元素

　　陣列中包含了多個元素，因此要存取陣列中的元素，必須指定其索引值，才能存取其相對應的元素，而無法直接設定數值給陣列變數 A。

🖥 簡例

　　宣告一個名稱為 num 的整數陣列，長度為 4，並分別設定各陣列元素的值。

```
Dim num(3) As Integer        ' num陣列可存放num(0)~num(3)共4筆資料
    num(0) = 84              ' 指定num(0)的值為84
    num(1) = 90
    num(2) = 77
    num(3) = 62
    num = 100               ' 錯誤！無法直接指定數值給陣列變數
```

🖥 簡例

　　宣告一個名稱為 check 的 Boolean 陣列，長度為 5，並分別設定各陣列元素的值。

```
Dim check(4) As Boolean     ' check陣列可存放check(0)~check(4)共5筆資料
    check(0) = True         ' 指定check(0)的值為True
    check(1) = True
    check(2) = False
    check(3) = True
    check(4) = False
```

6-1-3　自訂索引值範圍

陣列索引值的下限預設為 0，但有時為了與資料次序對照方便，在宣告陣列時，可指定索引值的上限與下限，其宣告語法如下：

Dim 陣列名稱(索引值上限 To 索引值下限)

🖥 簡例

宣告一個名稱為 num 的整數陣列，陣列的索引範圍是從1到4，可建立 num(1)、num(2)、num(3)、num(4)共四個陣列元素，num(0)就會被省略。

```
Dim num(1 To 4) As Integer      ' 宣告一個整數陣列，其索引範圍為1到4
num(1) = 10                     ' num陣列的索引值下限改由num(1)開始遞增
num(2) = 20
num(3) = 30
num(4) = 40
```

6-1-4　變更索引值下限

除了在宣告陣列變數時，使用「To」關鍵字來設定自訂索引值範圍，還有一個更簡單的方法，只要在程式的宣告區中加入「Option Base 1」，即可將該程序中的陣列索引值下限設定為由1開始。要特別注意「Option Base」敘述只能加在程式宣告區中，而且其後數字只能是0或1。

🖥 簡例

宣告一個名稱為 num 的整數陣列，陣列的索引範圍是從1到4。

```
Option Base 1                   ' 此敘述須寫在程式宣告區

Dim num(4) As Integer           ' 宣告一個整數陣列
    num(1) = 84                 ' num陣列的索引值下限改由num(1)開始遞增
    num(2) = 90
    num(3) = 77
    num(4) = 62
```

程式實作 •••

💻 **範例要求**：開啟一個空白 Excel 檔案，請撰寫一 VBA 程式，目前已知某學生的五科成績為 80, 52, 94, 77, 60，請以陣列儲存該生成績資料，利用運算式計算該生五科成績的平均分數，並將計算結果以訊息方塊顯示。

```
Sub average()
    Dim score(4) As Integer
    Dim sum As Integer
    Dim avg As Single
    score(0) = 80: score(1) = 52: score(2) = 94
    score(3) = 77: score(4) = 60
    sum = 0

    For i = 0 To 4
        sum = sum + score(i)
    Next
    avg = sum / 5
    MsgBox ("平均分數為 " & avg)
End Sub
```

說明 1. 本例建立一個 score 整數陣列，長度為 4，可儲存 score(0)~score(4) 共 5 筆資料。

2. 只要將 For...Next 計數迴圈的計數變數設定為陣列索引值 (0~4)，就能逐一讀取陣列元素資料，將各科成績加入總分中。

💻 **執行結果**

完成結果檔
範例檔案\ch05\計算五科平均.xlsm

✏️ **隨堂練習** •••

將「計算五科平均」範例中的 For...Next 迴圈程式，以 For Each...Next 敘述改寫。

6-2 多維陣列

在陣列結構中，一維陣列只使用一個索引值；若使用兩個索引值來設定陣列元素，則稱為二維陣列；若是維度超過二維以上者，就稱為多維陣列。多維陣列的用法大多與一維陣列無異，本小節將以二維陣列來說明多維陣列的應用。

有很多情況必須使用二維陣列來進行資料的存放。例如，欲儲存全班同學的國文、英文、數學三個科目的成績時，便可以使用一個二維陣列，其陣列結構如下圖所示。

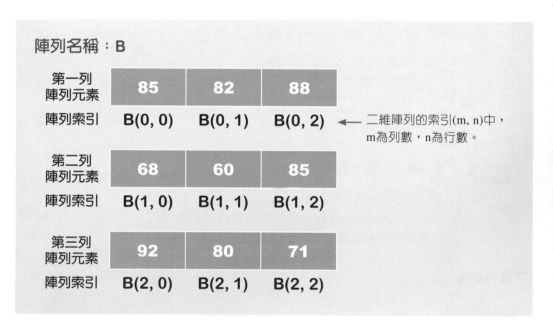

第一列陣列存放第一位同學的國文、英文、數學成績；第二列陣列存放第二位同學的國文、英文、數學成績⋯，依此類推，一個二維陣列便可存放全班所有同學的成績。

6-2-1 宣告二維陣列

要宣告二維陣列，必須再新增一個索引值，其宣告語法如下：

Dim 陣列名稱(索引值上限1, 索引值上限2) [As 資料型態]

語法中的 **索引值上限 1** 和 **索引值上限 2** 分別代表陣列中的列數和行數，兩索引值同樣皆預設為 0。

🖥 簡例

宣告一個 3x3 的二維整數陣列。二維陣列元素由 myArray(0, 0) 開始排列，直到 myArray(2, 2)，共 9 個陣列元素。

```
Dim myArray(2, 2) As Integer
```

在宣告二維陣列變數時，同樣使用「To」關鍵字來設定自訂索引值範圍，指定二維陣列元素改由 myArray(1, 1) 開始排列，直到 myArray(3, 3)，共 9 個陣列元素。

```
Dim myArray(1 To 3, 1 To 3) As Integer
```

6-2-2 存取二維陣列元素

欲存取二維陣列中的元素，必須同時指定 2 個索引值，才能存取其相對應的陣列元素。

🖥 簡例

以 6-6 頁圖片為例來示範，宣告一個名稱為 score 的整數陣列，可儲存三位同學的三科成績。

```
Dim score(2,2) As Integer      '宣告二維陣列score為整數型態的變數
                               '可記錄3位同學的國英數3科成績
score(0, 0) = 85 : score(0, 1) = 82 : score(0, 2) = 88
score(1, 0) = 68 : score(1, 1) = 60 : score(1, 2) = 85
score(2, 0) = 92 : score(2, 1) = 80 : score(2, 2) = 71
```

陣列元素也可當做運算子進行運算，例如將第一位學生的三科成績加總，可寫成；

```
sum = score(0, 0) + score(0, 1) + score(0, 2)
```

程式實作 •••

💻 **範例要求：** 撰寫一 VBA 程式，建立一
個二維陣列儲存三位學生的三科成績資
料 (如右表)，並計算每位學生的平均分
數，將計算結果以訊息方塊顯示。

學生	國文	英文	數學
A	85	82	88
B	68	60	85
C	92	80	71

```vba
Sub average_x3()
    Dim score(1 To 3, 1 To 3) As Integer
    Dim sum As Integer, avg As Single
    Dim i As Integer, j As Integer
    score(1, 1) = 85: score(1, 2) = 82: score(1, 3) = 88
    score(2, 1) = 68: score(2, 2) = 60: score(2, 3) = 85
    score(3, 1) = 92: score(3, 2) = 80: score(3, 3) = 71

    For i = 1 To 3
        sum = 0
        For j = 1 To 3
            sum = sum + score(i, j)
        Next j
        avg = sum / 3
        MsgBox "第 " & i & " 位同學的平均成績為 : " & avg
    Next i
End Sub
```

說明　1. 本例建立一個 score 整數二維陣列，可儲存 score(0, 0)~score(0, 2) 共 9
筆資料。

2. 建立巢狀迴圈，分別利用兩個 For...Next 計數迴圈 (變數 i 為索引值 1、
變數 j 為索引值 2) 來依序讀取每位學生的三科成績，將三個成績加入總
分，再計算平均分數。

💻 **執行結果**

完成結果檔

範例檔案\ch05\計算三科平均x3.xlsm

6-3 動態陣列

不同於前述在宣告時就須明確指定陣列大小(索引值)的靜態陣列,**動態陣列**
(Dynamic Array)是指在執行時可動態調整大小的陣列,又稱為**可變陣列**。動態陣
列在宣告時不須指定大小,而是在執行時再根據需要進行動態調整,適用於尚未確
定或無法預知陣列大小的情況使用。

6-3-1 ReDim

在 Excel VBA 中建立動態陣列時,可以使用 **ReDim** 敘述式來重新宣告動態陣
列的大小。其使用語法如下:

> **ReDim 陣列名稱(索引值上限1, 索引值上限2, ...)**

其中,陣列名稱是指要設定大小的陣列,而後方索引值則用來指定新陣列的
大小。

🖥 簡例

先宣告一個未指定大小的動態整數陣列 myArray,程式中再使用 ReDim 敘述
式,將陣列大小設定為 5,並將 myArray(0) ～ myArray(4) 的值顯示在儲存格中。

```
Dim myArray() As Integer
Dim i As Integer

ReDim myArray(0 To 4)
For i = 0 To 4
    myArray(i) = i + 1          ' 設定陣列元素值為索引值加1
Next i
Range("A1").Value = myArray(0)
Range("A2").Value = myArray(1)
Range("A3").Value = myArray(2)
Range("A4").Value = myArray(3)
Range("A5").Value = myArray(4)
```

▲	A	B
1	1	
2	2	
3	3	
4	4	
5	5	

此外，要特別注意ReDim敘述式可用來變更已宣告過的一或多維陣列大小，但<u>不能改變原陣列的維度</u>。

🖵 **簡例**

先宣告一個未指定大小的動態整數陣列 myArray，程式中第一個 ReDim 敘述式已將陣列大小宣告為一維陣列，第二個 ReDim 敘述式則只能變更陣列大小，而無法將陣列重新宣告為二維陣列。

```
Dim myArray() As Integer
   ⋮
ReDim myArray(0 To 4)     ' 可以
   ⋮
ReDim myArray(5, 5)       ' 錯誤，不能改變維度
```

6-3-2 Preserve

使用 ReDim 敘述式改變動態陣列大小時，會先將原本陣列中的資料清空，再重新創建一個新的陣列。此時，若想保留原陣列中的值，可以將ReDim敘述式搭配使用 **Preserve** 關鍵字，來重新定義或改變已經宣告的動態陣列大小，就能保留陣列原有的值。在使用 Preserve 關鍵字時，要特別注意新的陣列大小必須大於或等於原有陣列大小，否則會產生編譯錯誤，而新增的陣列元素初始值皆設定為0。

🖵 **簡例**

使用 Preserve 關鍵字將原長度為3的一維動態陣列，增加陣列長度到5，同時保留原arr(0)~arr(2)的值。

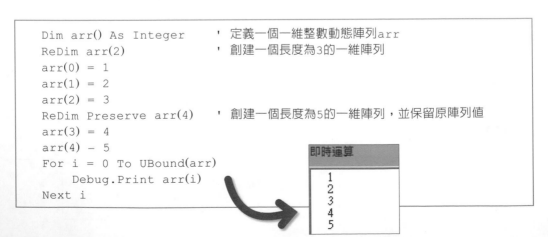

```
Dim arr() As Integer      ' 定義一個一維整數動態陣列arr
ReDim arr(2)              ' 創建一個長度為3的一維陣列
arr(0) = 1
arr(1) = 2
arr(2) = 3
ReDim Preserve arr(4)     ' 創建一個長度為5的一維陣列，並保留原陣列值
arr(3) = 4
arr(4) = 5
For i = 0 To UBound(arr)
    Debug.Print arr(i)
Next i
```

即時運算

1
2
3
4
5

6-3-3 LBound() 與 UBound() 函數

在不確定陣列大小的情況下，可使用 LBound() 函數與 UBound() 函數來取得陣列的上下限值，可避免程式執行時發生超出索引範圍的情形。

LBound()

LBound() 函數可取得陣列的索引下限值，其語法說明如下：

LBound(陣列名稱, [維度])

LBound() 函數的第一個引數是必要引數，表示要進行查詢的陣列名稱；第二個引數為選用引數，代表要查詢的維度，如果未指定維度，將傳回第一個維度的下限值。

🖵 簡例

以 LBound() 函數取得一維陣列 arr 的索引下限值，顯示為 10。

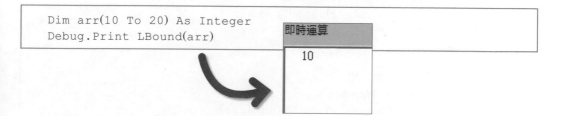

```
Dim arr(10 To 20) As Integer
Debug.Print LBound(arr)
```

即時運算

10

UBound()

UBound() 函數可取得陣列的索引上限值，其語法說明如下：

UBound(陣列名稱, [維度])

UBound() 函數的第一個引數是必要引數，表示要進行查詢的陣列名稱；第二個引數為選用引數，代表要查詢的維度，如果未指定維度，將傳回第一個維度的上限值。

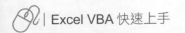

🖵 簡例

以 UBound() 函數取得一維陣列 arr 的索引上限值，顯示為 20。

```
Dim arr(10 To 20) As Integer
Debug.Print UBound(arr)
```

即時運算

```
20
```

程式實作 •••

🖵 **範例要求：**開啟一個空白 Excel 檔案，請撰寫一個可將一維陣列中所有陣列元素加總的程式，其中同時應用 LBound() 和 UBound() 函數取得陣列上下值，最後將加總結果以訊息方塊顯示。

```
Sub Array_LU()
    Dim arr(1 To 10) As Integer
    Dim i As Integer

    ' 設定陣列元素值為索引值乘以2
    For i = LBound(arr) To UBound(arr)
        arr(i) = i * 2
    Next i

    ' 計算陣列元素之和
    Dim sum As Integer
    For i = LBound(arr) To UBound(arr)
        sum = sum + arr(i)
    Next i

    ' 輸出陣列元素和
    MsgBox ("陣列元素總和為：" & sum)
End Sub
```

說明 1. 使用 LBound() 和 UBound() 函數取得陣列的索引上限值與下限值，再透過迴圈計算各陣列元素總和。

2. 雖然本例已知陣列大小為長度 10 的一維陣列，但在許多情況下，相較於輸入明確數字，使用 LBound() 與 UBound() 函數可更彈性地取得陣列的變動大小。

執行結果

Microsoft Excel ×

陣列元素總和為：110

確定

完成結果檔

範例檔案\ch05\陣列元素總和.xlsm

6-3-4 Erase

Erase 會將所有陣列元素值清除，並重置為預設值(0或空字串)。若在程式中搭配迴圈使用陣列，Erase就會是一個很實用的函數，它負責在程式執行完成後清空陣列中所有陣列元素的值，以便在迴圈中可以重複使用同一個陣列，而不必再重新宣告新的陣列。其語法如下：

Erase 陣列名稱

陣列名稱是必要引數，表示要進行清除的陣列。

簡例

一個長度為3的一維整數陣列num，原先給定陣列元素值為5、10、15，在使用Erase清除陣列元素值之後，所有元素值皆為0。

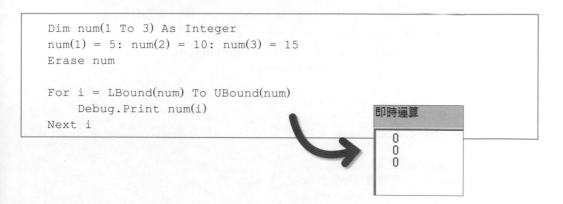

```
Dim num(1 To 3) As Integer
num(1) = 5: num(2) = 10: num(3) = 15
Erase num

For i = LBound(num) To UBound(num)
    Debug.Print num(i)
Next i
```

即時運算

0
0
0

程式實作 ●●

🖵 **範例要求**：開啟「範例檔案 \ch06\ 選取儲存格加總 .xlsx」檔案，請撰寫一個儲存格加總程式，當在工作表中選定儲存格範圍，按下「計算」按鈕後，便可將 Excel 工作表中被選取的儲存格值進行加總，並將加總結果以訊息方塊顯示。

```vba
Sub SumSelectedCells()
    Dim selectedRange As Range
    Dim cell As Range
    Dim cellValue As Double
    Dim sum As Double
    Dim i As Integer

    ' 取得選定區域
    Set selectedRange = Selection

    ' 初始化陣列
    Dim cellValues() As Double
    ReDim cellValues(1 To selectedRange.Cells.Count)

    ' 建立迴圈，將選定區域內的所有儲存格一一加入陣列
    i = 1
    For Each cell In selectedRange
        cellValue = cell.Value
        ' 如果儲存格中的值為數字，則將其添加到陣列中
        If IsNumeric(cellValue) Then
            cellValues(i) = cellValue
            i = i + 1
        End If
    Next cell

    ' 計算陣列元素之和
    For i = LBound(cellValues) To UBound(cellValues)
        sum = sum + cellValues(i)
    Next i

    ' 清除陣列元素
    Erase cellValues

    ' 輸出總和
    MsgBox "所選儲存格加總為：" & sum
End Sub
```

說明　1. 宣告一個 cellValues 陣列，用來儲存所選儲存格區域內的數值。

2. 建立 For Each...Next 迴圈，將選取儲存格的值逐一加入成為陣列元素。

3. IsNumeric() 函數用於檢查運算式是否為數值。若是則傳回 True；否則傳回 False。

4. 使用 LBound() 和 UBound() 函數可彈性取得框選儲存格的大小。

5. 計算完成後，須使用 Erase 清除陣列元素值，以確保日後在重複使用陣列時不會發生錯誤。

🖥 執行結果

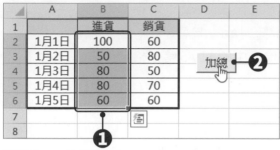

完成結果檔
範例檔案\ch06\選取儲存格加總.xlsm

6-3-5　IsArray()

IsArray() 函數可用來判斷所傳入的值是否為陣列。若為陣列，則傳回 True，否則傳回 False。

🖥 簡例

分別使用 IsArray() 函數來測試 arr1 變數與 arr2 變數是否為陣列。

```
Dim arr1(1 To 5) As Integer
Dim arr2 As Integer
Debug.Print IsArray(arr1)     ' 是陣列，傳回 True
Debug.Print IsArray(arr2)     ' 不是陣列，傳回 False
```

6-4 給定陣列元素值

6-4-1 利用迴圈存取陣列內容

在VBA中，可以使用 **Range** 物件來讀取Excel儲存格中的資料，再使用迴圈將其儲存在陣列中，以供後續處理使用。以下將直接以程式實例示範如何將Excel儲存格中的資料，讀取並儲存到一個陣列之中。

🖵 簡例

假設要讀取的資料儲存在Excel工作表的A1:A5儲存格，首先宣告一個長度為5的Variant陣列arr，接著建立一個For...Next迴圈逐一讀取Excel工作表中的A1:A5儲存格資料，並將其指定儲存在arr陣列中。

	A	B
1	10	
2	20	
3	30	
4	40	
5	50	
6		

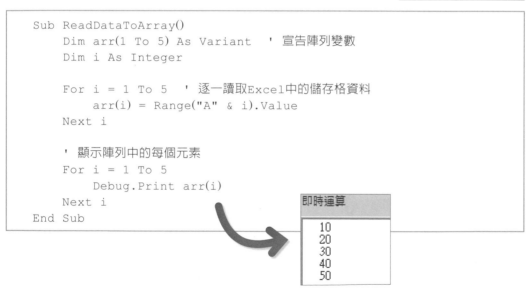

```
Sub ReadDataToArray()
    Dim arr(1 To 5) As Variant   ' 宣告陣列變數
    Dim i As Integer

    For i = 1 To 5   ' 逐一讀取Excel中的儲存格資料
        arr(i) = Range("A" & i).Value
    Next i

    ' 顯示陣列中的每個元素
    For i = 1 To 5
        Debug.Print arr(i)
    Next i
End Sub
```

即時運算

```
10
20
30
40
50
```

6-4-2 Array 函數

Array函數可以建立一個資料型態為 **Variant** 的陣列，並可同時給定各陣列元素值。函數語法如下：

Array(陣列值1, 陣列值2, ...)

1. 其中的陣列值1、陣列值2、……表示要儲存在陣列中的值，各引數之間以**逗號**
    (,)隔開，Array函數會將這些值依序儲存在陣列之中。

```
Dim Week() As Variant
Week = Array("Mon", "Tue", "Wed", "Thu", "Fri", "Sat", "Sun")
```

2. 因陣列型態為Variant，故其儲存的陣列值可以是數字、字串、邏輯值或是日
    期/時間等任何資料型態。而各陣列值的資料型態也不一定要相同。

```
Dim Staff() As Variant
Staff = Array("金力海", "台北市", 1982)
```

3. 透過Array函數為陣列指定陣列元素值時，須確保陣列為Variant資料型態，否
    則程式將發生錯誤。例如：以下程式利用Array函數為字串陣列arrName指定
    元素值，由於arrName陣列宣告為String而非Variant，因此無法給定元素值。

```
Dim arrName() As String        ' 資料型態有誤，須定義為Variant
arrName = Array("王小一", "林阿二", "李老三")
```

🖥 **簡例**

　　定義一個Variant陣列arr，並將"apple"、"banana"、"orange"三個值指定
儲存在arr陣列之中，各陣列元素分別是：arr(0)為"apple"、arr(1)為"banana"、
arr(2)為"orange"。

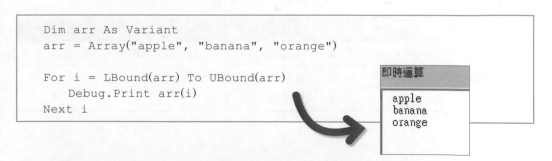

```
Dim arr As Variant
arr = Array("apple", "banana", "orange")

For i = LBound(arr) To UBound(arr)
    Debug.Print arr(i)
Next i
```

即時運算

apple
banana
orange

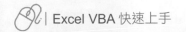

6-5 字串陣列相關函數

　　VBA中有很多與陣列有關的函數,其中有專門處理字串陣列的函數,可以在VBA中快速處理字串陣列。熟悉這些函數,可以更有效率地處理Excel中的大量欄位資料。以下列出常見的字串陣列相關函數:

字串陣列函數	說明
Filter	返回一個新的陣列,其中包含滿足指定條件的元素。
Split	將一個字串按照指定的分隔符分割成一個字串陣列。
Join	將一個字串陣列合併成一個字串,並使用指定的分隔符分隔每個元素。
Replace	將一個字串陣列中的所有指定字串,替換為其他字串。

6-5-1 Filter

　　Filter函數用於從陣列中篩選出符合條件的元素,然後將這些元素儲存到一個新的陣列中。函數語法如下:

Filter(陣列名稱, 篩選條件, [是否包含], [比較方式])

1. 陣列名稱:必要引數,表示要進行篩選的原始陣列。

2. 篩選條件:必要引數,表示要搜尋的目標,可以是數值、文字、邏輯值或是日期/時間。

3. 是否包含:選用引數,其值為布林值,用來表示要找的是「符合」(True,為預設值),或是「排除」(False)的元素。

4. 比較方式:選用引數,用來指定比較方式。引數表如下表所列:

常數	引數值	說明
vbUseCompareOption	-1	使用 Option Compare 敘述式的設定來執行比較。
vbBinaryCompare	0	執行二進位比較。
vbTextCompare	1	執行文字比較。

💻 簡例

篩選出 arr 陣列中所有包含字母「a」的元素，並儲存到 filterArr 陣列中。

```
Dim arr(1 To 5) As String
arr(1) = "apple"
arr(2) = "banana"
arr(3) = "orange"
arr(4) = "cherry"
arr(5) = "kiwi"

Dim filterArr() As String
filterArr = Filter(arr, "a", True, vbTextCompare)

For i = LBound(filterArr) To UBound(filterArr)
    Debug.Print filterArr(i)
Next i
```

即時運算

```
apple
banana
orange
```

6-5-2 Split

Split 函數用於將字串分割成一個陣列。函數語法如下：

Split(字串, 分隔符, [限制], [比較方式])

1. 字串：必要引數，表示要進行分割的原始字串。

2. 分隔符：必要引數，表示用來區隔各字串間的自定符號，可以是字串或字元。

3. 限制：選用引數，指定最多分割成多少個元素，預設為 -1，即分割所有元素。

4. 比較方式：選用引數，指定比較方式。引數表如下表所列：

常數	引數值	說明
vbUseCompareOption	-1	使用 Option Compare 敘述式的設定來執行比較。
vbBinaryCompare	0	執行二進位比較。
vbTextCompare	1	執行文字比較。

💻 簡例

將 str 字串依照逗號「,」分割成多個陣列元素，並儲存至陣列 arr 中。

```
Dim str As String
str = "蘋果,香蕉,橘子,櫻桃,奇異果"

Dim arr() As String
arr = Split(str, ",")

For i = LBound(arr) To UBound(arr)
    Debug.Print arr(i)
Next i
```

即時運算

```
蘋果
香蕉
橘子
櫻桃
奇異果
```

✏️ 隨堂練習

右圖所示為儲存格中的資料。以下程式功能將篩選出儲存格中名叫「小強」的人，再擷取其姓氏，將結果顯示在即時運算視窗中。請在以下空格處填入適當敘述。

	A
1	何曉強
2	許小強
3	張小偉
4	陳小明
5	李小強
6	楊肖偉
7	蘇小芳
8	吳小藍
9	王小強

即時運算

```
許
李
王
```

```
Dim arr(1 To 9) As Variant
Dim i As Integer
    For i = 1 To 9
        arr(i) = Range("A" & i).Value
    Next i
' 篩選出名叫 小強 的人
Dim filteredArr As Variant
filteredArr = _____(arr, " 小強 ", True)
' 將篩選結果分割擷取出姓氏
For i = 0 To UBound(filteredArr)
    Dim tempArr As Variant
    tempArr = _____(filteredArr(i), " 小強 ")
    Debug.Print tempArr(0) ' 取出第一個位置的文字
Next i
```

6-5-3 Join

Join 函數用於將一個陣列中的元素組合成一個字串。函數語法如下：

Join(陣列名稱, 分隔符)

1. 陣列名稱：必要引數，表示要進行組合的原始陣列。
2. 分隔符：必要引數，表示用來區隔各字串間的自定符號，可以是字串或字元。

🖵 **簡例**

將陣列中的 4 個字串陣列元素，透過 Join 函數指定以驚歎號(!)將各元素連接起來，最後以訊息方塊顯示合併的字串。

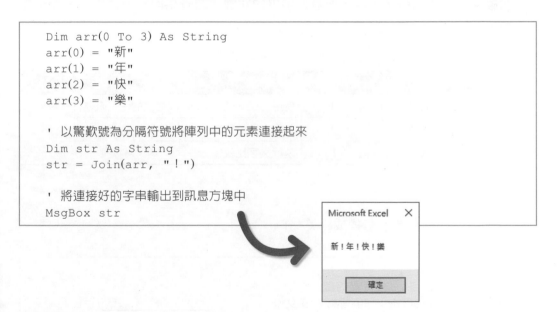

```
Dim arr(0 To 3) As String
arr(0) = "新"
arr(1) = "年"
arr(2) = "快"
arr(3) = "樂"

' 以驚歎號為分隔符號將陣列中的元素連接起來
Dim str As String
str = Join(arr, "!")

' 將連接好的字串輸出到訊息方塊中
MsgBox str
```

6-5-4 Replace

Replace 函數可以將字串中的指定文字，替換成其他的文字。函數語法如下：

> **Replace(字串, 指定字串, 替換字串, [起始位置, [替換次數, [比較方式]]])**

1. 字串：必要引數，表示要進行替換的原始字串。

2. 指定字串：必要引數，表示要被替換的特定字串內容。

3. 替換字串：必要引數，表示替換後的字串內容。

4. 起始位置：選用引數，表示由第幾個字符開始替換，若省略則預設值為1。

5. 替換次數：選用引數，表示要替換字串的次數，若省略則預設值為 -1，即全部替換。

6. 比較方式：選用引數，指定比較方式。引數表如下表所列：

常數	引數值	說明
vbUseCompareOption	-1	使用 Option Compare 敘述式的設定來執行比較。
vbBinaryCompare	0	執行二進位比較。
vbTextCompare	1	執行文字比較。

🖥 簡例

將字串中的「帥哥」替換成「美女」。

```
Dim str As String
str = "帥哥帥哥，你的早餐好囉～"
str = Replace(str, "帥哥", "美女")
MsgBox str
```

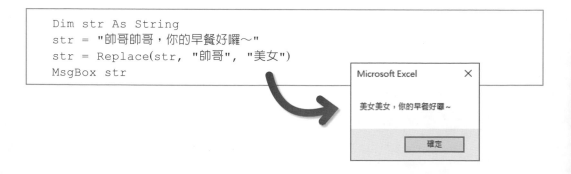

自我評量

( ) 1. 下列有關陣列的敘述，何者有誤？(A)佔用連續記憶體空間　(B)各元素的資料型態皆相同　(C)插入或刪除元素非常容易　(D)透過索引值來存取陣列元素的資料。

( ) 2. 在Excel VBA中宣告一個陣列「Dim arr(5, 4)」，共可產生幾個陣列元素？(A) 9　(B) 20　(C) 25　(D) 30。

( ) 3. 在Excel VBA中宣告一個陣列A如下，請問陣列A佔用了多少Bytes的記憶體空間？(A) 144　(B) 80　(C) 40　(D) 72。

```
Dim A(2, 5) As Double
```

( ) 4. 在預設情況下，於Excel VBA中宣告一個陣列「Dim arr(6)」，其陣列元素為下列何範圍？
(A) A[0]、A[1]、…、A[6]　　　(B) A[0]、A[1]、…、A[5]
(C) A[1]、A[2]、…、A[6]　　　(D) A[1]、A[2]、…、A[7]

( ) 5. 在Excel VBA中，「Option Base」敘述的作用是 (A)宣告陣列　(B)清空陣列　(C)變更索引值下限　(D)變更索引值上限。

( ) 6. 下列敘述中，何者用於重新宣告動態陣列的大小？(A) Dim　(B) Erase　(C) Array　(D) ReDim。

( ) 7. 在Excel VBA中執行以下程式，下列敘述何者正確？(A) B＝2　(B) B＝3　(C) B＝1　(D) A＞B。

```
Dim Arr() As Variant
Dim A As Integer
Dim B As Integer
Arr = Array("A", "B", "C")
A = LBound(Arr)
B = UBound(Arr)
```

( ) 8. 下列函數中，何者用於從字串陣列中篩選出符合條件的元素？(A) Join (B) Replace (C) Split (D) Filter。

( ) 9. 下列函數中，何者可將一個字串分割儲存為多個陣列元素？(A) Join (B) Replace (C) Split (D) Filter。

( ) 10. 在Excel VBA中執行以下程式，輸出結果為何？(A) 10 (B) 15 (C) 5 (D) 21。

```
Dim A(5)
A(1) = 1
For N = 2 To 5
    A(N) = A(N - 1) + N
Next N
MsgBox (A(5))
```

( ) 11. 在Excel VBA中執行以下程式，若將陣列B的B(0)、B(1)、B(2)元素值依序列出，分別是？(A) 3，7，11 (B) 4，9，14 (C) 7，18，28 (D) 8，20，31。

```
Dim A(3, 2) As Integer
A(0, 0) = 2: A(0, 1) = 1
A(1, 0) = 3: A(1, 1) = 4
A(2, 0) = 5: A(2, 1) = 6
Dim B() As Variant
B = Array(1, 2, 3)
For i = 0 To 2
  For j = 0 To 1
    A(i, j) = A(i, j) + A(i, (j + 1) Mod 2)
  Next j
Next i
For i = 0 To 2
  B(i) = B(i) + (A(i, 0) + A(i, 1))
Next i
```

1. 開啟「範例檔案\ch06\顯示最高分.xlsx」檔案,工作表中為10位同學的成績資料,請新增一個「顯示最高分」按鈕,當按下按鈕時,會將其中最高分的同學及其分數以訊息方塊顯示。

   ● 使用二維陣列儲存 A2:B11 儲存格資料。

   ● 使用迴圈搜尋最高分的同學姓名和分數。

   執行結果請參考下圖。

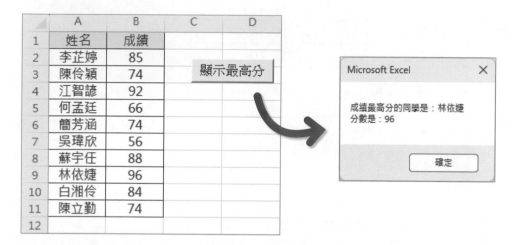

2. 請設計一鉛球比賽的計分獲獎程式，可利用輸入表單輸入不限人數的選手姓名與最佳成績，當所有選手資料都輸入完成後，以訊息方塊顯示金牌、銀牌、銅牌的三位選手獲獎名單。

女子鉛球選手姓名	最佳成績（單位：公尺）
林士玫	12.40
王曉紜	15.78
黃念君	13.32
古忻巧	15.97
黃晨昕	11.42
郭雅函	10.54
許之芸	12.70

執行結果請參考下圖。

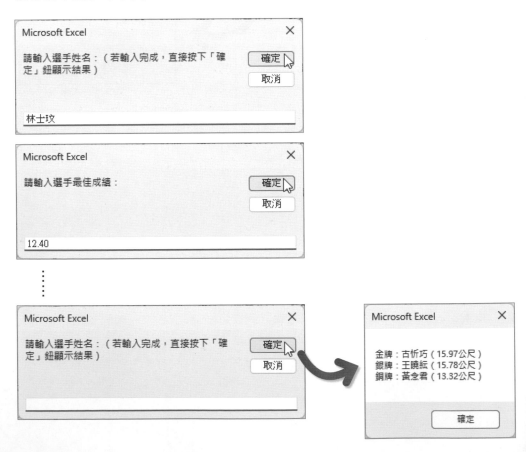

VISUAL BASIC
FOR
APPLICATION

07 副程式
與函數

7-1 副程式

在設計程式時，常常會使用到**副程式**(Sub Program)。副程式的主要作用，是將程式中具有特定功能或是經常使用的程式區段，特別編寫成一個獨立程序，以便主程式或其他副程式可以呼叫使用，而不必在程式中重複撰寫相同的程式碼。

當主程式呼叫副程式時，會先將控制流程轉移至副程式，而主程式可傳遞所需的參數給副程式執行，待副程式執行完畢後，便回到主程式中，由呼叫副程式的下一行程式繼續執行。主程式呼叫副程式的控制流程，如下圖所示。

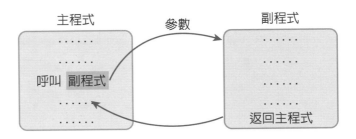

在程式中善用副程式，具有以下優點：

- 方便以模組化概念開發程式，將大型程式拆解為若干副程式，由多人同時進行程式撰寫，可提高程式開發效率。

- 相同功能的程式區段只需撰寫一次，可簡化程式碼同時節省記憶體空間。

- 特定功能獨立為一個程式區段，可提高程式的可讀性，也更易於除錯與維護。

副程式可區分為**內建函數**及**程序**(Procedure)兩大項，其分類如下圖所示。

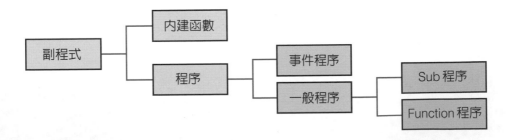

內建函數是VBA本身提供的常用小功能，供程式設計者呼叫使用；而程序通常是一些重複性高、使用較頻繁的程式區段，當主程式需要這些程式區段時，便可以呼叫使用。在VBA中，程序又可分為一般程序與事件程序，分別說明如下：

📭 一般程序

一般程序又稱為「使用者自訂程序」，從程序名稱、參數以及敘述部分皆由程式開發者自行定義編寫，程式設計者可以根據需求，設計符合功能的程序。一般程序依照是否傳回值，又可分為**Sub程序**及**Function程序**。

一般程序具有下列特性：

- 雖然是程序，但不能單獨執行，必須被呼叫後才能執行。
- 可以被其他程序重複呼叫。
- 在同一個模組檔中，不能同時有兩個相同命名的程序。
- 除非有特別宣告，否則程序內的變數皆視為區域變數，亦即在不同程序內允許使用相同變數名稱，彼此互不相干。

📭 事件處理程序

事件處理程序可簡稱為「事件程序」，其程序名稱與參數皆為VBA內建，只有敘述部分是由程式開發者所設計編寫。在VBA中的每個物件都有其規範的事件處理程序，而事件處理程序的主要作用是用來「回應」程式中被觸發的事件，因此程式開發者須配合VBA物件對每個事件程序的定義，撰寫程式碼以對事件做出適當的反應。事件處理程序的執行與否，則端看物件是否被觸發。

舉例來說，當按下某按鈕時，會觸動該按鈕物件的Click事件，我們就可以在該按鈕的Click事件程序中，撰寫要進行的處理程序。

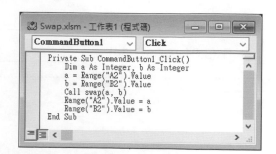

7-2 內建函數

內建函數是 Excel VBA 將一些常用來處理數值和字串的公式或方法寫成程式庫,供使用者直接套用。Excel VBA 提供的函數包含數值函數、日期/時間函數、字串函數等,呼叫函數的方式也很簡單,只要輸入函數名稱,並在後方括號中提供參數,函數就會將運算結果傳回。以下列出各類型的常用函數及其使用範例。

7-2-1 常用數值函數

函數名稱	說明	範例	
Fix(n)	傳回數值資料 n 的整數部分,小數則無條件捨去。	Fix(12.335)	➔ 傳回值為 12
		Fix(-12.335)	➔ 傳回值為 -12
Int(n)	傳回比數值資料 n 小的整數。	Int(12.335)	➔ 傳回值為 12
		Int(-12.335)	➔ 傳回值為 -13
Val(Str)	將字串參數資料轉換成數值型態的資料。如果找不到數值,就傳回 0。	Val("-53 度 ")	➔ 傳回值為 -53
		Val("20+25")	➔ 傳回值為 45
		Val("abc")	➔ 傳回值為 0

✒ 隨堂練習

請在以下空格中填入下列運算式的輸出結果。

① Int(1.2 * 4.8)　　　　＿＿＿＿＿＿＿

② Int(5.2) + Int(-1.2)　　＿＿＿＿＿＿＿

③ Int(Val(3.5 + 12.3))　　＿＿＿＿＿＿＿

④ Int(6.2 * 2 + 1.5) / 2　＿＿＿＿＿＿＿

⑤ Fix(3.84) & Int(3.84)　　＿＿＿＿＿＿＿

7-2-2 常用數學函數

函數名稱	說明	範例
Abs(n)	傳回 n 的絕對值。	Abs(-15.4)　→ 傳回值為 15.4
Sgn(n)	傳回正號或負號,若 n 為正數則傳回 1 (n>0)、n 為負數則傳回 -1 (n<0)、若為 0 則傳回 0 (n=0)。	Sgn(5)　→ 傳回值為 1 Sgn(0)　→ 傳回值為 0 Sgn(-5)　→ 傳回值為 -1
Round(n)	傳回 n 的整數部分,小數部分無條件捨去。	Round(15.4)　→ 傳回值為 15 Round(-15.4)　→ 傳回值為 -15
Sqr(n)	傳回 n 的平方根。	Sqr(8)　→ 傳回值為 2.828427
Exp(n)	傳回 n 的自然指數值。	Exp(2)　→ 傳回值為 7.389056
Log(n)	傳回 n 的自然對數值。	Log(10)　→ 傳回值為 2.302585
Rnd(n)	產生 0~1 之間的隨機亂數。 ※ n 是 Single 且可以省略。	Rnd()　→ 傳回值為 0.42157004
Randomize	因為 Rnd 函數所產生的亂數值會有相同順序,因此必須配合 Randomize 函數來初始亂數產生器,以便使每次執行都能產生不同的亂數序列。	

✏ 隨堂練習

1. 請在以下空格中填入下列運算式的輸出結果。

① Abs(Int(-5.8))　　　　　_____

② Abs(-3.2) + Int(Fix(-4.35))　　_____

2. 請在以下空格中填入下列運算式的敘述。

① $Log_{10}25$　　　　_____

② e^5　　　　_____

程式實作 •••

💻 **範例要求：**請設計一個摸彩程式，可從 01~49 的數字中產生隨機亂數，再經過轉換取出整數做為中獎獎號，並以訊息方塊顯示。

💻 **程式碼**

```
Public Sub lotto()
    Dim RandNum As Integer
    Randomize                                      '初始化亂數
    RandNum = Int((49 - 1 + 1) * Rnd() + 1)        '產生隨機整數
    MsgBox ("中獎獎號為" & RandNum & "號")
End Sub
```

說明 若要在指定範圍內產生隨機整數 (min ≤ n ≤ max)，可套用以下公式：

Int((max - min + 1) * Rnd() + min)

💻 **執行結果**

每次執行產生的獎號皆不相同。

完成結果檔
範例檔案\ch07\中獎獎號.xlsm

7-2-3 常用日期 / 時間函數

函數名稱	說明	範例 (以目前時間 2025/1/23 17:30:06 為例)	
NOW	取得目前系統日期與時間。	NOW	➜ 2025/1/23 下午 05:30:06
Date	取得目前系統日期。	Date	➜ 2025/1/23
Time	取得目前系統時間。	Time	➜ 下午 05:30:06
Year(d)	取得日期格式的年份 (西元)。	Year(Date)	➜ 2025
Month(d)	取得日期格式的月份。	Month(Date)	➜ 1
Day(d)	取得日期格式的日。	Day(Date)	➜ 23

函數名稱	說明	範例 (以目前時間 2025/1/23 17:30:06 為例)	
Weekday(d)	取得日期格式的星期 (1~7，星期日的值為 1、星期一的值為 2……依此類推)。	Weekday(Date)	→ 5 (星期四)
Hour(d)	取得時間格式的小時 (24 小時制)。	Hour(Time)	→ 17
Minute(d)	取得時間格式的分。	Minute(Time)	→ 30
Second(d)	取得時間格式的秒。	Second(Time)	→ 6
DateValue(d)	可將日期字串轉換為正式日期。	DateValue("d")	→ 2025/1/23
TimeValue(d)	可將時間字串轉換為正式日期。	DateValue("Time")	→ 下午 05:30:06

程式實作 ●

🖵 **範例要求**：以訊息方塊顯示目前時間為幾點幾分幾秒。

🖵 **程式碼**

```
Public Sub time()
    MsgBox ("現在時間是" & Hour(Time) & "點" & Minute(Time) & "分" _
            & Second(Time) & "秒")
End Sub
```

說明 以 Time 函數取得目前系統時間，再以 Hour、Minute、Second 等函數分別取出目前時間的時、分、秒。

🖵 **執行結果**

Microsoft Excel ✕

現在時間是16點43分22秒

確定

> **完成結果檔**
> 範例檔案\ch07\顯示現在時間.xlsm

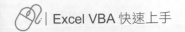

　　日期 / 時間函數除了可以傳回相對應的值，也能進行一些指定運算或資料處理功能。相關函數及其使用語法說明如下：

函數名稱	說明 / 範例
DateSerial(y, m, d)	傳回包含指定年 (y)、月 (m)、日 (d) 參數值的日期 (資料類型為 Date)
	範例 DateSerial(1983, 1, 23) ➔ 2023/1/23 　　　 DateSerial(2023 - 40, 3 - 2, 20 + 3) ➔ 1983/1/23
TimeSerial(h, m, s)	傳回包含指定時 (h)、分 (m)、秒 (s) 參數值的時間 (資料類型為 Date)
	範例 TimeSerial(12, 32, 6) ➔ 下午 12:32:06 　　　 TimeSerial(8 * 2, 60 / 2, 20 - 3) ➔ 下午 04:30:17
DateDiff(interval, d1, d2)	傳回起始日期 (d1) 與結束日期 (d2) 之間的間隔天數。 interval 參數值則用來指定間隔天數的單位，常用參數值說明如下：

單位	參數值	單位	參數值	單位	參數值
年	yyyy	季	q	月	m
日	d	周	ww	工作日	w
小時	h	分	n	秒	s

	範例 DateDiff("d", #1/1/2023#, #1/31/2023#) ➔ 30 　　　 DateDiff("ww", "1/1/2023", "31/12/2023") ➔ 52
DateAdd(interval, n, d)	傳回基準日期 (d) 再加上或減去指定的日期或時間 (n)。 n 參數值若為正數表示加上日期或時間；為負數表示減去日期或時間。interval 參數值同樣用來指定加上或減去的單位 (常用參數值請參考 DateDiff 函數表列說明)。
	範例 DateAdd("d", 10, #15/1/2023#) ➔ 2023/1/25 　　　 DateAdd("d", -10, #15/1/2023#) ➔ 2023/1/5

🖵 簡例

　　在 A1 儲存格輸入出生日年月 (2006/1/17)，在 B1 儲存格自動計算出年齡。

```
bday = Range("A1").Value
Range("B1") = DateDiff("yyyy", bday, Date)
```

7-2-4 常用字串函數

函數名稱	說明	範例	
Asc(Str)	傳回字串參數第 1 個字元的 ASCII 碼。	Asc("abc")	→ 傳回值為 97
Chr(Charcode)	傳回 ASCII 碼所代表的字元。	Chr(66)	→ 傳回值為 "B"
Len(Str)	傳回字串參數的長度。	Len("HELLO")	→ 傳回值為 5
LCase(Str)	把字串參數轉換成小寫。	LCase("Hi")	→ 傳回值為 hi
UCase(Str)	把字串參數轉換成大寫。	UCase("Hi")	→ 傳回值為 HI
Space(n)	傳回 n 個空白字元。	Space(3)	→ 傳回值為 " "
LTrim(Str)	刪除字串參數左邊的空白字元。	LTrim(" DOG")	→ 傳回值為 "DOG"
RTrim(Str)	刪除字串參數右邊的空白字元。	RTrim("DOG ")	→ 傳回值為 "DOG"
Trim(Str)	刪除字串參數左右兩邊的空白字元。	Trim(" DOG ")	→ 傳回值為 "DOG"
Left(Str, n)	從字串參數左邊起，取 n 個字元。	Left("ABCD", 2)	→ 傳回值為 "AB"
Right(Str, n)	從字串參數右邊起，取 n 個字元。	Right("ABCD", 2)	→ 傳回值為 "CD"
Mid(Str, n, [m])	從字串參數左邊第 n 個位置起，取 m 個字元。若省略 m 參數或 m 超出原字串，則回傳整個字串。	Mid("ABCDE", 2, 3)	→ 傳回值為 "BCD"
		Mid("ABCDE", 2)	→ 傳回值為 "BCDE"
		Mid("ABCDE", 2, 10)	→ 傳回值為 "BCDE"
StrReverse(Str)	傳回字串的反向排列字串。	StrReverse("ABCDE")	→ 傳回值為 "EDCBA"

隨堂練習

請在以下空格中填入下列運算式的輸出結果。

① Mid("computer", 5, 4) ＿＿＿＿＿＿＿

② UCase("Abc") & Len("my family") ＿＿＿＿＿＿＿

③ StrReverse("I Love You") ＿＿＿＿＿＿＿

④ Mid("whale", 3) & Space(1) & Left("elephant", 3) ＿＿＿＿＿＿＿

⑤ StrReverse(LCase(Right("Happy Birthday", 5))) ＿＿＿＿＿＿＿

7-2-5 Format 函數

VBA 的 Format 函數是一種格式化輸出函數,可將數值、日期/時間或字串按照指定格式輸出,並轉換為字串格式。Format 函數的語法舉例如下:

註: 本語法指示將目前時間以「hh:mm:ss」格式輸出,亦即上午 10 點 35 分 20 秒會以「10:35:20」格式輸出。至於 format 參數的設定,請參考後續輸出格式符號說明。

Format 函數語法中的格式運算式是必要參數,可以是數值、字串或任何有效運算式;format 參數則是格式轉換後的指定輸出格式,可搭配各類型的輸出格式符號來定義輸出字串,若省略則直接將格式運算式以字串格式輸出。常見的輸出格式符號說明如下:

📑 數值類型格式

符號	說明
General Number	通用格式,只顯示有效位數,不包含千位分隔符號和無效 0。 範例 Format("1,234,567.80", "General Number") ➜ 1234567.8
Currency	貨幣類型,包含千位分隔符號及貨幣符號,並保留兩位小數。(輸出幣值將根據系統的地區設定來輸出) 範例 Format(1234567.8, "Currency") ➜ NT$1,234,567.80
Fixed	保留兩位小數。 範例 Format("1234.5678", "Fixed") ➜ 1234.57
Standard	包含千位分隔符號並保留兩位小數。 範例 Format("123456", "Standard") ➜ 123,456.00
Percent	保留兩位小數的百分比數字。 範例 Format("123.456", "Percent") ➜ 12345.60%
Scientific	以科學記號顯示。 範例 Format("123456789", "Scientific") ➜ 1.23E+08

數值自訂格式

自訂格式時，可搭配多個符號字元建立數值格式。

符號	說明	範例	
0	預留位數，若不足位數則補 0。	Format(123, "0000")	→ 0123
#	預留位數，若不足位數則不補 0。	Format(123, "####")	→ 123
. $, + -	小數點 (.)、金錢符號 ($)、千位分隔符號 (,)、正負號 (+/-) 等，皆按照符號位置顯示該字元。	Format(123.4, "00.00") Format(12345, "$#,#.00") Format(12345, "-#,#")	→ 123.40 → $12,345.00 → -12,345
%	以百分比顯示。一個 % 代表數字乘以 100，並加上一個%符號。	Format(0.123, "0.00%") Format(0.123, "0.00%%")	→ 12.30% → 1230.00%%
""	返回原值，但會去除數字前後的無效 0。(等同省略 format 參數)	Format("0123.4560", "")	→ 123.456
\	強制顯示其後的字符。	Format(123.4, "\ 美 \ 元 .00")	→ 美元 123.40

日期類型格式

符號	說明
General Date	通用格式，顯示日期與時間。 範例 Format(#9/21/1999 1:47:15#, "General Date") → 1999/9/21 上午 01:47:15
Long Date	顯示系統定義的完整日期格式。 範例 Format(#9/21/1999 1:47:15#, "Long Date") → 1999 年 9 月 21 日
Short Date	顯示系統定義的簡短日期格式。 範例 Format(#9/21/1999 1:47:15#, "Short Date") → 1999/9/21
Long Time	顯示系統定義的完整時間格式。 範例 Format(#9/21/1999 1:47:15#, "Long Time") → 上午 01:47:15
Short Time	顯示系統定義的簡短時間格式。 範例 Format(#9/21/1999 1:47:15#, "Short Time") → 01:47

註： 關於系統定義的日期 / 時間格式，詳見作業系統「控制台設定→時間與語言→地區」的「地區格式資料」項目中顯示。

日期自訂格式

自訂格式時，可搭配多個符號字元建立日期與時間格式。

符號	說明	範例
:	時間的分隔符號	Format(Now, "h:n:s") → 04:08:03 AM
/	日期的分隔符號	Format(Now, "yyyy/mm/dd") → 2025/02/05
y	一年中的第幾天 (1-366)	Format(#2/5/2025 4:8:3#, "y") → 36
yy	以兩位數顯示年份 (00-99)	Format(#2/5/2025 4:8:3#, "yy") → 25
yyyy	以四位數顯示年份 (0100-9999)	Format(#2/5/2025 4:8:3#, "yyyy") → 2025
d	一個月中的第幾天 (1-31)	Format(#2/5/2025 4:8:3#, "d") → 5
dd	以兩位數顯示日期 (01-31)	Format(#2/5/2025 4:8:3#, "dd") → 05
ddd	以英文縮寫顯示星期 (Sun-Sat)	Format(#2/5/2025 4:8:3#, "ddd") → Wed
dddd	以完整英文顯示星期 (Sunday-Saturday)	Format(#2/5/2025 4:8:3#, "dddd") → Wednesday
ddddd	顯示簡短日期格式	Format(#2/5/2025 4:8:3#, "ddddd") → 2025/2/5
dddddd	顯示完整日期格式	Format(#2/5/2025 4:8:3#, "dddddd") → 2025 年 2 月 5 日
w	以數字表示星期 (1-7，星期日為 1、星期一為 2、……星期六為 7)	Format(#2/5/2025 4:8:3#, "w") → 4
ww	一年中的第幾周 (1-54)	Format(#2/5/2025 4:8:3#, "ww") → 6
aaa	以中文「週」表示星期	Format(#2/5/2025 4:8:3#, "aaa") → 週三
aaaa	以中文「星期」表示星期	Format(#2/5/2025 4:8:3#, "aaaa") → 星期三
m	顯示月份 (1-12)	Format(#2/5/2025 4:8:3#, "m") → 2
mm	以兩位數顯示月份 (01-12)	Format(#2/5/2025 4:8:3#, "mm") → 02
mmm	以英文縮寫顯示月份 (Jan-Dec)	Format(#2/5/2025 4:8:3#, "mmm") → Feb
mmmm	以完整英文顯示月份 (January-Decmeber)	Format(#2/5/2025 4:8:3#, "mmmm") → February
q	一年中的第幾季 (1-4)	Format(#2/5/2025 4:8:3#, "q") → 1
h	顯示時間的小時數 (0-23)	Format(#2/5/2025 4:8:3#, "h") → 4
hh	以兩位數顯示時間的小時數 (00-23)	Format(#2/5/2025 4:8:3#, "hh") → 04
n	顯示時間的分鐘數 (0-59)	Format(#2/5/2025 4:8:3#, "n") → 8
nn	以兩位數顯示時間的分鐘數 (00-59)	Format(#2/5/2025 4:8:3#, "nn") → 08

符號	說明	範例
s	顯示時間的秒數 (0-59)	Format(#2/5/2025 4:8:3#, "s") → 3
ss	以兩位數顯示時間的秒數 (00-59)	Format(#2/5/2025 4:8:3#, "ss") → 03
AM/PM	使用 AM / am / A / a 表示午前時段 (00:00-11:59)，使用 PM / pm / P / p 表示午後時段 (12:00-23:59)	Format(#2/5/2025 4:8:3#, "AM/PM") → AM
am/pm		Format(#2/5/2025 4:8:3#, "am/pm") → am
A/P		Format(#2/5/2025 4:8:3#, "A/P") → A
a/p		Format(#2/5/2025 4:8:3#, "a/p") → a

✔ 隨堂練習

請在以下空格中填入下列運算式的輸出結果。

① Format(#1/15/2001#, "yy 年第 y 天 ")　　＿＿＿＿＿＿＿＿＿＿＿＿

② Format(#1/15/2001#, "dddddd aaaa")　　＿＿＿＿＿＿＿＿＿＿＿＿

📑 字串自訂格式

符號	說明
@	字元預留位置，顯示字元或空格。將字串由右至左填入格式字串中出現 @ 符號的位置，若無填入字元則在該位置顯示空格。 **範例** Format(" 猴子穿新衣 ", " 星期一 @") → 星期一猴子穿新衣 Format("123", "@@ 月 @@ 日 ") → △1 月 23 日 (△ 表空格) Format("VBA", "@@@@@") → △ △VBA (預留 5 個字元，故前方填入兩個空格)
&	字元預留位置，顯示字元或不顯示任何項目。將字串由右至左填入格式字串中出現 & 符號的位置，若無填入字元則該位置不顯示內容。 **範例** Value = (Format("123", "&& 月 && 日 ") → 1 月 23 日 Format("VBA", "&&&&&") → VBA (雖預留 5 個字元，但無字元則不留空格)
<	強制小寫，以小寫顯示所有字元。 **範例** Format("Happy New Year", "<") → happy new year
>	強制大寫，以大寫顯示所有字元。 **範例** Format("Happy New Year", ">") → HAPPY NEW YEAR
!	可由字串後方開始擷取字元，並強制由左到右填入預留位置 (預設由右至左填入)。 **範例** Format("VBA", "!@@@@@")　VBA△ △ (△ 表空格) Format(" 猴子穿新衣 ", "!@@@") → 穿新衣

7-3 Sub 程序

Sub 程序與 Function 程序都是自定程序，也就是程式開發者依照需求自行定義及編寫的程式區段，兩者都必須被其他程式呼叫才能夠執行。透過程序的建立，可以使程式的結構更清楚簡潔。

7-3-1 定義 Sub 程序

Sub 程序是由 Sub 開始至 End Sub 敘述之間的程式區塊，當程序被呼叫時，就會執行程序內的程式碼，直到遇到 Exit Sub 或 End Sub 敘述，才會離開 Sub 程序，回到原呼叫處的下一行程式繼續執行。其語法如下：

Sub 程序名稱[(參數 [資料型態])]

敘述區段

[Exit Sub] ── Exit Sub 指令可強制離開 Sub 程序

End Sub

在定義 Sub 程序時所使用的參數，是將資料傳入 Sub 程序之用，依程式需求可定義零至多個以上，各參數之間以**逗號 (,)** 隔開。此外，在程序中不可再定義另一個程序，因此在建立 Sub 程序時，注意不要寫在主程序或其他程序中。

7-3-2 呼叫 Sub 程序

若欲在程式中使用 Sub 程序，可使用 **Call** 陳述式呼叫程序，語法如下：

[Call] 程序名稱[(引數 [資料型態])]

　　呼叫 Sub 程序時，除了須輸入程序名稱，也包含任何必要的引數值。Call 陳述式可以省略，若要使用 Call 陳述式的話，就須用括號將引數括起來。兩種語法分別舉例示範如下：

```
Call sum(x, y)              '呼叫sum程序
```

```
sum x, y                   '呼叫sum程序
```

程式實作 ••

💻 **範例要求**：開啟「範例檔案 \ch07\ 兩數加總程序 .xlsx」檔案，請設計一計算兩數加總的 Sub 程序，當按下加總按鈕，即透過 Sub 程序，將 A2 儲存格及 B2 儲存格中的數字相加，並將兩數相加結果以訊息方塊顯示。

💻 **編寫程式碼**

```
Sub 加總_Click()
    Dim a As Integer, b As Integer
    a = Range("A2").Value
    b = Range("B2").Value
    Call sum(a, b)
End Sub
```

說明 1.新增一個表單按鈕，撰寫按鈕的巨集程式。

　　　　2.使用「Call sum(a, b)」或「sum a, b」兩種敘述皆可呼叫 sum 程序。

```
Sub sum(n1 As Integer, n2 As Integer)
    Dim sum As Integer
    sum = n1 + n2
    MsgBox (n1 & "+" & n2 & "=" & sum)
End Sub
```

說明 1.直接在主程式下方輸入「Sub sum()」文字，按下 Enter 鍵就會自動建立 Sub 程序架構。Sub 程序若未使用 Public/Private/Static 等宣告陳述式，表示為 Public 全域程序。

　　　　2.將加總運算寫在 Sub 程序中，其中包含兩個參數值 n1、n2。

　　　　3.定義 Sub 程序參數 (n1、n2) 時，最好可以一併定義其資料型態。

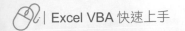

🖵 執行結果

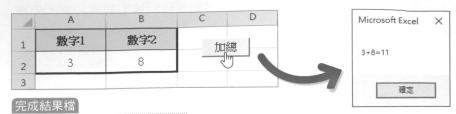

完成結果檔
範例檔案\ch07\兩數加總程序.xlsm

「形式參數」與「實際引數」

副程式本身所定義的變數稱為參數 (Parameter)，而由呼叫來源 (其他主程式或子程式) 傳遞而來要進行處理的資料，則稱為引數 (Argument)。

我們可將 Sub 程序所定義的參數，稱為「形式參數」，可將它想像為一個容器，可存放由呼叫來源傳遞而來的「實際引數」。「形式參數」與「實際引數」的名稱可以不相同，但參數與引數的個數及資料型態皆須相同才行。

以本例來說，Sub 程序所使用的形式參數名稱 n1、n2，而呼叫 Sub 程序的主程式所使用的實際引數名稱則為 a、b，兩者定義名稱雖不同，但個數都是兩個且皆為整數形態。

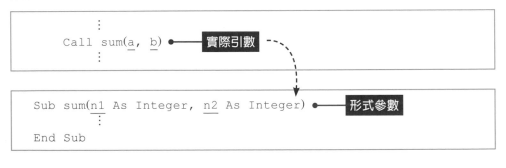

✏ 隨堂練習

請設計一個 Sub 程序，可求算多個數值的平均值。

7-4 Function 程序

Function 程序與 Sub 程序一樣，都是可被呼叫的獨立程式區塊，其程序定義與呼叫的形式也與 Sub 程序大同小異。

7-4-1 定義 Function 程序

Function 程序是由 Function 開始至 End Function 敘述之間的程式區塊，當程序被呼叫時，就會執行程序內的程式碼，直到遇到 Exit Function 或 End Function 敘述，才會離開 Function 程序，回到原呼叫處的下一行程式繼續執行。其語法如下：

Function 程序名稱(參數 As 資料型態) [As 資料型態]

　　　　　　敘述區段

程序名稱 = 回傳值
[Exit Function] ●──── Exit Function 指令可強制離開 Function 程序
End Function

Function 程序與 Sub 程序一樣可傳送多個參數，各參數之間以**逗號 (,)** 隔開。Function 程序與 Sub 程序的最大差別，在於 Sub 程序本身無法回傳任何值，只能利用參數傳回結果，而 Function 程序則可以傳回程序執行結果。

同樣地，在 Function 程序中也不可再定義另一個程序。因此在建立 Function 程序時，不要寫在其他程序之中。

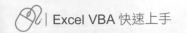

(7-4-2) 呼叫 Function 程序

在程式中欲呼叫 Function 程序，可依是否要將傳回值指定給某變數，來決定呼叫方式。

傳回值不指定給變數

傳回值若不指定給變數，其呼叫方式就與 Sub 程序相同，直接輸入程序名稱及要傳遞的引數即可。呼叫語法如下：

$$\vdots$$

程序名稱([引數])

$$\vdots$$

將傳回值指定給變數

若欲將傳回值指定給某變數，可使用等號 (=) 敘述將執行結果傳回。呼叫語法如下：

$$\vdots$$

變數 = 程序名稱([引數])

$$\vdots$$

兩種語法分別舉例示範如下：

```
sum(x, y)                '呼叫sum程序
```

```
ans = sum(x, y)          '呼叫sum程序,並將傳回值指定給變數ans
```

程式實作 ••

💻 **範例要求**：開啟「範例檔案 \ch07\ 求矩形面積 .xlsx」檔案，請設計一計算矩形面積的 Function 程序，當按下計算按鈕，即透過 Function 程序將 A2 儲存格及 B2 儲存格中的長、寬資料進行計算，並將計算結果顯示在 C2 儲存格。

```
Sub 計算_Click()
    Dim a As Double, b As Double
    a = Range("A2").Value
    b = Range("B2").Value
    Range("C2").Value = Rectangle(a, b)
End Sub
```

說明 1. 新增一個表單按鈕，撰寫按鈕的巨集程式。

2. 呼叫 Function 程序執行計算，並將程序執行結果回傳至 C2 儲存格。

```
Function Rectangle(l As Double, w As Double)
    Rectangle = l * w
End Function
```

說明 1. 直接在主程式下方輸入「Function Rectangle()」文字，按下 Enter 鍵就會自動建立 Function 程序架構。Function 程序若未使用 Public/Private/Static 等宣告陳述式，表示為 Public 全域程序。

2. 將計算面積的程式寫在 Function 程序中，其中包含兩個參數值 l、w。

3. 定義 Function 程序參數 (l、w) 時，最好可以一併定義其資料型態。

💻 **執行結果**

▲	A	B	C	D	E
1	長	寬	面積		
2	5	3		計算	
3					

▲	A	B	C	D	E
1	長	寬	面積		
2	5	3	15	計算	
3					

完成結果檔
範例檔案\ch07\求矩形面積.xlsm

7-4-3 在儲存格中使用自訂函數

在 Excel VBA 自行撰寫的函數，也可以在 Excel 工作表的儲存格中直接使用。其使用方式與使用 Excel 內建函數相同。

在儲存格中輸入使用

在儲存格中直接輸入函數語法即可使用函數，函數與公式一樣，由「＝」開始輸入，函數名稱後方以括號放置引數，不同引數之間則以**逗號 (,)** 隔開。

=SUM(A1:A3, B1:B2, C1)

函數名稱　　　　引數 (函數運算需處理的資料)

以下範例開啟「範例檔案\ch07\求矩形面積 .xlsm」檔案，接下來直接在 C6 儲存格中，使用已建立好的「Rectangle」函數來求算矩形面積。

STEP 01 將插入點移至 C6 儲存格，輸入公式「=Rectangle(A6, B6)」，輸入好後按下 Enter 鍵。

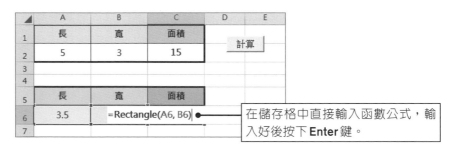

	A	B	C	D	E
1	長	寬	面積		
2	5	3	15	計算	
3					
4					
5	長	寬	面積		
6	3.5	=Rectangle(A6, B6)			
7					

在儲存格中直接輸入函數公式，輸入好後按下 **Enter** 鍵。

STEP 02 在 C6 儲存格就會出現矩形面積的計算結果。

	A	B	C	D	E
1	長	寬	面積		
2	5	3	15	計算	
3					
4					
5	長	寬	面積		
6	3.5	4.2	14.7		
7					

在 Excel 函數庫中選用

接著同樣開啟「範例檔案\ch07\求矩形面積.xlsm」檔案，試試另一種插入函數的方式，來使用「Rectangle」自訂函數。

STEP 01 點選欲插入函數的C6儲存格，按下資料編輯列上的 *fx* **插入函數** 按鈕，開啟「插入函數」對話方塊。

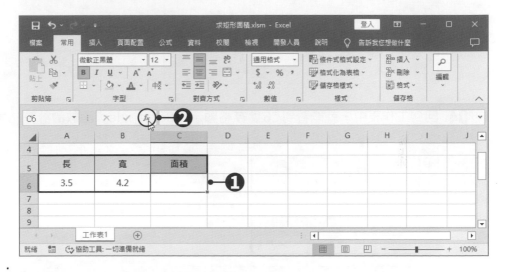

STEP 02 在「插入函數」對話方塊中，按下「選取類別」下拉鈕，於選單中選擇「**使用者定義**」，點選要使用的「**Rectangle**」函數，按下「**確定**」按鈕。

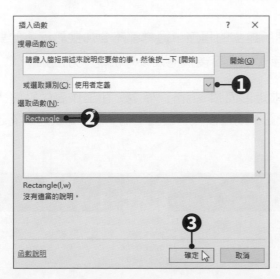

STEP **03** 將引數值設定為 **A6** 及 **B6** 儲存格,設定好後按下「**確定**」按鈕。

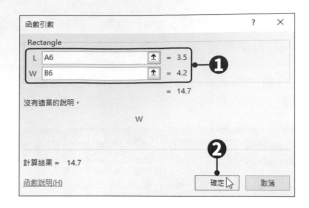

STEP **04** 回到工作表中,就能看到 C6 儲存格顯示「Rectangle」函數的計算結果。

	A	B	C	D	E
1	長	寬	面積		
2	5	3	15	計算	
3					
4					
5	長	寬	面積		
6	3.5	4.2	14.7		
7					

建立自訂函數的說明

不是透過「巨集」對話方塊所建立的程序,通常都不會加註該程序的對話方塊。若想為自訂函數加註說明文字,以便日後供他人參考檢視,方法如下:

STEP **01** 開啟「範例檔案\ch07\求矩形面積.xlsm」檔案,在工作表中點選「**開發人員→程式碼→巨集**」按鈕,或直接按下鍵盤上的 **Alt+F8** 快速鍵開啟「巨集」對話方塊。

STEP**02** 雖然清單中沒有顯示自訂函數的名稱，還是能在對話方塊中進行設定。於「巨集名稱」欄位中輸入「**Rectangle**」函數，接著按下「**選項**」按鈕。

STEP**03** 在「巨集選項」對話方塊的「描述」欄位中，輸入說明文字，完成後按下「**確定**」按鈕。

STEP**04** 設定完成後，在「插入函數」對話方塊中選取「Rectangle」函數，就能看到剛剛建立的函數說明了。

7-5 參考呼叫與傳值呼叫

在 Excel VBA 中,當主程式呼叫副程式時,有**參考呼叫**與**傳值呼叫**兩種傳遞參數資料的方式,若須傳回參數值則使用參考呼叫,若不須傳回值則使用傳值呼叫。兩者分別說明如下:

7-5-1 參考呼叫

參考呼叫 (Call by reference) 是將參數以記憶體位置的方式傳送給副程式,而副程式執行完畢的結果,也會儲存在相同記憶體位置。由於主程式的引數與副程式的參數佔用相同記憶體位置,因此當副程式更改了參數內容,主程式的數值也會隨之更動。

在定義程序時,只要在參數前方加上「**ByRef**」,即表示此參數以參考呼叫的方式進行傳遞。此外,VBA 預設是採取**參考呼叫**方式傳遞參數,因此若未特別宣告,則視為「ByRef」。舉例如下:

```
Function sum(ByRef n1 As Integer, ByRef n2 As Integer)
    ⋮
    ⋮
End Function
```

程式實作 •••

🖵 **範例要求**:開啟「範例檔案 \ch07\ 參考呼叫 .xlsx」檔案,請設計一個數字加倍的 Function 程序 (使用參考呼叫傳遞參數),將數字 A 乘以 2 後存入數字 B。

🖵 **編寫程式碼**

```
Public Sub Call_By_Ref()
    Dim a As Integer, b As Integer
    a = Range("B2").Value
    b = nDouble(a)
    Range("B3").Value = a
    Range("C3").Value = b
End Sub
```

```
Function nDouble(ByRef n As Integer)
    n = n * 2
    nDouble = n
End Function
```

🖵 **執行結果**

執行程序後結果如下,請觀察在呼叫程序前後,數字A的數值變化。

	A	B	C	D
1		A	B	
2	呼叫前	4	A*2	
3	呼叫後	8	8	
4				

完成結果檔
範例檔案\ch07\參考呼叫.xlsm

7-5-2 傳值呼叫

傳值呼叫 (Call by value)是將參數直接將數值內容傳送給副程式,主程式的引數與副程式的參數是使用不同記憶體空間,因此當副程式更改了參數內容,並不會影響主程式原來的引數值。

在定義程序時,只要在參數前方加上「**ByVal**」,即表示此參數以傳值呼叫方式進行傳遞。舉例如下:

```
Function sum(ByVal n1 As Integer, ByVal n2 As Integer)
    ⋮
End Function
```

程式實作 ••

🖵 **範例要求**：開啟「範例檔案 \ch07\ 傳值呼叫 .xlsx」檔案，請設計一個數字加倍的 Function 程序 (使用傳值呼叫傳遞參數)，將數字 A 乘以 2 後存入數字 B。

🖵 **編寫程式碼**

```
Public Sub Call_By_Val()
    Dim a As Integer, b As Integer
    a = Range("B2").Value
    b = nDouble(a)
    Range("B3").Value = a
    Range("C3").Value = b
End Sub
```

```
Function nDouble(ByVal n As Integer)
    n = n * 2
    nDouble = n
End Function
```

🖵 **執行結果**

執行程序後結果如下，請觀察在呼叫程序前後，數字 A 的數值變化。

	A	B	C	D
1		A	B	
2	呼叫前	4	A*2	
3	呼叫後	4	8	
4				

完成結果檔
範例檔案\ch07\傳值呼叫.xlsm

自我評量

選擇題

( ) 1. 下列敘述中，何者非副程式具備的優點？(A)可簡化程式碼　(B)以模組化的概念開發程式　(C)提高程式可讀性　(D)可獨立執行。

( ) 2. 當新增Excel工作表時，會觸動工作表物件的Open事件並執行後續處理程序。新增工作表後所執行的程序，稱為　(A)一般程序　(B)事件程序　(C) Sub程序　(D) Function程序。

( ) 3. Excel VBA的內建函數Val()，其作用是？(A)將字串參數資料轉變為數值資料　(B)將數值參數資料轉變為字串資料　(C)傳回數值參數資料的整數部分　(D)傳回比數值參數資料小的整數。

( ) 4. 下列Excel VBA內建函數運算結果，何者有誤？(A) Int(-3.2)=-3　(B) Fix(3.2)=3　(C) Val(apple)=0　(D) Mid(taipei, 3, 2)=ip。

( ) 5. 在Excel VBA中執行「Abs(Int(-9.55))」內建函數的運算，結果為何？(A) 9　(B) -9　(C) 10　(D) -10。

( ) 6. 下列哪一個Excel VBA的運算式執行後，可以獲得"5月1日"的結果？
(A) Left("20110501", 6) + "月" + Left("20110501", 8) + "日"
(B) Mid("20110501", 1, 6) + "月" + Mid("20110501", 1, 8) + "日"
(C) Mid("20110501", 6, 1) + "月" + Mid("20110501", 8, 1) + "日"
(D) Right("20110501", 3) + "月" + Right("20110501", 1) + "日"

( ) 7. 下列VBA內建的字串函數中，何者可將字串轉換為大寫？(A) UCase()　(B) LCase()　(C) Len()　(D) Chr()。

( ) 8. 下列VBA內建的日期/時間函數中，何者用來計算兩個日期之間的間隔天數？(A) DataSerial()　(B) DateDiff()　(C) DateAdd()　(D) DateValue()。

( ) 9. 在Excel VBA中執行「Format("38125", "Standard")」函數運算，結果為何？(A) 38,125　(B) 38125.0　(C) 38125.00　(D) 38,125.00。

(　　) 10. 在Excel VBA中執行「Format(#12/25/2010#, "mmmm")」函數運算，結果為何？(A) 12　(B) 2010　(C) Dec　(D) December。

(　　) 11. 有關副程式中的Sub程序與Function程序，何者不需藉由參數，即可傳回執行結果？(A) Sub程序　(B) Function程序　(C)兩者皆可　(D)兩者皆不可。

(　　) 12. 定義Function程序時，各參數之間應以下列哪一個符號隔開？(A)小數點(.)　(B)冒號(:)　(C)逗號(,)　(D)空格( )。

(　　) 13. 定義Sub或Function程序時，若未使用宣告陳述式定義範圍，則視為下列何者？(A) Dim　(B) Static　(C) Private　(D) Public。

(　　) 14. Excel VBA的副程式呼叫有傳值呼叫與參考呼叫兩種方式，下列敘述何者不正確？
(A)在未指定的情況下，VBA預設是以傳值呼叫來傳遞參數
(B)以參考呼叫參數，副程式的變化會直接改變原來的變數值
(C)以傳值呼叫參數，副程式的變化不會影響原來的變數值
(D)參考呼叫是將參數以記憶體位置傳送給副程式

(　　) 15. 在Excel VBA中執行以下程式，訊息方塊顯示為何？(A) 0　(B) 1　(C) 5　(D) 6。

```
Sub addNumber(ByVal x As Integer)
    x = x + 1
End Sub

Sub main()
    Dim a As Integer
    a = 5
    addNumber a
    MsgBox a
End Sub
```

(　　) 16. 若上題程式中的「ByVal」改為「ByRef」，訊息方塊顯示為何？(A) 0　(B) 1　(C) 5　(D) 6。

實作題

1. 請設計一個可分別取出字串字元的程式，使用者在輸入方塊中輸入一個字串，可將字串中的每一個字元一一切割顯示。

   提示　1. 使用 Len 函數計算字串長度。

   　　　2. 利用 Mid 函數搭配迴圈結構一一取出字串中的字元。

   執行結果請參考下圖。

2. 請設計一個亂數開獎程式，使用者在輸入方塊中輸入想要產生的亂數數量，就會自動顯示 0 到 100 之間的隨機號碼。

   ● 建立一個可產生亂數並將結果存入陣列的 Sub 程序。

   ● 主程式使用輸入方塊讓使用者輸入要產生的亂數數量，並呼叫 Sub 程序來產生相對應數量的亂數。

   提示　利用 Rnd() 函數產生 0 到 100 之間的亂數。

   執行結果請參考下圖。

3. 開啟「範例檔案\ch07\計算折扣金額.xlsx」檔案,請建立一個巨集按鈕,當在「折扣數」儲存格欄位中輸入折扣,按下「計算折扣金額」按鈕後,就會進行折扣金額與折後價格的計算,並將結果以訊息方塊顯示。

● 建立一個可計算折扣金額的Function程序。

● 主程式以原價及折扣數為引數,呼叫Function程序來計算折扣金額。

執行結果請參考下圖。

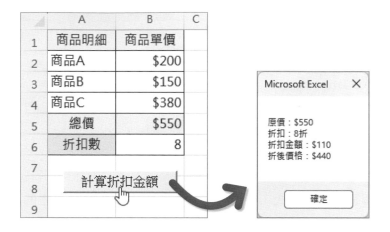

VISUAL BASIC
FOR
APPLICATION

08 | **Application** 物件

Application 物件是最常用的物件之一，它代表著整個 Excel 應用程式，也就是說，當 Excel 應用程式被執行時，在 VBA 中就會建立一個 Application 物件。而 Application 也是 Excel VBA 中最高層級的物件，因此可對整個 Excel 應用程式或視窗進行設定。

以下是 Application 物件的一些常見用途：

- **進行應用程式層面的設定**：Application 物件可以對應用程式進行設定，例如：螢幕畫面更新、是否出現警告訊息、是否自動計算等。這些設定都會影響整個應用程式。

- **操作活頁簿檔案**：Application 物件可以針對目前的活頁簿進行操作，例如：開啟舊檔或關閉檔案、儲存活頁簿、列印等操作。

- **設定對話方塊**：Application 物件可以顯示和控制各種對話方塊，例如：「開啟舊檔」對話方塊、「另存新檔」對話方塊、「列印」對話方塊等，可以讓使用者更輕鬆地完成一些通用的設定操作。

- **執行 VBA 巨集程序**：Application 物件可以執行 VBA 中的巨集程序，例如計算公式、查找替換文字、建立新的工作表等。

總而言之，Application 物件是 VBA 中非常重要的物件之一，它包含了許多方法和屬性，讓開發者更易於設定整個 Excel 應用程式。

8-1 Application 物件常用屬性

在本書 2-1-2 節中有提過，在 VBA 語法中是以「 . 」來設定物件的屬性；若要設定該物件的屬性值時，則以「=」來指定物件的屬性值。因此，其表示方法為：

Application.Caption = Excel

物件　　　　　　屬性　　　　　　屬性值

每個物件都有其所屬的各種屬性，用來設定與物件相關的外觀或特性。程式開發者可以透過設定這些屬性，來控制應用程式的行為，或是藉此取得相關的訊息。下表所列是一些 Application 物件常用的屬性，本小節也將逐一說明之。

Application 物件屬性	說明
Caption	設定或傳回應用程式的標題。
Cursor	設定或傳回應用程式的游標類型。
DisplayAlerts	設定或傳回是否顯示警告及訊息方塊。
DisplayFullScreen	設定或傳回 Excel 應用視窗的全螢幕模式。
StatusBar	設定或傳回狀態列的文字。
DisplaySatusBar	設定或傳回 Excel 視窗中的狀態列是否顯示。
Dialogs	開啟各種 Excel 內建的對話方塊。
FileDialog	開啟與檔案相關的 Excel 內建對話方塊。
EnableEvents	設定或傳回 Excel 應用程式是否允許觸發事件。
WindowState	設定或傳回 Excel 應用程式的視窗狀態。
Calculation	設定或傳回自動計算的模式。
CalculateBeforeSave	設定或傳回 Excel 應用程式在儲存工作簿時是否先進行計算。
WorksheetFunction	可呼叫 Excel 內建函數。
ScreenUpdating	設定或傳回是否更新 Excel 應用程式中的畫面。

8-1-1 Caption

Caption 屬性是用來設定或傳回 Excel 視窗上方標題列所顯示的標題文字，如下圖框選處。

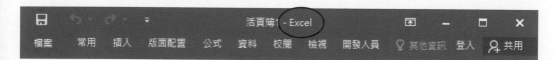

須特別注意，以 Application.Caption 屬性更改視窗標題，會同時修改所有正在運作的 Excel 視窗，因此如果想針對特定工作簿或視窗更改標題文字，應針對特定物件設定屬性，例如 ActiveWindow.Caption 或 Workbook.Windows.Caption。

🖥 簡例

將 Excel 的標題文字更改為自定義文字。執行此程式後，Excel 應用程式的標題列上會顯示「金力海操作 Excel 最厲害」的文字。

```
Application.Caption = "金力海操作Excel最厲害"
```

8-1-2 Cursor

Cursor 屬性用於設定或傳回目前滑鼠游標的類型。游標類型通常代表著使用者正在進行的操作，例如：箭頭游標表示選擇或點擊，等待游標表示正在處理，I字游標表示正在編輯等。Cursor 提供下列四種屬性值。

常數	引數值	游標	說明
xlDefault	-4143		預設的游標類型。
xlNorthwestArrow	1	↖	箭頭游標。
xlWait	2	○	等待游標，用於表示正在進行某些操作，例如正在開啟檔案或是計算大量數據。
xlIBeam	3	I	I字游標，通常表示目前正處於文字編輯狀態。

🖥 簡例

以下程式中先將滑鼠游標設定為 xlWait (等待游標)，後續可能進行指定操作 (例如計算大量數據、儲存檔案)，待操作完成後，再將滑鼠游標設定為 xlDefault，回復為預設的游標狀態。

```
Application.Cursor = xlWait          ' 設置游標為沙漏游標
        ⋮
   (程式進行指定操作)
        ⋮
Application.Cursor = xlDefault        ' 將游標回復為預設狀態
```

8-1-3 DisplayAlerts

DisplayAlerts 屬性用於控制 Excel 應用程式是否顯示警告及訊息方塊。預設情況下，Excel 會在出現警告或提示時顯示相關的對話視窗，讓使用者選擇如何處理這些問題。但有些情況下，可能不希望訊息方塊的出現會中斷或妨礙程式的進行，這時可透過 DisplayAlerts 屬性來強制不顯示訊息方塊。

DisplayAlerts 屬性的屬性值為布林值，當設定為 True，Excel 應用程式會顯示警告及訊息方塊；若設定為 False，Excel 應用程式將不會顯示任何訊息方塊，而直接採用預設的選項進行操作。

🖵 簡例

以下程式中先將 DisplayAlerts 屬性設定為 False，表示強制關閉訊息方塊的顯示，待後續操作程序完成後，再將滑鼠游標設定為 True，回復 Excel 應用程式的正常操作。

```
Application.DisplayAlerts = False        ' 關閉訊息方塊的出現
      ⋮
（程式進行指定操作）
      ⋮
Application.DisplayAlerts = True         ' 恢復顯示訊息方塊
```

8-1-4 DisplayFullScreen

DisplayFullScreen 屬性用於設定 Excel 視窗的全螢幕模式，其屬性值為布林值，當 DisplayFullScreen 屬性設定為 True 時，Excel 視窗會切換到全螢幕模式，且視窗中的所有工具列及功能區都會暫時隱藏；當 DisplayFullScreen 屬性設定為 False 時，Excel 視窗會回復到一般的正常模式。

🖵 簡例

以下程式中先將 DisplayFullScreen 屬性設定為 True，以切換到全螢幕模式。待後續操作程序完成後，再將 DisplayFullScreen 屬性設定為 False，回復到 Excel 應用程式正常的視窗模式。

```
Application.DisplayFullScreen = True          ' 設定為全螢幕模式
MsgBox "目前正處於全螢幕模式"
Application.DisplayFullScreen = False         ' 恢復正常模式
```

8-1-5 StatusBar

StatusBar屬性用於設定或傳回Excel應用視窗下方的狀態列內容。狀態列通常用於顯示一些提示訊息,像是工作進度、當前操作、錯誤訊息等。

```
Application.StatusBar = "這是要在狀態列上顯示的文字"
```

若要清除狀態列中的文字,只要將StatusBar屬性設定為空字串即可。

```
Application.StatusBar = ""
```

此外,如果要將狀態列回復為顯示預設文字,只要將StatusBar屬性設定為False即可。

```
Application.StatusBar = False
```

🖵 簡例

以下程式中會將StatusBar屬性設定為當前操作進度,以自訂的內容顯示,待操作完成後,再將StatusBar屬性設定為False,使其重置為預設值。

```
' 顯示當前操作進度
For i = 1 To 1000
    Application.StatusBar = "已更新到數字 " & i & "..."
    ' 執行特定操作
    i = i + 1
    Range("A1").Value = i
Next i

' 重置狀態列
Application.StatusBar = False
```

8-1-6 DisplaySatusBar

DisplayStatusBar 屬性用於設定 Excel 視窗中的狀態列是否顯示，其屬性值為布林值，若設定為 True，在 Excel 視窗下方會顯示狀態列，可以看到當前操作的相關訊息；若設定為 False，則狀態列會隱藏起來，視窗下方將看不到狀態列。

🖵 **簡例**

以下程式中先將 DisplayStatusBar 屬性設定為 False，以隱藏狀態列，待操作完成後，再將 DisplayStatusBar 屬性設定為 True，重新顯示狀態列。

```
Application.DisplayStatusBar = False      ' 隱藏狀態列
    ⋮
（程式進行指定操作）
    ⋮
Application.DisplayStatusBar = True       ' 顯示狀態列
```

8-1-7 Dialogs

Dialogs 屬性用於開啟各種 Excel 內建的對話方塊，例如：「尋找檔案」、「列印」、「字型」對話方塊等，讓開發者不用一一設定程式功能。這些對話方塊中提供了與 Excel 應用程式相關的選項與設定，方便使用者進行相關設定。

```
Application.Dialogs(xlDialogPrint).Show    ' 開啟「列印」對話方塊
```

Dialogs 屬性提供許多內建常數，每一個常數皆以 "xlDialog" 字首開頭，後方接著對話方塊名稱。下表所列為常用的對話方塊常數。

對話方塊常數	說明
xlDialogNew	開啟「新增」對話方塊。
xlDialogFindFile	開啟「尋找檔案」對話方塊。
xlDialogInsertPicture	開啟「插入圖片」對話方塊。
xlDialogPrint	開啟「列印」對話方塊。
xlDialogFont	開啟「字型」對話方塊。
xlDialogBorder	開啟「框線」對話方塊。
xlDialogColorPalette	開啟「調色盤」對話方塊。

8-1-8 FileDialog

FileDialog屬性可用於開啟「開啟舊檔」、「儲存檔案」等與檔案相關的對話方塊。與 Dialogs 屬性相比，FileDialog 屬性提供了更多的自定義選項和方法，可以更靈活地控制對話方塊的行為和外觀。下表所列為常見的 FileDialog 常數。

常數	值	說明
msoFileDialogOpen	1	開啟「開啟舊檔」對話方塊。
msoFileDialogSaveAs	2	開啟「儲存檔案」對話方塊。
msoFileDialogFilePicker	3	開啟「瀏覽」對話方塊，並選擇檔案。
msoFileDialogFolderPicker	4	開啟「瀏覽」對話方塊，並選擇資料夾。

FileDialog屬性的設定方式與Dialogs屬性不太一樣，須建立一個FileDialog對話方塊物件，再設定要建立的檔案對話方塊。如下所示：

```
Dim fDialog As FileDialog
Set fDialog = Application.FileDialog(msoFileDialogFilePicker)
```

除了可使用內建對話方塊之外，FileDialog屬性還有許多進階屬性可以調整，例如：更改視窗標題、選擇多個檔案、初始目錄、檔案類型等。設定完成後，最後要呼叫該物件的 **Show** 方法以顯示對話方塊，供使用者操作。如果使用者正常執行操作之後，Show 就會傳回 True 或 -1，再由 **SelectedItems** 中取出檔案路徑即可。

🖵 簡例

以下程式中建立了一個名為 fd 的對話方塊物件，設定開啟「儲存檔案」對話方塊。接著透過自訂 fd 屬性，更改對話方塊的標題與預設的檔案名稱。

```
Dim fd As FileDialog
Set fd = Application.FileDialog(msoFileDialogSaveAs)

fd.Title = "另存為"                  ' 設定對話方塊的標題
fd.InitialFileName = "新檔名.xlsx"    ' 設定對話方塊的預設檔案名稱

If fd.Show = True Then
    MsgBox fd.SelectedItems(1)
End If
```

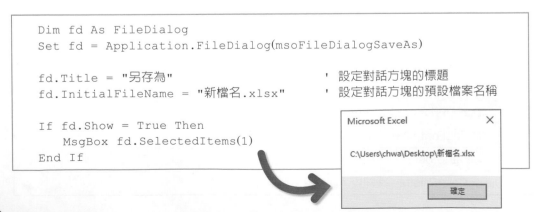

8-1-9　EnableEvents

EnableEvents 屬性用於設定 Excel 應用程式是否允許觸發事件,其屬性值為布林值,預設屬性值為 True,Excel 會在發生事件時觸發相對應的 VBA 程序;若將 EnableEvents 設定為 False,Excel 則不會觸發 VBA 事件程序,在某些情況下可提高程序執行速度。例如:程式中若連續修改工作表中的儲存格,會不斷觸發工作表中不必要的 Change 事件,此時可以先停用 EnableEvents 屬性,待修改完成後再重新開啟。

🖵 **簡例**

以下程式中將 EnableEvents 屬性設定為 False,先暫停 Excel 觸發事件,待完成處理程序後,再將 EnableEvents 屬性設定為 True,恢復 Excel 的事件觸發功能。

```
Application.EnableEvents = False      ' 不允許觸發事件
     ⋮
(程式進行指定操作)
     ⋮
Application.EnableEvents = True       ' 允許觸發事件
```

8-1-10　WindowState

WindowState 屬性用於設定 Excel 應用程式的視窗狀態,如:最大化、最小化、還原視窗等,以適應不同的使用場景。各屬性值表列如下:

常數	值	說明
xlMaximized	2	最大化視窗,放大到佔據整個螢幕。
xlMinimized	1	最小化視窗,縮小至螢幕下方的工作列中。
xlNormal	0	還原視窗,將視窗回復到一般大小。

🖵 **簡例**

以下程式中將 WindowState 屬性設定為 xlMaximized,可將 Excel 應用程式放大到佔據整個螢幕,以最大化顯示工作簿和其他內容。

```
Application.WindowState = xlMaximized
```

8-1-11 Calculation

Calculation 屬性可以控制 Excel 應用程式的計算模式，以滿足不同的計算需求。Excel 應用程式有自動、手動、半自動三種計算模式，其常數表列如下：

常數	說明
xlCalculationAutomatic	自動計算模式，Excel 會自動計算所有需要計算的儲存格，是預設的計算模式。
xlCalculationManual	手動計算模式，Excel 只有在使用者啟動計算或更新時才進行計算，可減少計算時間和資源占用。
xlCalculationSemiautomatic	半自動計算模式，Excel 會自動計算公式中的儲存格，但對於其他需要計算的儲存格，則需要使用者啟動後才進行計算。在需要進行大量計算的情況下，可將計算模式設定為半自動，以提高計算效率。

🖥 簡例

以下程式中依程式需求先將 Calculation 屬性設定為手動模式，以減少計算時間。同樣地，在程式執行結束後，建議將 Calculation 屬性設定為預設的自動計算模式，以避免對後續操作造成影響。

```
Application.Calculation = xlCalculationManual      ' 設定為手動計算
    ⋮
（程式進行指定操作）
    ⋮
Application.Calculation = xlCalculationAutomatic ' 回復為自動計算
```

8-1-12 CalculateBeforeSave

CalculateBeforeSave 屬性用於設定 Excel 應用程式在儲存工作簿時是否先進行計算，其屬性值為布林值。若將屬性值設定為 True，Excel 應用程式在每次儲存工作簿之前會先進行一次計算，以確保所有的公式和函數都已經計算完畢，讓儲存後的工作簿可以顯示最後計算的結果。

```
Application.CalculateBeforeSave = True
```

若將屬性值設定為 False，則 Excel 應用程式在儲存工作簿前不會進行計算，可能會導致工作簿中的公式和函數計算結果與實際值不同。

```
Application.CalculateBeforeSave = False
```

8-1-13 WorksheetFunction

Excel 中內建許多方便實用的函數功能，如果想在 VBA 程序中呼叫這些 Excel 函數，可以透過 Application 物件的 WorksheetFunction 屬性來使用 Excel 中內建的函數功能。以下列舉一些常用的 Excel 內建函數。

Excel 內建函數	說明
Average	計算一組數字的平均值。
Sum	計算一組數字的總和。
Count	計算一個範圍中的儲存格數量。
CountA	計算包含任何類型資訊的儲存格，包括錯誤值和空白文字 ("")。
Max	傳回一組數字中的最大值。
Min	傳回一組數字中的最小值。
Abs	傳回一個數字的絕對值。
Round	將一個數字四捨五入到指定的位數。
Log	傳回一個數字的自然對數。
Exp	傳回 e 的指定次方數。

🖵 簡例

以下程式先定義了一個範圍物件 myRange，儲存格範圍為 A1:A10，接著使用 WorksheetFunction 屬性來呼叫 Excel 的平均值函數 Average，用以計算 myRange 中所有數值的平均值。

```
Dim myRange As Range
Set myRange = Range("A1:A10")
Dim myAvg As Double
myAvg = Application.WorksheetFunction.Average(myRange)
MsgBox ("計算出平均數為 " & myAvg)
```

8-1-14 ScreenUpdating

ScreenUpdating屬性用於設定是否更新Excel應用程式中的畫面，其屬性值為布林值。當屬性值設定為True時，Excel會在程式執行期間即時更新畫面以反映任何更動，例如：變更圖表、列印預覽等。若將它設定為False，Excel則停止即時更新畫面的功能，直到程式執行結束後才更新。因為即時更新畫面較耗用系統資源，因此在需要進行大量計算的情況下可暫時停用更新畫面功能，以提高程式的執行速度。

🖳 簡例

以下程式中先將ScreenUpdating屬性設定為False，停用更新畫面功能，以便後續進行大量計算時避免資源耗用。當計算程序完成後，再將ScreenUpdating屬性設定為True，回復Excel的預設狀態。

```
Application.ScreenUpdating = False   ' 關閉畫面更新功能
    ⋮
（程式進行大量計算）
    ⋮
Application.ScreenUpdating = Truc   ' 開啓畫面更新功能
```

8-2 Application 物件常用方法

Application物件有其所屬的方法，代表著要對該物件所進行的操作，若物件名稱後方所接的是一個**函數**，則稱它是該物件的方法。物件的「方法」與「屬性」的指定方式相同，都是在物件名稱後方以「.」連接方法名稱。其表示方法為：

下表所列是一些Application物件常用的方法，本小節也將逐一說明之。

Application 物件方法	說明
Calculate	強制 Excel 工作表進行計算。
GoTo	指向所指定的儲存格或範圍。
GetOpenFilename	顯示標準的「開啟舊檔」對話方塊。
GetSaveAsFilename	顯示標準的「另存新檔」對話方塊。
InputBox	顯示輸入方塊。
Intersect	傳回兩個或多個範圍的交集。
Union	傳回兩個或多個範圍的聯集。
Run	執行指定的 VBA 函數或 Sub 程序。
Wait	暫停巨集程序的執行。
OnTime	讓程序暫停一段指定時間後，再執行指定的巨集程序。
Quit	退出應用程式。

8-2-1 Calculate

　　Calculate方法用於強制Excel工作表進行計算。Excel工作表中的公式和函數通常在自動計算模式下進行計算，但有時需要立即進行計算時，可以使用以下語法來對目前工作簿中所有的公式和函數強制進行計算。

```
Application.Calculate
```

註　若是只想對特定公式或範圍進行計算，可使用 Range.Calculate 方法，而不是針對整個工作表進行計算。

8-2-2 GoTo

GoTo 方法用於直接指向所指定的單一儲存格或範圍，以便後續進行某些操作，而不須手動捲動工作表。

GoTo

說明	指向特定的儲存格或範圍。
語法	Application.Goto([Reference], [Scroll])
引數	» **Reference**：指定的目的儲存格或範圍，可以是 Range 物件或是儲存格參考的字串。若省略，則會使用最近一次使用 Goto 方法所指定的範圍。
	» **Scroll**：選用引數，表示是否捲動視窗，使目標儲存格範圍的左上角顯示在視窗的左上角。若為 True，則會捲動；若為 False(預設值)，則不捲動。

💻 簡例

以下程式表示將直接指向指定的 A1 儲存格，並自動捲動視窗，將 A1 儲存格顯示在視窗的左上角，然後修改該儲存格的值。

```
Application.Goto Range("A1"), True
MsgBox ActiveCell.Value
ActiveCell.Value = "新上市"
```

這裡特別說明 Application.Goto 方法與 Range.Select 方法之間的差異，主要在於 Range.Select 方法可選取儲存格，但只會切換至目前所在工作表中的儲存格；而 Application.Goto 方法可選取儲存格，也會直接將作用儲存格切換至活頁簿中任一工作表的儲存格。簡言之，Range.Select 方法著重在「選取」指定儲存格範圍，而 Application.Goto 方法則著重在「選取並切換」至指定儲存格範圍，以便進行後續操作。

8-2-3 GetOpenFilename

GetOpenFilename方法用於顯示標準的「開啟舊檔」對話方塊，讓使用者得以從電腦中選擇一或多個要開啟的檔案，並傳回所選擇的檔案路徑和檔案名稱。

GetOpenFilename

說明	顯示標準的「開啟舊檔」對話方塊。
語法	Application.GetOpenFilename([FileFilter], [FilterIndex], [Title], [ButtonText], [MultiSelect])
引數	» **FileFilter**：選用引數，表示檔案篩選準則串列，也就是「存檔類型」欄位選單，可設定多個篩選準則。篩選準則串列是由「提示字串」和「萬用字元檔案篩選準則」所組成的一組字串，用來呈現檔案描述及副檔名。例如： • 列出 txt 檔："文字檔案 (*.txt), .txt" • 列出 txt、xlsx 檔："文字檔 (*.txt), .txt, Excel 活頁簿 (*.xlsx), .xlsx" » **FilterIndex**：選用引數，表示篩選條件索引值，由1到FileFilter指定的篩選條件數字。若省略此引數或是此引數大於顯示的篩選條件數量，則會使用第一個檔案篩選條件。預設值為1。 » **Title**：選用引數，用於指定對話方塊的標題。若省略則為「開啟舊檔」。 » **ButtonText**：選用引數，用於指定對話方塊中的按鈕文字。（僅適用於Macintosh） » **MultiSelect**：選用引數，True 表示可選取多個檔案名稱；False 表示只能選取一個檔案名稱。預設值為False。

💻 簡例

以下程式使用GetOpenFilename方法來開啟「開啟舊檔」對話方塊，讓使用者可從中選擇檔案。如果使用者選定檔案，則使用Workbooks.Open方法開啟該檔案；若使用者取消對話方塊，則不會進行任何操作。

```
Dim filePath As String
filePath = Application.GetOpenFilename()
If filePath <> False Then
    Workbooks.Open (filePath)
End If
```

8-2-4 GetSaveAsFilename

GetSaveAsFilename方法用於顯示標準的「另存新檔」對話方塊,讓使用者設定檔案名稱及指定檔案儲存位置,並傳回使用者所設定的檔案名稱及路徑。

GetSaveAsFilename

說明	顯示標準的「另存新檔」對話方塊。
語法	Application.GetSaveAsFilename([InitialFilename]、[FileFilter]、[FilterIndex]、[Title]、[ButtonText])

引數	» **InitialFilename**:選用引數,可指定預設的「檔案名稱」。若省略則使用作用中活頁簿的名稱。
	» **FileFilter**:選用引數,表示檔案篩選準則串列,也就是「存檔類型」欄位選單,可設定多個篩選準則,若省略則使用"所有檔案(*.*),*.*"。篩選準則串列是由「提示字串」和「萬用字元檔案篩選準則」所組成的一組字串,用來呈現檔案描述及副檔名。例如:
	   • 列出 txt 檔:"文字檔案(*.txt), .txt"
	   • 列出 txt、xlsx 檔:"文字檔(*.txt), .txt, Excel 活頁簿(*.xlsx), .xlsx"
	» **FilterIndex**:選用引數,表示篩選條件索引值,由1到FileFilter指定的篩選條件數字。若省略此引數或是此引數大於顯示的篩選條件數量,則會使用第一個檔案篩選條件。預設值為1。
	» **Title**:選用引數,用於指定對話方塊的標題。若省略則為「另存新檔」。
	» **ButtonText**:選用引數,用於指定對話方塊中的按鈕文字。(僅適用於 Macintosh)

文字檔(*.txt) ▾
文字檔(*.txt)
Excel 活頁簿(*.xlsx)

🖥 簡例

以下程式使用GetSaveAsFilename方法來開啟「另存新檔」對話方塊,讓使用者選擇檔案儲存路徑及檔名,並將選定的檔案路徑及檔名以訊息方塊顯示。

```
Dim saveFilePath As Variant
saveFilePath = Application.GetSaveAsFilename("訂單明細", _
            "Excel檔案 (*.xlsx), *.xlsx")
If saveFilePath <> False Then
    MsgBox "您所儲存的檔案路徑及檔名為:" & vbCrLf & saveFilePath
Else
    MsgBox "您取消了儲存檔案"
End If
```

8-2-5 InputBox

InputBox方法用於顯示一個基本的輸入方塊，讓使用者可輸入數值、文字或公式，按下輸入方塊中的「確定」按鈕，即可將輸入的資訊傳回，以供後續使用。InputBox方法傳回的值為Variant資料型態，所以可以輸入字串、數值或公式；若使用者按下「取消」按鈕，則傳回空值。

InputBox

說明	顯示輸入方塊。
語法	Application.InputBox(Prompt, [Title], [Default], [Left], [Top], [HelpFile], [HelpContextID], [Type])
引數	» **Prompt**：必要引數，用於顯示提示訊息。 » **Title**：選用引數，用於指定對話方塊的標題。 » **Default**：選用引數，用於指定預設值。 » **Left 和 Top**：兩個選用引數，用於指定對話方塊的位置。 » **HelpFile**：選用引數，用於指定對話方塊的說明檔案。 » **HelpContextID**：選用引數，用於指定對話方塊說明檔案中的說明頁面。 » **Type**：選用引數，指定傳回的資料類型。引數值有0(公式)、1(數字)、2(字串)、4(布林值)、8(Range物件)、16(錯誤值，如 #N/A)、64(陣列值)等。若省略，則預設傳回字串格式。

💻 簡例

以下程式利用InputBox方法顯示一個輸入方塊，讓使用者可建立姓名資料，所輸入的資料被儲存在userName變數中，以訊息方塊顯示，如下圖所示。

```
Dim userName As String
userName = Application.InputBox("請輸入姓名：", "使用者名稱")
MsgBox ("Hello, " & userName & "!")
```

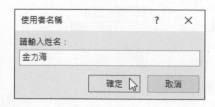

8-2-6 Intersect

Intersect 方法可用來傳回兩個或多個範圍的交集，傳回值為 Range 類型。

Intersect

說明	傳回兩個或多個範圍的交集。
語法	Set Range 變數名稱 = Application.Intersect(Range1, Range2)
引數	» **Range1** 和 **Range2**：必要引數，表示要計算交集的儲存格範圍。

💻 簡例

以下程式先定義了 Range 變數 rA (A1:B2) 及 Range 變數 rB (B1:C3)，接著使用 Intersect 方法找到兩者的交集，並將傳回值儲存在 intersectionRange 變數中。如果沒有交集，則傳回 Nothing。最後將結果以訊息方塊顯示。

```
Dim rA As Range
Dim rB As Range
Dim intersectionRange As Range

Set rA = Range("A1:B2")
Set rB = Range("B1:C3")
Set intersectionRange = Application.Intersect(rA, rB)

If Not intersectionRange Is Nothing Then
    MsgBox "兩個範圍的交集是：" & intersectionRange.Address
Else
    MsgBox "兩個範圍沒有交集。"
End If
```

8-2-7 Union

Union方法是聯集的概念，用於將多個範圍合併成一個範圍，並傳回一個Range類型，表示合併後的範圍。

Intersect

說明	傳回兩個或多個範圍的聯集。
語法	Set Range 變數名稱 = Application.Union(Range1, Range2, ...)
引數	» Range1、Range2 ... 等表示要進行合併的儲存格範圍。

要特別注意的是，如果合併的範圍中包括多個不相鄰的範圍，那麼合併後的範圍可能並非連續範圍。此外，Union方法只能用於合併範圍，而不能用於合併儲存格。

 如果要合併儲存格，可使用 Range.Merge 方法。

💻 簡例

以下程式使用Union方法計算儲存格 A1:A5 以及儲存格 B1:B5 兩者的聯集範圍，並將傳回值儲存在NewRange變數中。最後將結果以訊息方塊顯示。

```
Dim NewRange As Range
Set NewRange = Application.Union(Range("A1:A5"), Range("B1:B5"))
MsgBox ("聯集範圍為 " & NewRange.Address)
```

8-2-8 Run

Run方法可以用來呼叫執行Excel檔案中的巨集程序。這個方法常應用於動態執行VBA程序的狀況，可透過變數來指定要執行的程序名稱。

Run

說明	呼叫執行 Excel 檔案中的巨集程序。
語法	Application.Run("ProcedureName", arg1, arg2, ...)
引數	» **ProcedureName**：表示要執行的巨集程序名稱，為字串資料，因此須以雙引號 (") 括起。要注意，當呼叫其他檔案的巨集程序時，檔案名稱前後應以單引號 (') 括起，後方再以驚歎號 (!) 連接巨集名稱。例如，呼叫 test.xlsm 檔案中的 add 巨集程序，則引數值為：「"'test.xlsm'!add"」。 » **arg1、arg2、...**：選用引數，為引數串列，表示要傳遞給這個程序的相關引數。若該程序不需要引數，則可省略。

🖵 簡例

以下程式為執行 bonus.xlsm 檔案之中名為 MyFunction 的巨集程序，並傳遞所需的引數給它。

```
Application.Run "'bonus.xlsm'!MyFunction", 100
```

如果要執行的程序為目前活頁簿中的程序，也可以省略 Application 物件及檔案名稱，直接使用程序名稱即可，如下所示：

```
Run "MyFunction"
```

8-2-9 Wait

Wait 方法可以用來暫停巨集程序的執行，讓程序暫時停止並等待一段指定的時間過去後，再繼續執行。

Wait

說明	暫停巨集程序的執行。
語法	Application.Wait(Time)
引數	» **Time**：必要引數，表示要等待的時間數，以毫秒為單位。

簡例

以下程式為暫停巨集的執行，設定等待1秒後再繼續執行。

```
Application.Wait(1000)
```

8-2-10 OnTime

OnTime方法可用來設定一個定時器，讓程序先暫停一段指定時間後，再執行指定的巨集程序。

OnTime

說明	讓程序暫停一段指定時間後，再執行指定的巨集程序。
語法	Application.OnTime(EarliestTime, Procedure, [LatestTime], [Schedule])
引數	» **EarliestTime**：必要引數，表示想要執行程序的時間。 » **Procedure**：必要引數，表示要執行的程序名稱。 » **LatestTime**：選用引數，表示可以開始執行程序的最晚時間。若省略，Excel會等到程式可以執行為止。 » **Schedule**：選用引數，為布林值，設定是否取消前一個範例對OnTime的設定。若為True(預設值)，排程新的OnTime程序；若為False，清除先前設定的程序。

簡例

以下程式會在15秒後執行名為 myProcedure 的巨集程序。

```
Application.OnTime Now + TimeValue("00:00:15"), "myProcedure"
```

註：Now 函數可以傳回目前時間，TimeValue 函數則可將一個字串轉換為時間值。

以下程式將會在下午5點時，執行名為 myProcedure 的巨集程序。

```
Application.OnTime TimeValue("17:00:00"), "myProcedure"
```

(8-2-11) Quit

Quit方法可用來退出應用程式。當執行Quit方法時，它會關閉目前的應用程式，若檔案尚未存檔，關閉前會提示使用者是否儲存活頁簿。Quit方法不需要任何參數，使用語法以下：

```
Application.Quit
```

🖵 簡例

以下程式會儲存所有開啟的活頁簿，然後結束Excel應用程式。

```
For Each w In Application.Workbooks
     w.Save
Next w
Application.Quit
```

8-3 With…End With

當某一物件有多個屬性或物件須同時設定，這時 With…End With 是一種很方便的語法結構，可用來簡化對單一物件的屬性或方法的設定。其語法如下：

With 物件名稱
⋮
.屬性 = 屬性值
.方法
⋮
End With

使用With…End With語法設定屬性或方法時，可以使用「.」來引用，而不用一再寫出物件名稱。

⌨ 簡例

以下程式使用 With...End With 語法，同時設定 ExcelApp 這個 Application 物件的應用程式視窗為可見、不顯示警告訊息方塊、不更新 Excel 應用程式畫面等屬性值。

```
With ExcelApp
    .Visible = True
    .DisplayAlerts = False
    .ScreenUpdating = False
    End With
```

以下程式使用 With...End With 語法，同時設定了 Range("A1:B10") 物件的粗體、文字色彩以及儲存格色彩等屬性值。

```
With Range("A1:B10")
    .Font.Bold = True
    .Font.Color = RGB(255, 0, 0)
    .Interior.Color = RGB(255, 255, 0)
End With
```

8-4 Application 物件常用事件

事件是指物件可能會面臨的狀況，也就是預先定義好的特定動作(例如：開啟檔案、存檔、列印、雙擊滑鼠左鍵等)。啟動事件後，即可撰寫程式來設定事件被觸發後所要執行的動作，即為**事件程序**。

Application 物件有許多事件，以下列出幾個常用的事件：

Application 物件事件	說明
NewWorkbook	當以 Application.Add 新增一個活頁簿時觸發。
SheetActivate	當切換至一個工作表時觸發。
SheetChange	當修改工作表中的儲存格內容時觸發。
WorkbookBeforeClose	當活頁簿即將被關閉時觸發。
WorkbookBeforePrint	當活頁簿將要進行列印時觸發。

8-4-1　NewWorkbook

NewWorkbook事件是在建立新活頁簿時所觸發的事件。當新活頁簿被建立時，系統就會自動觸發NewWorkbook事件，我們就可以在程式中撰寫事件程式來處理這個事件，並執行特定操作。

🖥 簡例

以下程式為當建立一個新活頁簿時，會自動在Wb活頁簿第1個工作表的儲存格中加入資料內容。

```
Private Sub Application_NewWorkbook(ByVal Wb As Workbook)
    With Wb.Sheets(1)
        .Range("A1").Value = "Hello"
        .Range("B1").Value = "World"
    End With
End Sub
```

8-4-2　SheetActivate

SheetActivate事件是在選擇工作表時所觸發的事件。當使用者在活頁簿中切換工作表，系統就會自動觸發SheetActivate事件。

🖥 簡例

以下程式表示當切換至不同的工作表時，系統會自動更新工作表名稱。新工作表的命名，是使用 **Index** 屬性來取得所選擇工作表的索引，並將其與 "Sheet" 字串組合成一個新的工作表名稱。

```
Private Sub Application_SheetActivate(ByVal Sh As Object)
    Sh.Name = "Sheet" & Sh.Index
End Sub
```

8-4-3 SheetChange

SheetChange 事件是在更改工作表中儲存格的內容時所觸發的事件。當修改了工作表中的任一儲存格，系統就會自動觸發 SheetChange 事件。

🖥 簡例

以下程式是當使用者修改了儲存格的內容時，系統會自動將儲存格的值轉換為大寫字母。

```
Private Sub Application_SheetChange(ByVal Sh As Object, ByVal _
    Target As Range)
    Target.Value = UCase(Target.Value)
End Sub
```

8-4-4 WorkbookBeforeClose

WorkbookBeforeClose 事件是在活頁簿關閉之前所觸發的事件。當使用者關閉工作簿時，系統就會自動觸發 WorkbookBeforeClose 事件，此時可撰寫事件程序，設定關閉工作簿之前要執行的操作。

🖥 簡例

以下程式為使用者在關閉工作簿之前的事件程序，程式中使用**Saved**屬性來判斷活頁簿是否已儲存。若工作簿尚未儲存，則會出現訊息方塊提示使用者是否先儲存檔案。

```
Private Sub Application_WorkbookBeforeClose(ByVal Wb As Workbook, _
    Cancel As Boolean)
    If Wb.Saved = False Then
        If MsgBox("是否存檔？", vbYesNo + vbQuestion) = vbYes Then
            Wb.Save
        End If
    End If
End Sub
```

8-4-5 WorkbookBeforePrint

WorkbookBeforePrint事件是在活頁簿列印之前所觸發的事件。當使用者執行列印時，系統就會自動觸發WorkbookBeforePrint事件。

💻 簡例

以下程式當使用者執行列印時，會出現一個訊息方塊，提示使用者先儲存檔案。若使用者點選「是」，會先儲存檔案再進行列印；若使用者點選「取消」，則取消列印(若事件程序將Cancel引數設定為True，則程序結束時不會列印活頁簿)。

```vba
Private Sub Application_WorkbookBeforePrint(ByVal Wb As Workbook, _
    Cancel As Boolean)
    Dim result As Integer
    result = MsgBox("是否要先儲存檔案？", vbYesNoCancel)

    If result = vbYes Then
        ThisWorkbook.Save
    ElseIf result = vbCancel Then
        Cancel = True
    End If
End Sub
```

自我評量

選擇題

( ) 1. 下列Excel VBA的物件中，何者為最高層級的物件？(A) Application (B) Workbook (C) Worksheet (D) Window。

( ) 2. Excel VBA中的Application物件可進行下列何種設定？(A)更新Excel的螢幕畫面 (B)關閉應用程式 (C)設定視窗大小 (D)以上皆可。

( ) 3. 在Excel VBA中，使用下列哪一個符號或關鍵詞來指定物件的屬性值？(A) .(小數點) (B) ＝(等號) (C) :(冒號) (D) As。

( ) 4. 下列Application物件的常用屬性中，何者可用來開啟Excel內建的對話方塊？(A) StatusBar (B) Dialogs (C) WindowState (D) Cursor。

( ) 5. 下列Application物件的常用屬性中，何者可用來設定Excel視窗上方標題列所顯示的標題文字？(A) Cursor (B) DisplayFullScreen (C) EnableEvents (D) Caption。

( ) 6. 如果想在VBA程序中使用Excel內建函數，可以透過Application物件的哪一個屬性來調用Excel內建函數？(A) FileDialog (B) Calaulate (C) WorksheetFunction (D) DisplayAlert。

( ) 7. 下列Application物件的常用方法中，何者可執行指定的Sub程序？(A) GoTo (B) Wait (C) InputBox (D) Run。

( ) 8. 下列Application物件的常用方法中，何者可用來關閉應用程式？(A) Quit (B) Close (C) OnTime (D) Out。

( ) 9. 若欲同時設定某物件的多個屬性，可以使用下列哪一個語法結構來簡化程式？(A) For...Next (B) Do...Loop (C) While...Wend (D) With...End With。

( ) 10. 當使用者切換至活頁簿中的某工作表時，會觸發Application物件的哪一個事件？(A)NewWorkbook (B) SheetActivate (C) SheetChange (D) GetOpenFilename。

語法題

請依下列題目要求，設定 Application 物件的屬性或方法。

1. 將 Excel 視窗標題設定為「電子試算表」。

   Application._____

2. 隱藏狀態列。

   Application._____

3. 設定 Excel 不顯示警告對話方塊。

   Application._____

4. 將 Excel 視窗設定為全螢幕顯示。

   Application._____

5. 將 Excel 視窗設定為最小化。

   Application._____

6. 設定滑鼠游標為 I 字游標。

   Application._____

7. 開啟「字型」對話方塊。

   Application._____

8. 設定直接指向 B1 儲存格，並自動捲動視窗，將 B1 儲存格顯示在視窗左上角。

   Application._____

9. 執行 standard.xlsm 檔案中的 Function1 巨集程序。

   Application._____

10. 關閉 Excel 應用程式。

    Application._____

VISUAL BASIC
FOR
APPLICATION

09 Workbook 物件

　　Excel VBA中包括Workbooks、Workbook、ActiveWorkbook、ThisWorkbook等物件，皆屬活頁簿物件。其中在Excel應用程式中的每一個開啟的活頁簿檔案，就是一個**Workbook**物件，多個Workbook物件則組合成一個**Workbooks**集合。若要指定目前作用中的活頁簿，可以**ActiveWorkbook**來表示；若要指定目前VBA程式碼執行時所屬的活頁簿，則以**ThisWorkbook**來表示。

指定活頁簿物件

　　若要指定特定的活頁簿，可以使用活頁簿的檔案名稱或是索引值來表示。以下語法表示將檔案Book1.xlsx設定為作用中的活頁簿。

```
Workbooks("Book1.xlsx").Activate
```

　　活頁簿的索引值是指活頁簿在所有已開啟活頁簿中的位置，起始索引值為1。例如，若開啟了三個活頁簿，那麼第一個開啟的活頁簿索引值是1，第二個活頁簿的索引值是2，……。以下語法將第一個開啟的活頁簿設定為作用中活頁簿。

```
Workbooks(1).Activate
```

　　若是程式中已經將活頁簿儲存在變數中，當然也可以使用變數來引用它。以下語法表示將檔案Book1.xlsx設定為作用中的活頁簿。

```
Dim wb As Workbook
Set wb = Workbooks("Book1.xlsx")
wb.Activate
```

宣告活頁簿物件

　　一般而言，在程式中要宣告一個活頁簿物件，其宣告語法如下：

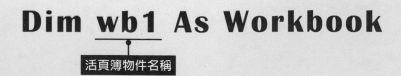

Workbook 物件

9-1 Workbook 物件常用屬性

Workbook物件代表一個Excel活頁簿，透過設定Workbook物件的屬性來控制活頁簿，或是藉此取得活頁簿相關訊息。下表所列是一些Workbook物件常用的屬性，本小節也將逐一說明之。

Workbook 物件屬性	說明
Count	傳回目前 Excel 應用程式中所有開啟的活頁簿數量。
Name	傳回活頁簿的名稱。
FullName	傳回活頁簿的完整路徑和檔案名稱。
Path	傳回活頁簿的完整路徑。
ActiveSheet	傳回目前作用中的工作表。
Saved	傳回目前作用中活頁簿是否已經儲存。

9-1-1 Count

Count屬性可傳回目前 Excel 應用程式中所有開啟的活頁簿數量。如果當下沒有任何開啟的活頁簿，則Count屬性值為0。

💻 簡例

以下程式中，第一個訊息方塊會先顯示目前 Excel 應用程式中已開啟活頁簿的數量，接著再將 Excel 應用程式中的活頁簿檔案名稱以訊息方塊一一顯示。

```
' Count屬性可傳回目前Excel應用程式中已開啟活頁簿的數量
MsgBox Workbooks.Count

Dim wb As Workbook
For Each wb In Workbooks
    MsgBox wb.Name
Next wb
```

9-1-2 Name

Name屬性可取得目前作用中活頁簿的檔案名稱，但不包括檔案路徑及副檔名。

💻 簡例

以下程式以Name屬性取得目前執行巨集程序所在活頁簿(E:\活頁簿1.xlsx)的檔案名稱，並以訊息方塊顯示。

```
MsgBox ThisWorkbook.Name
```

9-1-3 FullName

FullName屬性可取得目前作用中活頁簿的檔案路徑及完整檔案名稱(包括副檔名)。

💻 簡例

以下程式以FullName屬性取得目前執行巨集程序所在活頁簿(E:\活頁簿1.xlsx)的檔案路徑及完整檔案名稱，並以訊息方塊顯示。

```
MsgBox ThisWorkbook.FullName
```

9-1-4 **Path**

Path 屬性用於取得目前作用中活頁簿的完整路徑,但不包括檔名。如果目前作用中的活頁簿尚未儲存,則 Path 屬性將傳回空字串。

💻 **簡例**

以下程式以 Path 屬性取得目前執行巨集程序所在活頁簿 (E:\活頁簿1.xlsx) 的檔案路徑,並以訊息方塊顯示。

```
MsgBox ThisWorkbook.Path
```

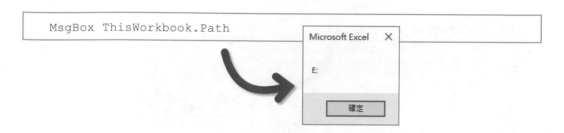

9-1-5 **ActiveSheet**

ActiveSheet 屬性用於取得或設定目前作用中活頁簿的工作表名稱。

💻 **簡例**

以下程式以 ActiveSheet 屬性取得目前執行巨集程序所在活頁簿的工作表名稱,並以訊息方塊顯示。

```
' 傳回目前作用中活頁簿的活動工作表的名稱
MsgBox ThisWorkbook.ActiveSheet.Name
```

9-1-6 Saved

Saved 屬性用於表示目前作用中活頁簿是否已經儲存，其屬性值為布林值。如果活頁簿已經被儲存，則傳回 True；否則傳回 False。

🖥 **簡例**

以下程式以 Saved 屬性來確認目前執行巨集程序所在活頁簿是否已經儲存，並以訊息方塊顯示。傳回值為 False 表示檔案尚未儲存。

```
MsgBox ThisWorkbook.Saved
```

```
Microsoft Excel    ✕

False

      確定
```

程式實作 ●

🖥 **範例要求：** 開啟「範例檔案\ch09\銷量報表\2023.xlsx」活頁簿檔案，請撰寫一個 VBA 程式，利用 Workbook 物件的各屬性來顯示該檔案的檔案名稱、路徑、路徑和完整檔名、目前作用中工作表名稱，以及活頁簿中所有工作表名稱等資訊，並將結果以訊息方塊一一顯示。

```vba
    ' 傳回活頁簿的檔名
MsgBox ThisWorkbook.Name

    ' 傳回活頁簿的路徑
MsgBox ThisWorkbook.Path

    ' 傳回活頁簿的路徑和完整檔名
MsgBox ThisWorkbook.FullName

    ' 傳回目前作用中工作表名稱
MsgBox ActiveSheet.Name

    ' 傳回活頁簿中所有工作表名稱
Dim ws As Worksheet
For Each ws In ThisWorkbook.Worksheets
    MsgBox ws.Name
Next ws
```

🖥 執行結果

傳回活頁簿名稱

傳回活頁簿完整路徑

傳回活頁簿完整路徑和名稱

傳回目前作用中工作表名稱

傳回活頁簿所有工作表

完成結果檔

範例檔案\ch09\銷量報表\2023.xlsm

9-2 Workbook 物件常用方法

Workbook物件有其所屬的方法，用來設定要對活頁簿物件進行什麼樣的操作。下表所列是一些Workbook物件常用的方法，本小節也將逐一說明之。

Workbook 物件方法	說明
Add	新增一個新的活頁簿。
Activate	將指定的活頁簿設定為作用中的活頁簿。
Open	開啟指定的活頁簿。
Close	關閉活頁簿。
Save	儲存活頁簿。
SaveAs	將活頁簿另存為另一個檔案。

9-2-1 Add

Add 方法用於新增一個新的活頁簿。建立活頁簿的語法如下：

```
Dim newWorkbook As Workbook
Set newWorkbook = Workbooks.Add
```

程式中先建立一個名為newWorkbook的Workbook物件，並將Workbook的Add方法所新增的活頁簿指定給newWorkbook。

9-2-2 Activate

Activate方法用於將指定的活頁簿設定為作用中的活頁簿，以便進行後續的操作。使用Activate方法時，須設定一個必要引數，即為要進行設定的活頁簿名稱或索引值。其語法如下：

```
Workbooks("MyWorkbook.xlsx").Activate
```

程式中透過Activate方法，將MyWorkbook.xlsx這個活頁簿，設定為作用中的活頁簿。如果該活頁簿尚未開啟，則程式執行將發生錯誤。

9-2-3 Open

Open 方法用於開啟一個現有的活頁簿，如同開啟舊檔一樣的操作。程式語法使用完整的檔案路徑與檔名來指定想要開啟的檔案，若欲開啟的檔案位於目前工作目錄之中，則可直接使用活頁簿檔案名稱來設定開啟。

Open

說明	開啟指定的活頁簿。
語法	Workbooks.Open(Filename, [UpdateLinks], [ReadOnly], [Format], [Password], [WriteResPassword], [IgnoreReadOnlyRecommended], [Origin], [Delimiter], [Editable], [Notify], [Converter], [AddToMru], [Local], [CorruptLoad])
引數	Open 方法引數眾多，以下僅列舉較常用的引數說明。 » **Filename**：必要引數，表示想開啟的活頁簿完整路徑和檔名。 » **UpdateLinks**：選用引數，設定是否更新連結。引數值有 0(不更新)、1(提示) 和 2(自動更新)。 » **ReadOnly**：選用引數，設定是否以唯讀模式開啟活頁簿。引數值有 True 與 False。 » **Format**：選用引數，如果 Excel 開啟的是文字檔，則此引數可指定分隔符號字元。若省略則會使用目前的分隔符號。 » **Password**：選用引數，若活頁簿受到密碼保護，可以指定此引數輸入密碼。 » **WriteResPassword**：選用引數，若活頁簿受到保護，可指定此引數以修改受保護的工作表或活頁簿。 » **IgnoreReadOnlyRecommended**：選用引數，設定是否忽略建議唯讀設定。引數值有 True 與 False。 » **AddToMru**：選用引數，設定是否將此活頁簿新增至最近使用過的檔案清單中。預設值為 False(不新增)。

🖥 **簡例**

以下程式使用 Open 方法開啟一個位於「C:\Users\UserName\Documents」目錄下名為 Book1.xlsx 的活頁簿，路徑引數須以雙引號(")括起表示。

```
Workbooks.Open "C:\Users\UserName\Documents\Book1.xlsx"
```

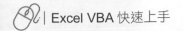

(9-2-4) Close

Close 方法用於關閉一個已開啟的活頁簿,同時可設定是否儲存所做的更改。

Close

說明	關閉已開啟的活頁簿。
語法	Workbook.Close([SaveChanges], [Filename], [RouteWorkbook])
引數	» **SaveChanges**:選用引數,用於指定是否儲存所做的更改。False(預設值) 表示不儲存更改;True 表示儲存更改。 » **Filename**:選用引數,用於指定活頁簿的完整路徑及檔名。若省略,則使用目前活頁簿的檔名。 » **RouteWorkbook**:選用引數,用於指定活頁簿的路徑。若省略,則使用目前活頁簿的路徑。

🖵 簡例

以下程式使用 Close 方法關閉 Book1.xlsx 的活頁簿,並儲存更改。

```
Workbooks("Book1.xlsx").Close SaveChanges:=True
```

如果要關閉目前的活頁簿,可以使用以下程式碼:

```
ThisWorkbook.Close
```

(9-2-5) Save

Save 方法用於儲存目前開啟的活頁簿,檔案將會儲存在上次儲存或開啟活頁簿時的路徑,存檔後活頁簿仍為開啟狀態。

🖵 簡例

以下程式使用 Save 方法儲存目前作用中的活頁簿。

```
ActiveWorkbook.Save
```

9-2-6 SaveAs

SaveAs 方法可用來將活頁簿另存為其他名稱或格式。使用 SaveAs 方法，除了儲存檔案之外，還可以指定要儲存的路徑和檔案名稱。如果指定的路徑已經存在相同名稱的檔案，程式會出現提示訊息，詢問是否要覆蓋該檔案。

SaveAs

說明	將目前活頁簿儲存到指定路徑。
語法	Workbook.SaveAs ([FileName], [FileFormat], [Password], [WriteResPassword], [ReadOnlyRecommended], [CreateBackup], [AccessMode], [ConflictResolution], [AddToMru], [TextCodepage], [TextVisualLayout], [Local]) SaveAs Filename:="檔案名稱及路徑", FileFormat:= 檔案格式
引數	Open 方法引數眾多，以下僅列舉較常用的引數說明。 » **Filename**：引數值為字串格式，用於指定要另存的檔案名稱及路徑。若不加入路徑，則 Excel 會將該檔案儲存到目前資料夾。 » **FileFormat**：指定要另存的檔案格式，可以是 Excel 支援的任一格式。若檔案為現有檔案，則預設格式為最後指定的檔案格式；若為新檔案，則預設格式為所使用之 Excel 版本適用的檔案格式。

檔案格式	引數值
預設活頁簿 (*.xlsx)	xlWorkbookDefault
XML 範本 (*.xltx)	xlOpenXMLTemplate
Excel 97-2003 活頁簿 (*.xls)	xlExcel8
OpenDocument 試算表 (*.ods)	xlOpenDocumentSpreadsheet
CSV (*.csv)	xlCSV
Windows 文字 (*.txt)	xlTextWindows

» **Password**：選用引數，引數值為區分大小寫的字串(不得超過15個字元)，用來指定檔案的保護密碼。

🖥 簡例

以下程式使用 SaveAs 方法，將目前作用中的活頁簿，以指定檔名及 CSV 格式 "example.csv"，另存於桌面路徑中。

```
ActiveWorkbook.SaveAs Filename:="C:\Users\UserName\Desktop\ _
    example.csv", FileFormat:=xlCSV
```

9-3 編輯物件的事件程序

STEP 01 點選「**開發人員→程式碼→Visual Basic**」按鈕;或是直接按下鍵盤上的 **Alt+F11** 快速鍵,開啟 Visual Basic 編輯器。

STEP 02 在專案視窗中的物件上雙擊滑鼠左鍵,即可開啟該物件的程式碼視窗。

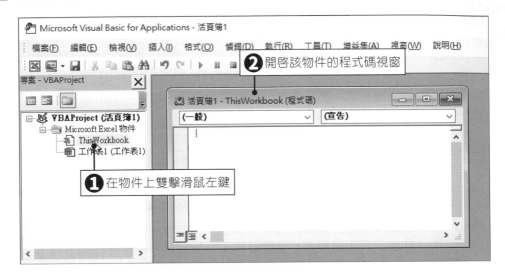

STEP 03 在程式碼視窗中左側的「物件清單」選單中,會列出 **(一般)** 及所屬**物件名稱**兩個選項,選擇 **(一般)** 代表撰寫一般程序,選擇**物件名稱**代表撰寫物件的事件處理程序。在選單中直接點選想要編輯的物件即可。

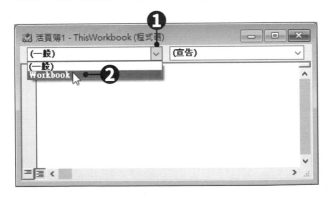

STEP**04** 此時程式編輯區中會出現預設的 **Workbook_Open** 事件程序,為開啟活頁簿時所觸發的程序,而寫在這裡的程序將在活頁簿開啟時自動執行。

註 編輯好程式碼後,將 Excel 活頁簿儲存為「.xlsm」格式。再次開啟檔案將觸發 Workbook_Open 事件,所撰寫的程式就會自動執行,出現如右圖所示的訊息方塊。

STEP**05** 按下視窗右側的程序清單,還會列出該物件所屬的各種事件程序,選定要建立的事件程序後,可建立其他的事件程序。

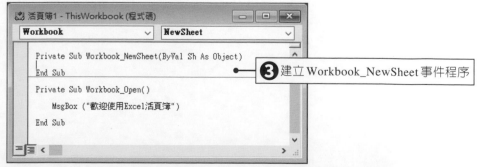

9-4 Workbook 物件常用事件

當使用者在 Excel 中進行特定操作時，就會觸發事件，程式開發者可藉由各種事件的觸發，來自動執行相對應的 VBA 程式操作。下表所列是一些 Workbook 物件常用的事件，本小節也將逐一說明之。

Workbook 物件事件	說明
Open	當活頁簿開啟時觸發。
Activate	當活頁簿成為目前作用中活頁簿時觸發。
NewSheet	當活頁簿新增一個工作表時觸發。
SheetActive	當活頁簿中任何工作表成為作用中工作表時觸發。
SheetDeactivate	當活頁簿中的任一工作表不再是作用中工作表時觸發。
BeforeClose	當活頁簿即將關閉時觸發。
BeforeSave	當活頁簿即將儲存時觸發。
BeforePrint	當活頁簿即將列印時觸發。

9-4-1 Open

Open 事件是當一個 Workbook 物件被開啟時所觸發的事件，可以在 VBA 中編寫程式碼來自動執行相對應的反應。

💻 簡例

以下程式為 Workbook 物件的 Open 事件程序，當使用者開啟這個活頁簿時，Excel 將會自動顯示一個歡迎訊息方塊。

```
Private Sub Workbook_Open()
    MsgBox "歡迎使用本活頁簿！"
End Sub
```

9-4-2 Activate

Activate 事件會在當活頁簿成為目前作用中活頁簿時觸發。

🖵 簡例

以下程式為 Workbook 物件的 Activate 事件程序，會在當活頁簿成為作用中活頁簿時，自動將 A1 儲存格中的內容更改為目前的日期和時間。

```
Private Sub Workbook_Activate()
    ThisWorkbook.Sheets("Sheet1").Range("A1").Value = Now()
End Sub
```

9-4-3 NewSheet

NewSheet 事件是當活頁簿新增一個工作表時所觸發的事件。其語法如下：

```
Private Sub Workbook_NewSheet(ByVal Sh As Object)
    ⋮
End Sub
```

其中，Workbook_NewSheet 是事件名稱，而 Sh 則是新增的工作表物件，屬於 Object 變數。Workbook 物件的 NewSheet 事件程序將會在活頁簿新增工作表時觸發，並將新工作表物件傳遞給 Sh 變數，以便執行事件中的程式碼。

🖵 簡例

以下程式為 Workbook 物件的 NewSheet 事件程序，會在當活頁簿新增一個工作表時，自動將工作表名稱命名為「新工作表」，同時在 A1 儲存格中輸入目前的日期和時間，並選取該工作表。

```
Private Sub Workbook_NewSheet(ByVal Sh As Object)
    Sh.Name = "新工作表"
    Sh.Range("A1").Value = Now()
    Sh.Activate
End Sub
```

9-4-4　SheetActivate

SheetActivate 事件是當活頁簿中任何工作表成為作用中工作表時所觸發的事件，這個事件會對作用中的工作表進行操作。其語法如下：

```
Private Sub Workbook_SheetActivate(ByVal Sh As Object)
        ⋮
End Sub
```

其中，Workbook_SheetActivate 是事件名稱，而 Sh 則是新增的工作表物件，屬於 Object 變數。Workbook 物件的 SheetActivate 事件程序將會在活頁簿中的工作表成為作用中工作表時觸發，並將新工作表物件傳遞給 Sh 變數，以便執行事件中的程式碼。

🖥 簡例

以下程式為 Workbook 物件的 SheetActivate 事件程序，會在當活頁簿中的工作表成為作用中工作表時，顯示該工作表名稱的訊息方塊。

```
Private Sub Workbook_SheetActivate(ByVal Sh As Object)
    MsgBox "你所在的工作表為 " & Sh.Name
End Sub
```

9-4-5　SheetDeactivate

當活頁簿中的任一工作表不再是作用中工作表時，SheetDeactivate 事件就會被觸發，這個事件通常使用在切換工作表時的相關操作。

🖥 簡例

以下程式為 Workbook 物件的 SheetDeactivate 事件程序，會在當活頁簿中的作用中工作表切換至另一個工作表時，將工作表 1 的 A1:A10 儲存格資料，複製到工作表 2 的 A1 儲存格中。

```
Private Sub Workbook_SheetDeactivate(ByVal Sh As Object)
    ThisWorkbook.Sheets("工作表1").Range("A1:A10").Copy _
        Destination:=ThisWorkbook.Sheets("工作表2").Range("A1")
End Sub
```

9-4-6 BeforeClose

BeforeClose 事件是當使用者關閉活頁簿之前所觸發的事件，其語法如下：

```
Private Sub Workbook_BeforeClose(Cancel As Boolean)
    ⋮
End Sub
```

要特別說明，在 BeforeClose 事件程式中，可以使用 **Cancel** 引數來決定是否取消關閉事件。Cancel 引數若為 True，表示取消關閉，工作表將保持開啟狀態；Cancel 引數若為 False，則表示繼續關閉活頁簿。

🖵 簡例

以下程式為 Workbook 物件的 BeforeClose 事件程序，會在關閉工作簿之前，顯示「是否儲存變更」的訊息方塊。若使用者點選「是」，則使用 Save 方法儲存活頁簿；若點選「否」，則顯示訊息方塊提示將不執行關閉；若點選「取消」，活頁簿將保持開啟。

```
Private Sub Workbook_BeforeClose(Cancel As Boolean)
    Dim result As VbMsgBoxResult
    result = MsgBox("是否儲存變更?", vbYesNoCancel)

    Select Case result
        Case vbYes
            ActiveWorkbook.Save
        Case vbNo
            MsgBox("不儲存將不會關閉活頁簿")
        Case vbCancel
            Cancel = True
    End Select
End Sub
```

9-4-7　BeforeSave

BeforeSave 事件是當使用者執行儲存活頁簿時所觸發的事件。其語法如下：

```
Private Sub Workbook_BeforeSave(ByVal SaveAsUI As Boolean, Cancel As Boolean)
    ⋮
End Sub
```

其中，SaveAsUI是布林值，表示是否顯示「另存新檔」對話方塊，預設值為 True。Cancel 也是布林值，用以決定是否取消關閉事件，預設值為 True。如果要取消儲存動作，只要將 Cancel 設定為 False 即可。

🖵 簡例

以下程式為 Workbook 物件的 BeforeSave 事件程序，會在當使用者儲存活頁簿之前，出現訊息方塊詢問是否要存檔。

```
Private Sub Workbook_BeforeSave(ByVal SaveAsUI As Boolean, Cancel As Boolean)
    If MsgBox("要存檔嗎？", vbQuestion + vbYesNo, "儲存") = vbNo Then
        Cancel = True        '如果使用者選擇取消，則取消儲存操作
    End If
End Sub
```

9-4-8　BeforePrint

BeforePrint 事件是當使用者在執行列印動作時觸發的事件，可以在列印前對活頁簿進行一些設定或操作。

🖵 簡例

以下程式為 Workbook 物件的 BeforePrint 事件程序，會在執行列印活頁簿之前，將第一個工作表的標題行設定為加粗字體。

```
Private Sub Workbook_BeforePrint(Cancel As Boolean)
    With ThisWorkbook.Sheets(1).Rows(1).Font
        .Bold = True
    End With
End Sub
```

程式實作 ••

💻 **範例要求**：開啟一個空白 Excel 檔案，請撰寫一 VBA 程式，完成以下設定：

1. 當使用者在儲存檔案之前詢問是否加上備註，並將備註內容儲存在檔案描述的標題之中。

2. 當使用者在執行列印之前，詢問使用者是否儲存檔案。

💻 **編寫程式碼**

```
Private Sub Workbook_BeforeSave(ByVal SaveAsUI As Boolean, Cancel _
    As Boolean)
    Dim result As VbMsgBoxResult
    result = MsgBox("存檔前是否加入備註?", vbYesNo)
    If result = vbYes Then
        Dim comment As String
        comment = InputBox("請輸入備註文字：")
        If Len(comment) > 0 Then
            ActiveWorkbook.BuiltinDocumentProperties("Title").Value = _
            ActiveWorkbook.BuiltinDocumentProperties("Title").Value & _
            " - " & comment
        End If
    End If
End Sub

Private Sub Workbook_BeforePrint(Cancel As Boolean)
    Dim result As VbMsgBoxResult
    result = MsgBox("列印前是否存檔?", vbYesNo)
    If result = vbYes Then
        ActiveWorkbook.Save
    End If
End Sub
```

說明 1. 使用 BeforeSave 事件程序在儲存之前出現訊息方塊提示是否加上備註。若回應為「是」，則顯示輸入方塊供使用者輸入備註；若回應為「否」，則繼續儲存。

2. BuiltinDocumentProperties 是 VBA 中代表指定活頁簿的所有內建文件屬性，可記錄活頁簿檔案的標題 (Title)、主旨 (Subject)、作者 (Author)、關鍵字 (Keywords) 等內容。本例使用的是標題 (Title) 屬性。

3. 使用 BeforePrint 事件程序先將活頁簿儲存起來，才執行列印操作。

🖳 執行結果

執行程序後結果如下。

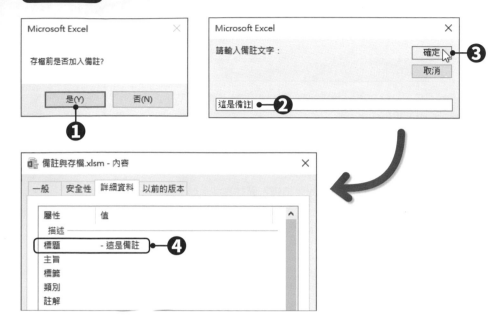

BeforeSave

| Microsoft Excel | × |

存檔前是否加入備註？

| 是(Y) | 否(N) |

❶

| Microsoft Excel | × |

請輸入備註文字：　　　　　　確定　❸
　　　　　　　　　　　　　　取消

這是備註 ❷

| 📄 備註與存檔.xlsm - 內容 | × |

一般　安全性　詳細資料　以前的版本

屬性	值
描述	
標題	- 這是備註 ❹
主旨	
標籤	
類別	
註解	

BeforePrint

| Microsoft Excel | × |

列印前是否存檔？

| 是(Y) | 否(N) |

完成結果檔

範例檔案\ch09\備註與存檔.xlsm

9-5 Window 物件

Excel中的每個活頁簿都會以一個視窗開啟，而 Excel 應用程式可同時開啟多個活頁簿視窗。一個Window物件代表一個Excel應用程式中的視窗，而多個Window物件則組合成一個Windows物件。

若要指定目前作用中的活頁簿視窗，可以ActivateWindow表示。

```
Dim activeWindow As Window
Set activeWindow = Application.ActiveWindow
```

若要指定Windows集合中的特定視窗，可以使用活頁簿名稱或是視窗索引值來表示。以下語法表示將名為 " 學期成績 " 的活頁簿視窗，設定為作用中的視窗。

```
Windows("學期成績").Activate
```

Window物件的索引值，是用來表示該物件在Windows集合中的索引編號，索引值由1開始。例如，使用中的視窗一律以Windows(1)表示。

```
Application.Windows(1)
```

9-5-1 Window 物件常用的屬性

Window物件可用來設定所屬視窗的大小、位置、標題、狀態等屬性。下表所列是一些Window物件常用的屬性，本小節也將逐一說明之。

Window 物件屬性	說明
Caption	設定或取得視窗的標題文字。
Height	設定或取得視窗的高度。
Width	設定或取得視窗的寬度。
Left	設定或取得視窗左側的位置。
Top	設定或取得視窗頂部的位置。
WindowState	設定或取得視窗的最小化、最大化或手動等視窗顯示狀態。
Zoom	設定或取得視窗的顯示比例。

Caption

Windows 物件的 Caption 屬性可取得或設定視窗的標題文字。

💻 簡例

以下程式表示將目前作用中視窗的標題名稱命名為「新視窗標題」。

```
ActiveWindow.Caption = "新視窗標題"
```

Height / Width

Windows 物件的 Height 和 Width 屬性分別用於取得或設定活頁簿視窗的高度和寬度，以便在 VBA 程序中修改視窗的大小。但要特別注意，須將視窗顯示狀態設定**手動**，才能套用所設定的視窗大小，否則程式將發生錯誤。

💻 簡例

以下程式表示將 newWindow 物件的視窗大小設定為高 400 × 寬 600。

```
newWindow.Height = 400
newWindow.Width = 600
```

Left / Top

Windows 物件的 Left 和 Top 屬性分別用於取得或設定視窗距離螢幕左側及上緣之間的距離，可用於在 VBA 程序中調整視窗的位置。須特別注意，Left 和 Top 屬性值必須為整數，且大於或等於 0。且同樣須將視窗顯示狀態設定**手動**，才能套用所設定的視窗位置，否則程式將發生錯誤。

💻 簡例

以下程式表示將 newWindow 物件的視窗位置設定為 (200, 200)。

```
newWindow.Left = 200
newWindow.Top = 200
```

WindowState

Window 物件的 WindowState 屬性是用於取得或設定視窗的顯示狀態，其屬性值可分為**最小化**(xlMinimized)、**最大化**(xlMaximized)及**手動**(xlNormal)三種模式。

🖵 **簡例**

以下程式表示將 newWindow 物件的顯示狀態設定為手動模式。

```
newWindow.WindowState = xlNormal
```

Zoom

Window 物件的 Zoom 屬性是用來取得或設定視窗的顯示比例，其屬性值會以百分比的型態表示視窗的顯示大小。例如：100 表示正常大小、200 表示雙倍大小，50 表示縮小一半。

🖵 **簡例**

以下程式表示將 newWindow 物件的顯示比例設定為 75%。

```
newWindow.Zoom = 75
```

9-5-2 Window 物件常用的方法

Window 物件有其所屬的方法，用來設定要對視窗進行什麼樣的操作。下表所列是一些 Window 物件常用的方法，本小節也將逐一說明之。

Window 物件方法	說明
Activate	將指定視窗設定為活動中的視窗。
Close	關閉視窗。
NewWindow	將指定的視窗複製並設定為作用中的視窗(亦即將其視窗索引編號設定為 1)。

Activate

Window 物件的 Activate 方法用來將活頁簿視窗設定為作用中的視窗。

💻 **簡例**

以下程式表示將 newWindow 物件視窗設定為作用中的視窗。

```
newWindow.Activate
```

以下程式表示將 Excel 應用程式中的第 2 個活頁簿視窗設定為作用中的視窗。

```
Application.Windows(2).Activate
```

Close

Window 物件的 Close 方法可用來關閉視窗。

💻 **簡例**

以下程式表示使用 Close 方法關閉目前作用中的活頁簿視窗。

```
ActiveWindow.Close
```

NewWindow

Window 物件的 NewWindow 方法可將指定視窗的內容複製並新增至另一個新的視窗中。

💻 **簡例**

以下程式表示將名稱「活頁簿1」的活頁簿複製至另一個新的視窗，同時設定新視窗的顯示狀態為手動狀態。

```
Windows("活頁簿1").NewWindow.WindowState = xlNormal
```

自我評量

選擇題

( ) 1. 在Excel VBA中，若要指定「目前作用中的活頁簿」，可以下列何物件表示？(A) Workbooks (B) Workbook (C) ActiveWorkbook (D) ThisWorkbook。

( ) 2. 活頁簿的索引值是指活頁簿在所有已開啟的活頁簿中的位置，欲指定第一個開啟的活頁簿，應寫為 (A) Workbooks0 (B) Workbooks1 (C) Workbooks(0) (D) Workbooks(1)。

( ) 3. 下列Workbook物件的常用屬性中，何者可傳回目前Excel應用程式中開啟的活頁簿數量？(A) ActiveSheet (B) Count (C) Saved (D) Path。

( ) 4. 下列Workbook物件的常用屬性中，何者可傳回目前作用中活頁簿的檔案名稱？(A) Name (B) FullName (C) Path (D) ActiveSheet。

( ) 5. 下列Workbook物件的常用方法中，何者可將指定活頁簿設定為作用中的活頁簿？(A) Activate (B) ActiveSheet (C) CheckIn (D) Open。

( ) 6. 下列Workbook物件的常用方法中，何者可將活頁簿另存為另一個檔案？(A) Add (B) Save (C) Saved (D) SaveAs。

( ) 7. Workbook.Close方法中的SaveChanges引數，是用來設定是否儲存變更，其預設引數值為 (A) True (B) Flase (C) Null (D) 0。

( ) 8. 若欲使用Workbook物件的SaveAs方法將活頁簿另存為「*.xls」格式，應將FileFormat引數值設定為 (A) xlWorkbookDefault (B) xlCSV (C) xlTextWindows (D) xlExcel8。

( ) 9. Workbook物件的預設事件程序為 (A) SheetChange (B) Activate (C) Open (D) NewSheet。

( ) 10. 當一個Workbook物件被開啟時，會觸發哪一個事件？(A) NewSheet (B) Open (C) Activate (D) SheetDeactivate。

(　　) 11. 使用中的活頁簿視窗，其視窗索引編號為何？(A) 0　(B) 1　(C) 32 (D)索引值最末碼。

(　　) 12. 在VBA程序中設定視窗的位置，須將視窗顯示狀態設定為下列何者，才能套用所設定的視窗位置？(A)最小化　(B)最大化　(C)自動模式 (D)手動模式。

語法題

請依下列題目要求，設定Workbook物件的屬性或方法。

1. 將myworkbook物件變數宣告為一個活頁簿物件。

　　_____

2. 取得目前活頁簿的作用中工作表名稱。

　　_____

3. 取得目前作用中活頁簿的完整檔案路徑及檔名。

　　_____

4. 開啟檔案路徑為 D:\work\Book1.xlsx 的活頁簿檔案。

　　_____

5. 開啟D:\work\Book1.xlsx活頁簿檔案，並將其設定為作用中活頁簿。

　　_____

6. 建立新的活頁簿，並儲存該活頁簿，檔案名稱為「新活頁簿」。

　　_____

7. 將目前作用中活頁簿視窗的顯示比例設定為150%。

　　_____

VISUAL BASIC
FOR
APPLICATION

10

Worksheet 物件

Worksheet 物件代表一個活頁簿中的工作表，多個 Worksheet 物件則組合成一個 Worksheets 物件。而 Sheet 物件所代表的工作表類型更廣泛，它包括了 Excel 中任何類型的工作表，例如：工作表 (Worksheet)、圖表工作表 (Chart) 等，皆屬 Sheet 物件，多個 Sheet 物件則組合成一個 Sheets 物件，因此 Worksheet 物件也算是 Sheets 集合的成員。

簡單來說，在多數情況下，我們可以透過 Worksheet 物件來對工作表進行設定，但針對其他類型的工作表，就要透過 Sheet 物件來設定。

指定 Worksheet / Sheet 物件

若要指定 Worksheets 集合中的特定工作表，可以使用工作表名稱或是工作表的索引值來表示。以下語法表示將名為 " 工作表 1 " 的工作表設定為作用中的工作表。

```
Worksheets("工作表1").Activate
```

工作表的索引值是指工作表在活頁簿中的位置，索引值由 1 開始。例如，若活頁簿中有三個工作表，那麼第一個工作表的索引值是 1，第二個工作表的索引值是 2，……。以下語法將第一個工作表設定為作用中的工作表。

```
Worksheets(1).Activate
```

若要指定 Sheets 集合中的特定工作表，同樣可以使用工作表名稱或是工作表的索引值來表示。以下語法表示將名為 " Chart1 " 的圖表工作表，設定為作用中的工作表。

```
Sheets("Chart1").Activate
```

以下語法則是將第二個工作表設定為作用中的工作表。以右圖來說就是指 " Chart1 " 圖表工作表。

工作表1	Chart1	工作表2

```
Sheets(2).Activate
```

宣告 Worksheet 物件

在宣告工作表物件之前，須留意活頁簿是否為開啟狀態，否則VBA將無法識別工作表。一般而言，在程式中要宣告一個Worksheet物件，其宣告語法如下：

Dim ws1 As Worksheet

工作表物件名稱

我們可依照工作表類型將工作表設定為Worksheet或Sheet物件，兩者所屬的屬性與方法大致相同，但使用Sheet物件時須注意，某些特定的Worksheet方法或屬性可能不適用。

🖥 簡例

以下程式先宣告一個名為ws的Worksheet物件變數，接著再將目前活頁簿中名為 "Sheet1" 的工作表，以Set敘述指定給ws變數，就可以使用ws變數來對該工作表進行操作。

```
Dim ws As Worksheet
Set ws = ThisWorkbook.Worksheets("Sheet1")
```

若要將Excel工作表指定為Sheet物件，先宣告一個名為sh的Object物件變數來表示Sheet物件，接著再將目前活頁簿中名為 "Sheet1" 的工作表，以Set敘述指定給sh變數。

```
Dim sh As Object
Set sh = ThisWorkbook.Sheets("Sheet1")
```

由於Worksheet物件和Sheet物件大部分屬性和方法是相同的，本章後續各節將以Worksheet物件來說明其常用的屬性與方法，而這些屬性與方法同樣適用於Sheet物件。

10-1 Worksheet 物件常用屬性

透過 Worksheet 物件的屬性，可用於設定 Excel 工作表中的資料與格式。下表所列是一些 Worksheet 物件常用的屬性，本小節也將逐一說明之。

Worksheet 物件屬性	說明
Name	取得或設定 Excel 的工作表名稱。
Count	可計算出活頁簿中的工作表總數。
Visible	設定顯示或隱藏工作表物件。
Cells	取得工作表中所有儲存格的集合。
Range	取得工作表中的一個儲存格或儲存格範圍。
UsedRange	取得工作表中實際使用的儲存格範圍。
Columns	取得一個包含工作表中所有欄的集合。
Rows	取得一個包含工作表中所有列的集合。
ScrollArea	設定工作表上使用者可捲動的儲存格範圍

10-1-1 Name

Name 屬性用於取得或設定 Excel 的工作表名稱，也可以透過 Name 屬性來設定或修改工作表名稱，或是透過變數來指定工作表。

🖵 **簡例**

以下程式透過 Worksheet 物件的 Name 屬性，將原工作表名稱「工作表1」更改為「銷售明細」，並以訊息方塊顯示更改後的工作表名稱。

```
Dim ws As Worksheet
Set ws = ThisWorkbook.Worksheets("工作表1")
ws.Name = "銷售明細"
MsgBox "已將工作表名稱改為： " & ws.Name
```

10-1-2 Count

Count 屬性可計算出活頁簿中的工作表總數，它會傳回一個整數值，表示活頁簿中的工作表數量。

🖥 簡例

以下程式透過 Count 屬性，來取得目前 Worksheets 集合中的工作表數量，將傳回值儲存在 sheetCount 整數變數中，並將結果以訊息方塊顯示。

```
Dim sheetCount As Integer
sheetCount = ThisWorkbook.Worksheets.Count
MsgBox "本活頁簿包含 " & sheetCount & " 個工作表"
```

10-1-3 Visible

Worksheet 物件的 Visible 屬性可用於設定顯示或隱藏工作表物件，它提供了以下三個常數值。

常數	值	說明
xlSheetVisible	0	顯示工作表。
xlSheetHidden	1	隱藏工作表 (使用者可以透過功能表取消隱藏)。
xlSheetVeryHidden	2	隱藏工作表，重新顯示該物件的唯一方法是將 Visible 屬性設定為 True (亦即使用者無法使物件可見)。

🖥 簡例

以下程式將隱藏「工作表 1」。

```
Worksheets("工作表1").Visible = xlSheetHidden
```

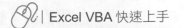

以下程式將顯示「工作表1」。

```
Worksheets("工作表1").Visible = True
```

以下程式將顯示目前活頁簿中的每一張工作表。

```
For Each sh In Sheets
    sh.Visible = True
Next sh
```

10-1-4 Cells

　　Cells屬性可用於取得工作表中所有儲存格的集合，它會傳回一個Range物件，用來表示整個工作表上的所有儲存格。也可以用它來表示Excel工作表中的單一儲存格，詳細用法參見2-1-5節說明。

🖵 簡例

　　以下程式中，先定義一個名為myWorksheet的Worksheet變數，並將其指定為活頁簿中的「工作表1」工作表。再使用Cells屬性——取得工作表中的A1、B2、C3儲存格內容，並以訊息方塊顯示之。

```
Dim myWorksheet As Worksheet
Set myWorksheet = ThisWorkbook.Worksheets("工作表1")

MsgBox "A1儲存格為: " & myWorksheet.Cells(1, 1).Value
MsgBox "B2儲存格為: " & myWorksheet.Cells(2, 2).Value
MsgBox "C3儲存格為: " & myWorksheet.Cells(3, 3).Value
```

10-1-5 Range

Range 屬性可用於取得工作表中的一個儲存格或儲存格範圍，它會傳回一個 Range 物件，用來表示工作表中的儲存格範圍。可以使用 Range 屬性指定要取得或設定的儲存格範圍。

🖥 簡例

以下程式中，先定義一個名為 myWorksheet 的 Worksheet 變數，並將其指定為活頁簿中的「工作表1」工作表。再使用 Range 屬性來一一設定工作表中 A1、B2、C3 儲存格的值。

```
Dim myWorksheet As Worksheet
Set myWorksheet = ThisWorkbook.Worksheets("工作表1")

myWorksheet.Range("A1").Value = "Hello"
myWorksheet.Range("B2").Value = "World"
myWorksheet.Range("C3").Value = "!"
```

	A	B	C
1	Hello		
2		World	
3			!

10-1-6 UsedRange

UsedRange 屬性可用於取得工作表中有使用的儲存格範圍，它會傳回一個 Range 物件，用來表示有使用的儲存格範圍。該範圍是包含工作表上所有有數據的儲存格的最小矩形範圍，並且是由行和列的最大和最小值定義的。

🖥 簡例

以下程式中，先定義一個名為 ws 的 Worksheet 變數，並將其指定為活頁簿中的「工作表1」工作表。再使用 UsedRange 屬性來取得工作表上有使用的所有儲存格範圍，並儲存在 usedRange 的 Range 變數中，最後以訊息方塊顯示之。

```
Dim ws As Worksheet
Set ws = ThisWorkbook.Worksheets("工作表1")
```

```
Dim usedRange As Range
Set usedRange = ws.UsedRange
MsgBox "使用的儲存格範圍為 " & usedRange.Address
```

▲	A	B	C	D	E	F
1		北區	中區	南區	東區	
2	漢堡	25	22	30	19	
3	三明治	30	18	15	24	
4	飯糰	20	25	24	15	
5	饅頭	14	18	17	14	
6						

```
Microsoft Excel                          ×

使用的儲存格範圍為 $A$1:$E$5

                              確定
```

10-1-7　Columns / Rows

Columns屬性可取得一個包含工作表中所有欄的集合；Rows屬性可取得一個包含工作表中所有列的集合。

🖵 **簡例**

以下程式先分別以Columns屬性與Rows屬性，取得「工作表1」工作表中所有欄與列的集合，再以Count計算其數量，將結果顯示在即時運算視窗中。

```
Dim ws As Worksheet
Set ws = ThisWorkbook.Worksheets("工作表1")

' 傳回工作表所有欄的Range物件
Dim allColumns As Range
Set allColumns = ws.Columns

' 傳回工作表所有列的Range物件
Dim allRows As Range
Set allRows = ws.Rows

Debug.Print "工作表欄數: " & allColumns.Count
Debug.Print "工作表列數: " & allRows.Count
```

```
即時運算

工作表欄數: 16384
工作表列數: 1048576
```

在使用 Columns 屬性與 Rows 屬性時，因為是針對工作表中有的欄或列進行設定，因此可能會影響系統執行上的性能，所以最好能夠針對指定範圍設定 Range 物件來進行操作。

使用 Columns 屬性與 Rows 屬性時，也可搭配索引值或是欄 / 列名，來表示特定欄或特定列。例如：「Columns("A") 表示第 A 欄」、「Rows(1) 表示第 1 列」。

💻 簡例

以下程式以 Columns 屬性指定 A 欄所有儲存格的值為「NewC」；以 Rows 屬性指定第 1 列所有儲存格的值為「NewR」，再設定工作表中所有儲存格的欄寬與列高。

```
Dim ws As Worksheet
Set ws = ThisWorkbook.Worksheets("工作表1")

' 將 A 欄設定為指定的值
ws.Columns("A").Value = "NewC"

' 將第 1 列設定為指定的值
ws.Rows(1).Value = "NewR"

' 設定整個工作表的行高和列寬
ws.Rows.RowHeight = 25
ws.Columns.ColumnWidth = 15
```

	A	B	C	D	E
1	NewR	NewR	NewR	NewR	NewR
2	NewC				
3	NewC				
4	NewC				
5	NewC				
6	NewC				

工作表1

10-1-8 ScrollArea

在預設情況下,使用者可以在 Excel 工作表中所有範圍中進行捲動。但若想限制使用者僅在特定區域內捲動視窗時,可以使用 ScrollArea 屬性。ScrollArea 屬性可用於指定工作表中使用者可捲動的儲存格範圍。

🖥 簡例

以下程式以 ScrollArea 屬性設定使用者僅能在 A1:D10 的儲存格範圍內進行捲動,使用者將無法捲動至工作表的其他區域。

```
Worksheets("Sheet1").ScrollArea = "A1:D10"
```

10-2 Worksheet 物件常用方法

Worksheet 物件有其所屬的方法,用來設定要對工作表物件進行什麼樣的操作。下表所列是一些 Worksheet 物件常用的方法,本小節也將逐一說明之。

Worksheet 物件方法	說明
Name	將指定的工作表重新命名為新的名稱。
Activate	將指定的工作表設定為作用中的工作表。
Select	選擇指定的工作表。
Add	新增工作表。
Delete	刪除指定的工作表。
Copy	複製指定的工作表。
Move	移動指定的工作表。
PrintPreview	預覽指定的工作表。
PrintOut	列印指定的工作表。

10-2-1 Name

對於 Worksheet 物件來說,Name 可以是屬性,也可以是方法。當 Name 做為屬性使用時,可取得或設定工作表的名稱,例如:

```
Dim ws As Worksheet
Set ws = Worksheets(1)
Debug.Print ws.Name '顯示第一個工作表的名稱
```

當Name做為方法使用時，則可用來將指定的工作表，重新命名為新的名稱。語法如下：

```
Worksheets("舊工作表名稱").Name = "新工作表名稱"
```

其中，Worksheets("舊工作表名稱")表示指定的工作表；"新工作表名稱"則是新的工作表名稱。

🖥 簡例

以下程式將「工作表1」工作表命名為「新表1」、將活頁簿中第3個工作表，命名為「新表2」。

```
Worksheets("工作表1").Name = "新表1"
Worksheets(3).Name = "新表2"
```

在上述程式中，Name是做為方法使用，此時等號右側的新名稱被視為Name方法的引數，而非屬性值。因此，須將等號右側的新命名以單引號(")括起來，表示為字串。

10-2-2 Activate

Activate方法用於將指定的工作表設定為作用中的工作表，以便進行後續的操作。使用Activate方法時，須設定一個必要引數，即為要進行設定的工作表名稱或索引值。其語法如下：

```
Worksheets("工作表1").Activate
```

程式中透過Activate方法，將「工作表1」這個工作表設定為作用中工作表。若該工作表不存在，則程式執行將發生錯誤。

10-2-3 Select

Select方法用於選擇指定的工作表。例如，選取活頁簿中的「工作表1」工作表，其語法為：

```
Worksheets("工作表1").Select
```

若同時選取兩個以上工作表，可使用Array函數來同時包含多個工作表名稱。其語法為：

```
Worksheets(Array("工作表1", "工作表2")).Select
```

10-2-4 Add

Add方法用於在目前活頁簿中新增工作表，並使其成為目前作用中工作表。

Add

說明	新增工作表。
語法	Worksheets.Add(Before, After, Count, Type)
引數	» **Before**：選用引數，在指定工作表之前插入新的工作表。引數值可以是工作表名稱或索引值。 » **After**：選用引數，在指定工作表之後插入新的工作表。引數值可以是工作表名稱或索引值。 » **Count**：選用引數，指定要新增的工作表數量。若省略則預設新增一個工作表。 » **Type**：選用引數，指定新工作表的類型。預設常數為xlWorksheet(工作表)，也可以指定xlChart(圖表)等其他類型。

💻 簡例

以下程式將在活頁簿中新增一個「New Sheet」工作表，預設將新增在目前作用工作表之前的位置。

```
Worksheets.Add.Name = "New Sheet"
```

(10-2-5) Delete

Delete方法用於刪除工作表，其作用是將指定的工作表從活頁簿中刪除。例如，將活頁簿中的第一個工作表，以及「工作表1」工作表刪除，其語法為：

```
Worksheets(1).Delete  '刪除第一個工作表
Worksheets("工作表1").Delete  '刪除名稱為"工作表1"的工作表
```

要特別注意，使用Delete方法刪除的工作表將無法還原，因此在刪除前最好確認該工作表確實要刪除。

(10-2-6) Copy

Copy方法用於將工作表複製到同一個活頁簿或不同的活頁簿中。

Copy

說明	複製工作表到同一活頁簿或不同活頁簿中。
語法	Worksheet.Copy(Before, After)
引數	» **Before**：選用引數，用於指定要複製的工作表將置於此工作表之前。可以是工作表名稱或索引值。 » **After**：選用引數，用於指定要複製的工作表將放在此工作表之後。可以是工作表名稱或索引值。 » After與Before引數只能擇一設定。若Before與After兩引數皆省略，則會將工作表複製至新的活頁簿中。

🖵 **簡例**

以下程式將「銷售明細」工作表複製到同一個活頁簿中「年度報表」工作表的後方。

```
Worksheets("銷售明細").Copy After:=Worksheets("年度報表")
```

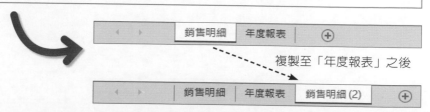

複製至「年度報表」之後

10-2-7 Move

Move方法用於移動工作表，搭配語法中的 Before 與 After 引數，可將指定的工作表移動到指定位置。在指定工作表時，同樣可使用工作表名稱或索引值來進行指定。語法如下：

```
' 將工作表A搬移至工作表B之前
Worksheets("工作表A").Move Before:=Worksheets("工作表B")

' 將第1個工作表搬移至第3個工作表之後
Worksheets(1).Move After:=Worksheets(3)
```

🖵 簡例

活頁簿內的工作表原本如下圖所示。

以下程式可將「工作表1」搬移至「工作表4」之前。

```
Worksheets("工作表1").Move Before:=Worksheets("工作表4")
```

以下程式可將「工作表1」搬移至「工作表4」之後。

```
Worksheets("工作表1").Move After:=Worksheets("工作表4")
```

Chapter
Worksheet 物件 **10**

10-2-8 PrintPreview

PrintPreview方法用於列印預覽，亦即在列印之前，先在預覽模式下顯示指定工作表的列印效果及頁面分佈。PrintPreview方法只包含一個引數，即為欲預覽的工作表。例如，預覽「工作表1」工作表的列印效果，語法如下：

```
Worksheets("工作表1").PrintPreview
```

10-2-9 PrintOut

PrintOut方法用於列印指定工作表，其作用是將指定工作表的內容列印到印表機上。PrintOut方法的引數即為要進行列印的工作表。例如，列印「工作表1」工作表，語法如下：

```
Worksheets("工作表1").PrintOut
```

程式實作 •••

🖵 **範例要求**：開啟「範例檔案\ch10\複製並列印工作表.xlsx」，請撰寫一VBA程式，須使用各種方法滿足以下要求。

1. 將「1年1班」工作表複製至其後，並命名為「2年1班」工作表。

2. 將「2年1班」工作表移動到活頁簿最前面。

3. 設定將「2年1班」工作表先預覽後列印。

```
Sub CopyAndPrint()
    '將1年1班工作表複製至其後，並命名為2年1班
    Worksheets("1年1班").Copy After:=Worksheets("1年1班")
    Worksheets(2).Name = "2年1班"

    '將2年1班工作表移動到最前面
    Worksheets("2年1班").Move Before:=Worksheets(1)
```

```
    '預覽2年1班的列印效果
    Worksheets("2年1班").PrintPreview

    '列印2年1班的內容
    Worksheets("2年1班").PrintOut
End Sub
```

說明　1. 使用 Copy 方法將「1 年 1 班」工作表指定複製到原工作表的後方，再使用 Name 方法將新工作表命名為「2 年 1 班」。

2. 使用 Move 方法將 Sheet2 工作表移動到活頁簿最前面。

3. 使用 PrintPreview 方法預覽「2 年 1 班」的列印效果，最後使用 PrintOut 方法列印「2 年 1 班」的內容。

🖵 執行結果

	A	B	C	D	E	F
1	姓名	國文	英文	數學	總分	
2	許英方	89	64	72	225	
3	何志華	74	56	70	200	
4	陳思妏	88	80	55	223	
5	簡政叡	65	67	58	190	
6	林菁菁	78	82	68	228	
7	鄭宇昀	78	82	85	245	
8	江亦博	84	91	85	260	
9	陳柏諺	56	68	55	179	
10						

2年1班　1年1班　⊕

完成結果檔

範例檔案\ch10\複製並列印工作表.xlsm

10-3 Worksheet 物件常用事件

當使用者在Excel中進行特定操作時，就會觸發事件，程式開發者可藉由各種事件的觸發，來自動執行相對應的VBA程式操作。下表所列是一些Worksheet物件常用的事件，本小節也將逐一說明之。

Worksheet 物件事件	說明
Activate	當工作表成為目前作用中工作表時觸發
Deactivate	當工作表不再是作用中工作表時觸發。
Change	當工作表中的儲存格內容被修改時觸發。
SelectionChange	當工作表中的選取範圍發生變化時觸發。
BeforeDoubleClick	當使用者於工作表中的某儲存格上雙擊滑鼠時觸發。
BeforeRightClick	當使用者在工作表上執行以滑鼠右鍵點擊時觸發，例如當使用者以滑鼠右鍵點選某儲存格時。

10-3-1 Activate

Activate事件會在當工作表成為目前作用中工作表時觸發。也就是當使用者點選了某工作表，就會觸發該工作表的Activate事件。

🖥 簡例

以下程式為Worksheet物件的Activate事件程序，會在當工作表被點選時，自動將工作表中的A1儲存格設定為作用中儲存格，並將A1:B10儲存格範圍選取起來。

```
Private Sub Worksheet_Activate()
    Range("A1").Activate        '將儲存格A1設定為作用中儲存格
    Range("A1:B10").Select      '將A1:B10區域設定為選擇區域
End Sub
```

10-3-2 Deactivate

　　當工作表不再是作用中工作表時，Deactivate 事件就會被觸發。當使用者從一個工作表切換到另一個工作表時，前一個工作表就不再是作用工作表，因此這個事件通常使用在切換工作表時的相關操作。

💻 簡例

　　以下程式為 Worksheet 物件的 Deactivate 事件程序，會在當工作表被切換至另一個工作表之前，先使用 Save 方法儲存檔案中的變更。

```
Private Sub Worksheet_Deactivate()
    ThisWorkbook.Save '儲存變更
End Sub
```

10-3-3 Change

　　Change 事件是指當工作表中的儲存格內容被修改時所觸發的事件。當使用者在工作表中輸入、刪除、修改儲存格內容時，都會觸發該工作表對應的 Change 事件。

💻 簡例

　　以下程式為 Worksheet 物件的 Change 事件程序，會在當儲存格內容有所變動時偵測變動，並將變動儲存格的背景色設定為紅色。其中的引數 Target 是一個 Range 物件，表示有所變更的儲存格。

```
Private Sub Worksheet_Change(ByVal Target As Range)
    Target.Interior.Color = vbRed
End Sub
```

> 註　在 VBA 中，可以使用 Range 物件的 Interior 屬性來設定儲存格的背景色。Interior 屬性可用以設定儲存格的內部格式，包括背景色、前景色等。而範例中使用的 Interior.Color 屬性值 vbRed 為 VBA 內建常數，表示紅色。(詳細的 Interior 屬性說明，詳見本書 11-1-5 節。

10-3-4 SelectionChange

與上述 Worksheet 物件的 Change 事件有所不同，Change 事件適用於當儲存格內容發生變化時所觸發的事件，而 SelectionChange 事件則是當工作表中的選取範圍發生變化時所觸發的事件。

🖥 **簡例**

以下程式為 Worksheet 物件的 SelectionChange 事件程序，會在當儲存格選取範圍有所變動時偵測變動，並以訊息方塊顯示新的選取範圍。其中的引數 Target 是一個 Range 物件，表示有所變更的儲存格範圍。

```
Private Sub Worksheet_SelectionChange(ByVal Target As Range)
    Range("A1").Value = "目前選擇區域：" & Target.Address
End Sub
```

10-3-5 BeforeDoubleClick

BeforeDoubleClick 事件是在當使用者於工作表上雙擊滑鼠時，就會觸發此事件。

🖥 **簡例**

以下程式為 Worksheet 物件的 BeforeDoubleClick 事件程序，會在使用者在儲存格上雙擊滑鼠時，出現一個訊息方塊，顯示這個儲存格中儲存的值。

```
Private Sub Worksheet_BeforeDoubleClick(ByVal Target As Range,
Cancel As Boolean)
    '先取消系統預設的雙擊事件
    Cancel = True
    '顯示訊息方塊
    MsgBox "這個儲存格的值是 " & Target.Value
End Sub
```

語法中的 Target 引數是一個 Range 物件，代表被點擊的儲存格；Cancel 引數則為布林值，用來設定是否取消預設的雙擊操作。若 Cancel 為 True 則取消預設的雙擊事件；反之則繼續執行。

10-3-6 BeforeRightClick

BeforeRightClick 事件是指當使用者在工作表上按下滑鼠右鍵時所觸發的事件。其使用語法與 BeforeDoubleClick 事件大同小異。

🖥 **簡例**

以下程式為 Worksheet 物件的 BeforeRightClick 事件程序，會在使用者於儲存格上按下滑鼠右鍵時，出現一個訊息方塊告知目前為右鍵失效狀態。

```
Private Sub Worksheet_BeforeRightClick(ByVal Target As Range, _
Cancel As Boolean)
    '取消右鍵預設動作
    Cancel = True
    '在儲存格上面顯示訊息框
    MsgBox "右鍵失效"
End Sub
```

語法中的 Target 引數是一個 Range 物件，代表被點擊的儲存格；Cancel 引數則為布林值，用來設定是否取消預設的按下滑鼠右鍵操作。若 Cancel 為 True 則取消預設的按下右鍵事件；反之則繼續執行。

📌 **程式實作** ••

🖥 **範例要求**：開啟「範例檔案 \ch10\ 部門名單 .xlsx」，請在 Excel VBA 中撰寫各種事件程序，以滿足以下要求。

1. 當進入作用中工作表時，在狀態列顯示目前日期與時間。

2. 當儲存格的內容有所變更時，自動將目前時間添加到變動儲存格的右側。

3. 當使用者在儲存格上雙擊滑鼠時，自動將該儲存格的內容轉換為大寫英文字母。

```
Private Sub Worksheet_Activate()
    '顯示目前日期和時間
    Application.StatusBar = "現在時間：" & Format(Now(), _
    "yyyy年mm月dd日 hh:mm:ss")
End Sub
```

```
Private Sub Worksheet_Change(ByVal Target As Range)
    '定義一個變數來儲存目標儲存格的地址
    Dim cellAddress As String
    cellAddress = Target.Address

    '檢查目標儲存格是否在D欄，以避免無限迴圈
    If InStr(cellAddress, "$D") = 0 Then
        '將當前時間寫入D欄中
        Me.Range("D" & Target.Row).Value = Format(Now(), "hh:mm:ss")
    End If
End Sub
```

```
Private Sub Worksheet_BeforeDoubleClick(ByVal Target As Range,
Cancel As Boolean)
    '將儲存格的內容轉換為大寫字母
    Target.Value = UCase(Target.Value)
    '取消預設的雙擊操作
    Cancel = True
End Sub
```

說明 1. Worksheet_Activate 事件會在工作表成為作用中工作表時觸發，會將目前日期和時間顯示在狀態列。

2. Worksheet_Change 事件會在儲存格的內容改變時觸發，會將目前時間添加到儲存格的右側。

3. Me 關鍵字用於表示類別模組中的類別本身。在工作表類別模組中，Me 可以表示這個工作表物件本身。

4. Worksheet_BeforeDoubleClick 事件會在使用者在儲存格上執行雙擊操作時觸發，會將儲存格的內容轉換為大寫字母。

🖵 執行結果

	A	B	C	D
1	部門代碼	部門	部門人數	編輯時間
2	CA	總經理室	3	19:46:32
3	cb	管理部	10	19:45:51
4	ce01	業務部	18	
5	ce02	推廣部	7	
6	ce03	行銷部	5	
7	cf01	生產部	45	

在儲存格上雙擊滑鼠左鍵，會將儲存格內容轉換為大寫字母

在儲存格中修改內容時，會在該列的 D 欄顯示修改時間

總公司　工作表2　⊕

現在時間：2023年03月07日 19:46:02

切換到此工作表時，會在狀態列顯示目前時間

完成結果檔

範例檔案\ch10\部門名單.xlsm

自我評量

選擇題

(   ) 1. 在Excel VBA中，若欲指定活頁簿中的某圖表工作表，應將其宣告為下列何物件？(A) Workbook　(B) Chart　(C) Worksheet　(D) Sheet。

(   ) 2. 下列Worksheet物件的常用屬性中，何者可用來設定顯示或隱藏工作表物件？(A) Range　(B) Rows　(C) Visible　(D) Count。

(   ) 3. 下列Worksheet物件的常用屬性中，何者可以取得一個包含工作表中所有欄的集合？(A) Rows　(B) Columns　(C) Cells　(D) Range。

(   ) 4. 下列Worksheet物件的常用方法中，何者可用來修改工作表的名稱？(A) Name　(B) Caption　(C) Title　(D) Add。

(   ) 5. 當工作表中的選取範圍發生變化時，會觸發下列何項事件？(A) Move　(B) Change　(C) SelectionChange　(D) Deactivate。

實作題

1. 開啟「範例檔案\ch10\圖書館借閱資料.xlsx」檔案，請設計一個Excel VBA程式，以符合以下要求：

   ● 複製「工作表2」工作表於活頁簿的最後，並重新命名為「熱門館藏」。

   ● 在活頁簿的最前面新增一個新工作表，並命名為「借閱資料」。

   ● 將新工作表中的A1儲存格內容為「書籍編號」、B1儲存格內容為「書名」、C1儲存格內容為「借閱人」。

   ● 當切換至該新工作表時，會自動將游標指向A2儲存格。

   執行結果請參考下圖。

	A	B	C	D	E	F	G	H
1	書籍編號	書名	借閱人					
2								
3								
4								
5								

<   >   借閱資料   工作表1   工作表2   工作表3   熱門館藏   +

VISUAL BASIC
FOR
APPLICATION

11

Range
物件

Excel VBA中的 Range 物件是用來表示工作表中的儲存格範圍，可包含一或多個儲存格。我們可以透過 Range 物件來讀取或寫入儲存格中的值，或者設定儲存格的格式。

指定 Range 物件的儲存格範圍

Range物件的參數表示要指定的儲存格範圍，可以是單一儲存格，或是包含多個儲存格的儲存格範圍，可以是整欄或整列，也可以同時指定多個不連續的儲存格範圍。參數的格式為字串，須以雙引號 (") 括起來；指定多個儲存格範圍時，各儲存格範圍之間以逗號 (,) 間隔。Range物件的儲存格範圍是採用 **A1 參照樣式**來表示，就是以 Excel 慣用的「欄名+列號」(如：A1、$A$1) 來表示位址，可接受多種不同類型的參數形式，下表所列為常用的 Range 物件參數表示法。

儲存格參照範例	引用範圍
Range("A1")	儲存格 A1
Range("A1:B5")	儲存格 A1 到 B5，共 10 個儲存格
Range("A1:A5,C1:C5")	A1 到 A5 以及 C1 到 C5，共 10 個儲存格
Range("A:A")	欄 A
Range("1:1")	第 1 列
Range("A:C")	欄 A 到 C
Range("1:5")	第 1 到第 5 列
Range("1:1,3:3,8:8")	第 1、3、8 列
Range("A:A,C:C,F:F")	欄 A、C、F

此外，Range 物件參數也可以搭配 Range 物件或 Cells 物件來表示，或是使用 ActiveCell 屬性來指定目前作用中的儲存格。舉例如下：

儲存格參照範例	引用範圍
Range(Range("A1"), Range("B5"))	儲存格 A1 到 B5，共 10 個儲存格
Range(Cells(1,1), Cells(3,4))	儲存格 A1 到 D3，共 12 個儲存格
Range("A1", ActiveCell)	儲存格 A1 到 目前作用中儲存格。 若目前作用中儲存格為 C5，則表示儲存格 A1 到 C5，共 15 個儲存格。

宣告 Range 物件

一般而言，在程式中要宣告一個 Range 物件，其宣告語法如下：

Dim **Rng1** As Range

> 儲存格物件名稱

💻 簡例

以下程式宣告一個名為 firstRow 的 Range 物件變數，並以 Set 敘述指定該變數的儲存格範圍為目前工作表的第一列，接著即可使用 firstRow 變數對第一列儲存格進行列高及背景色等格式設定。

```
Dim firstRow As Range
Set firstRow = ActiveSheet.Range("1:1")
firstRow.RowHeight = 25                        '設定列高25
firstRow.Interior.Color = RGB(200, 225, 255)   '設定背景色為淡藍色
```

11-1 Range 物件常用儲存格格式屬性

儲存格是 Excel 中最常操作的部分，因此 Range 物件提供了相當多的屬性，可用於設定儲存格的外觀、位置，或是儲存格中的資料格式等特性。下表所列是一些用於設定儲存格外觀的 Range 物件常用屬性，本小節也將逐一說明之。

Range 物件屬性	說明
Font	設定或取得儲存格的字型格式。
Borders	設定或取得儲存格的框線格式。
ColumnWidth	設定或取得一或多欄儲存格的欄寬。
RowHight	設定或取得一或多列儲存格的列高。
Interior	設定或取得儲存格的背景色、圖樣樣式、圖樣色彩。
ClearFormats	清除指定儲存格範圍內的所有格式。

11-1-1 Font

Font屬性用於設定或取得儲存格的字型格式，像是字型、字體大小、文字顏色、粗體、斜體等。使用Font屬性時會傳回一個Font物件，該物件又包含許多像是Color、Bold、……等子屬性(如下表所列)，透過這些子屬性的設定，就可以讓儲存格中的文字顯現各種不同的外觀樣貌。

Font 屬性	說明	Font 屬性	說明
Name	字型名稱	Bold	粗體
Size	字體大小	Italic	斜體
Color	文字色彩，可使用 RGB 函數建立色彩值。	Underline	底線
		Strikethrough	刪除線
FontStyle	字型樣式，可設定為 Regular、Italic、Bold 和 Bold Italic。	Superscript	上標
		Subscript	下標

🖥 **簡例**

以下程式分別設定了A1儲存格的字型、字體大小、文字色彩，以及將B1儲存格文字設為粗體、B2儲存格文字設為斜體、B3儲存格文字加上單底線、B4儲存格文字加上刪除線、B5儲存格文字設為粗斜體。

```
Range("A1").Font.Name = "微軟正黑體"      '設定字型為微軟正黑體
Range("A1").Font.Size = 14               '設定字體大小為14
Range("A1").Font.Color = vbRed           '設定文字色彩為紅色

Range("B1").Font.Bold = True                    '設定文字為粗體
Range("B2").Font.Italic = True                  '設定文字為斜體
Range("B3").Font.Underline = xlUnderlineStyleSingle '設定文字加單底線
Range("B4").Font.Strikethrough = True           '設定文字加刪除線
Range("B5").Font.FontStyle = Bold Italic        '設定文字為粗斜體
```

若對單一物件同時執行多個屬性設定時，可以善用With...End With結構(可參閱本書第8-3節)，例如上例A1儲存格的設定，可改為：

```
With Range("A1").Font
    .Name = "微軟正黑體"          '設定字型為微軟正黑體
    .Size = 14                   '設定字體大小為14
    .Color = vbRed               '設定文字色彩為紅色
End With
```

VBA 中的色彩表示方式

- 使用 RGB 函數：RGB 函數用於表示 RGB 色彩值，將紅、綠、藍三個顏色成分的值指定為 0~255 之間的整數。例如：RGB(255, 0, 0) = 紅色。

  Range("A1").Font.Color = RGB(255, 0, 0)　' 設為紅色

- 使用顏色常數：使用 VBA 中預先定義的顏色常數值來表示一些常用的顏色，例如：vbBlack(黑色)、vbBlue(藍色)、vbGreen(綠色)、vbRed(紅色)、vbWhite(白色)、vbYellow(黃色)、…等。

  Range("A1").Font.Color = vbRed　' 設為紅色

- 使用 ColorIndex 屬性：ColorIndex 屬性以 1~56 的數字，來表示 Excel 定義的 56 種顏色索引，即為預設的調色盤色彩。例如：1(黑色)、2(白色)、3(紅色)、4(綠色)、5(藍色)、6(黃色)、…等。

  Range("A1").Font.Color.ColorIndex = 3　' 設為紅色

11-1-2　Borders

　　Borders 屬性用於設定或取得儲存格的框線格式，例如線條的色彩、粗細、樣式，或是指定單一框線位置等。

- **線條色彩**：使用 **Color** 子屬性可設定線條色彩。

- **線條粗細**：使用 **Weight** 子屬性可設定線條的粗細。例如：xlThick 為粗線、xlMedium 為中線、xlThin 為細線、xlHairline 為最細線。

- **框線樣式**：使用 **LineStyle** 子屬性可設定框線的樣式，例如：xlContinuous 為連續線 (實線)、xlDash 為虛線、xlDashDot 為交替的虛線與點、xlDashDotDot 為虛線後接兩點、xlDot 為點狀線、xlDouble 為雙線、xlLineStyleNone 為無框線、xlSlantDashDot 為斜虛線。

- **框線位置**：在 Borders 屬性中加上引數，即可用來表示及設定單一框線。例如：xlEdgeTop 為上框線、xlEdgeBottom 為下框線、xlEdgeLeft 為左框線、xlEdgeRight 為右框線、xlInsideHorizontal 為範圍中所有儲存格的水平格線、xlInsideVertical 為範圍中所有儲存格的垂直框線、xlDiagonalDown 為左上到右下的左斜框線、xlDiagonalUp 為右上至左下的右斜框線。

💻 **簡例**

以下程式設定了 B2:D5 儲存格範圍的框線樣式。

```
With Range("B2:D5")
    '設定上邊框為連續線
    .Borders(xlEdgeTop).LineStyle = xlContinuous
    '設定下邊框為虛線
    .Borders(xlEdgeBottom).LineStyle = xlDash
    '設定左邊框為虛線後接兩點
    .Borders(xlEdgeLeft).LineStyle = xlDashDotDot
    '設定右邊框為雙線
    .Borders(xlEdgeRight).LineStyle = xlDouble
    '設定內部水平線為連續線
    .Borders(xlInsideHorizontal).LineStyle = xlContinuous
    '設定內部垂直線為虛線
    .Borders(xlInsideVertical).LineStyle = xlDash
End With
```

以下程式為 B2:D5 儲存格範圍加上了紅色的粗框線。

```
With Range("B2:D5").Borders
    .Color = vbRed              '設定框線顏色為紅色
    .LineStyle = xlContinuous   '設定框線樣式為實線
    .Weight = xlThick           '設定框線為粗線
End With
```

11-1-3 ColumnWidth

ColumnWidth 屬性用於設定或取得一欄或多欄儲存格的欄寬，屬性值設定為 0.1到255之間的數值單位(設定為0.1時，該欄會被隱藏)，一單位表示一個字元寬度，也就是8.43像素。假設若輸入10，則為8.43×10＝84.3像素的寬度。

💻 簡例

以下程式設定了A1儲存格的欄寬為15(即設定A欄欄寬)、B欄的欄寬為20、C欄跟D欄的欄寬為25、E欄和F欄的欄寬與A欄欄寬同。

```
Range("A1").ColumnWidth = 15          '設定儲存格欄寬
Columns("B").ColumnWidth = 20         '設定單欄欄寬
Range("C:D").ColumnWidth = 25         '設定多欄欄寬
Range("E:F").ColumnWidth = Range("A:A").ColumnWidth
```

11-1-4 RowHight

RowHeight 屬性用於設定或取得一列或多列儲存格的列高，屬性值設定為0 到409.5之間的數值單位(設定為0時，該列會被隱藏)，一單位表示1個pt，也就是1/72英寸。以列高1公分來換算，約為28pt。

💻 簡例

以下程式設定A1儲存格的列高為15、第2列的列高為20、第3列跟第4列的列高為25、第5列和第6列的列高與第1列同。

```
Range("A1").RowHeight = 15
Rows(2).RowHeight = 20
Range("3:4").RowHeight = 25
Range("5:6").RowHeight = Rows(1).RowHeight
```

✏️ 隨堂練習

開啟一空白活頁簿，練習使用 With...End With 結構，同時設定工作表中的 A1 儲存格的欄寬為 20、列高為 25。執行結果請參考右圖。

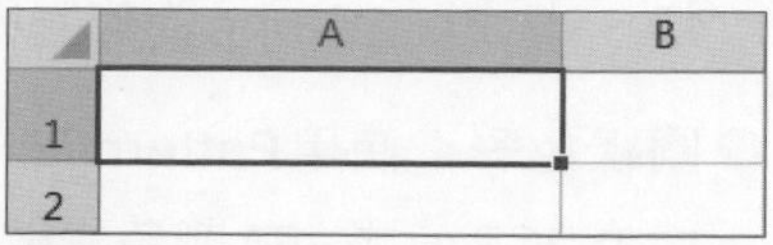

11-1-5　Interior

Interior 屬性用於設定或取得指定儲存格範圍的背景色彩、圖樣色彩以及圖樣樣式。其功能設定值與下圖 Excel 儲存格格式的「填滿」標籤頁設定相同。

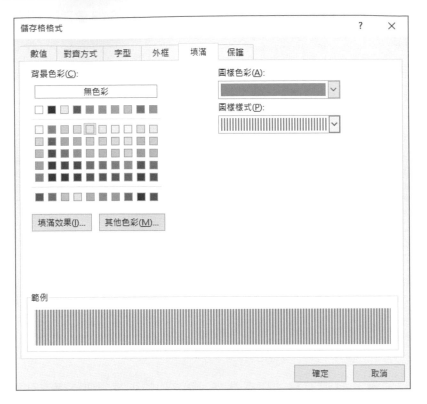

Interior 屬性主要包含下列幾個子屬性：

● **背景色彩：**使用 **Color** 子屬性可設定儲存格範圍的背景色彩，屬性值格式為 RGB 值或是 VBA 顏色常數。

● **圖樣樣式：**使用 **Pattern** 子屬性可設定儲存格範圍的圖樣樣式，屬性值格式為 VBA 圖樣常數。例如：xlPatternCrissCross 為 ▨ **細線 對角線 斜紋** 圖樣、xlPatternChecker 為 ▨ **對角線 斜紋** 圖樣、xlPatternGray75 為 ▇ **75% 灰色** 圖樣、xlPatternNone 為**無圖樣**。

● **圖樣色彩：**使用 **PatternColor** 子屬性可設定儲存格範圍的圖樣色彩，屬性值格式為 RGB 值或 VBA 顏色常數。

🖥 簡例

以下程式使用Range物件的Interior屬性,設定A1儲存格的背景色為黃色,並設定B1儲存格的圖樣樣式、圖樣色彩及背景色。

```
'  設定A1儲存格的背景色為黃色
Range("A1").Interior.Color = vbYellow

'  設定B1儲存格的圖樣為對角線斜紋圖樣,圖樣色彩為白色,背景色為藍色
Range("B1").Interior.Pattern = xlPatternChecker
Range("B1").Interior.PatternColor = RGB(255, 255, 255)
Range("B1").Interior.Color = RGB(0, 0, 255)
```

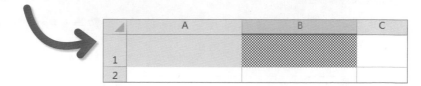

11-1-6 ClearFormats

ClearFormats屬性用於清除指定儲存格範圍內的所有格式,包括文字格式、資料格式、對齊方式、框線、圖樣、背景色彩等,皆回復Excel預設的儲存格格式與樣式。須特別注意ClearFormats屬性只能使用在Range物件,不能使用在單一儲存格中。

🖥 簡例

以下程式使用ClearFormats屬性,清除A1:E5儲存格範圍內的所有格式。

```
Range("A1:E5").ClearFormats
```

程式實作 ••

💻 **範例要求**：開啟「範例檔案 \ch11\ 用電量表 .xlsx」，請撰寫 VBA 程式進行以下儲存格格式設定：

1. 儲存格範圍 A1:D7

   設定列高為 22、欄寬為 12。

   設定框線為黑色、實線、細線。

   設定儲存格背景色為淺灰色 (RGB = 242, 242, 242)。

2. 標題列儲存格範圍 A1:D1

   設定文字為粗體。

   設定儲存格圖樣為 ▨ 細線 反對角線 條紋 (常數為 xlPatternLightDown)、圖樣色彩為白色，背景色為青色。

```vba
Sub SetFormat()
    Dim rng As Range
    Dim rngH As Range
    Set rng = Range("A1:D7")
    Set rngH = Range("A1:D1")

    ' 設定列高和欄寬
    rng.RowHeight = 22
    rng.ColumnWidth = 12

    ' 設定框線
    With rng.Borders
        .LineStyle = xlContinuous
        .Color = RGB(0, 0, 0)
        .Weight = xlThin
    End With

    ' 設定背景色
    rng.Interior.Color = RGB(242, 242, 242) ' 淺灰色

    ' 設定標題列
    rngH.Font.Bold = True
    With rngH.Interior
        .Pattern = xlPatternLightDown
        .PatternColor = RGB(255, 255, 255)
        .Color = RGB(0, 255, 255)
    End With
End Sub
```

💻 執行結果

▲	A	B	C	D	E
1	月份	用電度數	單位價格	應繳電費	
2	1	280	5	1400	
3	2	295	5	1475	
4	3	277	5	1385	
5	4	310	5	1550	
6	5	369	5	1845	
7	6	302	5	1510	
8					

完成結果檔

範例檔案\ch11\用電量表.xlsm

11-2 Range 物件常用資料格式屬性

Range 物件除了能夠設定儲存格的外觀樣式與格式,也能設定儲存格值的格式。下表所列是一些 Range 物件常用於設定資料格式方面的屬性,本小節也將逐一說明之。

Range 物件屬性	說明
Value	設定或取得儲存格的內容值。
Text	設定或取得儲存格的內容值,所顯示為格式化後的內容。
NumberFormat	設定或取得儲存格的格式化樣式。
Formula	設定或取得儲存格中的公式。
HasFormula	設定或取得儲存格中是否有公式。
Locked	設定或取得儲存格的鎖定狀態。

11-2-1 Value

Range物件的Value屬性用於設定或取得儲存格的內容值。可透過Value屬性設定一個值給指定儲存格，也可透過Value屬性取得特定儲存格中的資料。此外，Value屬性是Range物件的預設屬性，所以可以省略。

💻 **簡例**

以下程式設定A1儲存格的值為100。

```
Range("A1").Value = 100
```

以下程式將A1儲存格的值儲存在myValue變數中，藉此取得儲存格中的內容值。

```
Dim myValue As Variant
myValue = Range("A1").Value
```

以下程式將A1儲存格的值，複製到B1儲存格中。這裡要確保來源儲存格的範圍大小，須與目的儲存格範圍大小相同才行。

```
Range("A1").Value = Range("B1").Value
```

以下程式將myArray陣列中的值，分別儲存到A1:C1儲存格範圍中。

```
Dim myArray(1 To 3) As Variant
myArray(1) = "Apple"
myArray(2) = "Banana"
myArray(3) = "Cherry"
Range("A1:C1").Value = myArray
```

(11-2-2) **Text**

Range物件的Text屬性其作用類似Value屬性，兩者皆可設定或取得儲存格的內容值，但Value屬性所顯示的是儲存格的值，而Text屬性所顯示的則為格式化後的內容。

💻 **簡例**

由以下兩個範例可發現，當透過NumberFormat屬性對資料進行格式設定，Value屬性所顯示的是儲存格的值，而Text屬性所顯示的則為格式化後的內容。

```
Dim cell As Range
Set cell = Range("A1")
cell.Value = Now
cell.NumberFormat = "yyyy/mm/dd"

MsgBox "value顯示為值： " & cell.Value
MsgBox "text顯示為文字： " & cell.Text
```

```
Dim cell As Range
Set cell = Range("A1")
cell.Value = 123.456
cell.NumberFormat = "$#,#.00"

MsgBox "value顯示為值： " & cell.Value
MsgBox "text顯示為文字： " & cell.Text
```

(11-2-3) NumberFormat

Range物件的NumberFormat屬性用於設定或取得儲存格的格式化樣式。其屬性值包含數字、日期、貨幣、百分比、…等多種類型。

🖥 簡例

以下程式將A1儲存格的格式設定為兩位小數。

```
Range("A1").NumberFormat = "0.00"
```

以下程式將A1儲存格的格式儲存在myFormat變數中，藉此取得儲存格的格式化樣式。

```
Dim myFormat As String
myFormat = Range("A1").NumberFormat
MsgBox "A1儲存格格式為：" & myFormat
```

Excel預設儲存格格式為通用格式(General)

以下程式先使用NumberFormat屬性自訂A1儲存格的格式，接著再將A1儲存格格式複製到B1儲存格中。

```
Dim myFormat As String
Range("A1").NumberFormat = "$#,#.00"
Range("B1").NumberFormat = Range("A1").NumberFormat
myFormat = Range("B1").NumberFormat
MsgBox "B1儲存格格式為：" & myFormat
```

(11-2-4) Formula / HasFormula

Range 物件的 Formula 屬性用於設定或取得儲存格中的公式。

💻 **簡例**

以下程式先將 B6 儲存格的公式設定為「=SUM(B1:B5)」，求算 B1 到 B5 儲存格中所有值的和。接著再將 B6 儲存格的公式儲存在 myFormula 變數中，藉此取得該儲存格的公式，最後將公式的算式以訊息方塊顯示。

```
'  在B6儲存格設定求和公式
Range("B6").Formula = "=SUM(B1:B5)"

'  將公式以訊息方塊顯示
Dim myFormula As String
myFormula = Range("B6").Formula
MsgBox "求和公式為：" & myFormula
```

此外，如果想要確認某儲存格是否有設定公式，可使用 **HasFormula** 屬性來確認，它會傳回一個布林值，若為 True 表示有公式；False 則表示無公式。

💻 **簡例**

以下程式使用 HasFormula 屬性來確認 B6 儲存格中是否存在公式，並將確認結果以訊息方塊顯示。

```
Range("B6").Formula = "=SUM(B1:B5)"
MsgBox "B6儲存格是公式嗎？" & Range("B6").HasFormula
```

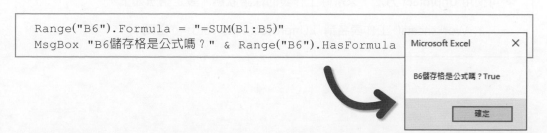

11-2-5 Locked

Range 物件的 Locked 屬性是指當工作表被設定為保護時，用於設定或取得儲存格的鎖定狀態，其屬性值為布林值，設定為 True 表示鎖定；設定為 False 表示未鎖定。須特別注意，只有當工作表被設定為保護時，Locked 屬性的設定才會發生作用。

🖵 **簡例**

以下程式使用 Locked 屬性，將 A1:A10 儲存格設定為鎖定狀態，當工作表被設定保護時，無法進行編輯修改；將 B1:C10 儲存格設定為未鎖定狀態，可以在工作表被設定保護時，允許修改這些儲存格。

```
Range("A1:A10").Locked = True       '鎖定A1到A10儲存格
Range("B1:C10").Locked = False      '解鎖B1到C10儲存格
```

若要將目前工作表中所有儲存格設定為鎖定狀態，語法如下：

```
ActiveSheet.Cells.Locked = True
```

┌─ 保護工作表的設定 ─────────────────────────────────┐

● 可使用 **Protect** 方法將工作表設定為保護，以鎖定工作表中的儲存格，使其成為唯讀。設定語法如下：

　Worksheets(" 工作表名稱 ").Protect Password:=" 密碼 ", UserInterfaceOnly:=True

　其中的 UserInterfaceOnly 引數設定為 True 時，會保護使用者介面，但不會保護巨集。若省略這個引數，則會同時保護巨集和使用者介面。

● 可使用 **Unprotect** 方法，來解除工作表的保護狀態。設定語法如下：

　　Worksheets(" 工作表名稱 ").Unprotect Password:=" 密碼 "

└──┘

11-3 Range 物件常用位置屬性

Range物件的位置屬性也是經常應用到的屬性類別,可用來取得儲存格的列號、欄號等定位資訊,以便對儲存格進行後續的設定。下表所列為Range物件在設定位置方面的常用屬性,本小節也將逐一說明之。

Range 物件屬性	說明
Row	取得儲存格所在的列號。
Column	取得儲存格所在的欄號。
Rows	表示指定範圍內的所有列。
Columns	表示指定範圍內的所有欄。
EntireRow	取得指定儲存格所在的整列。
EntireColumn	取得指定儲存格所在的整欄。
Cells	指定或取得指定工作表中的單一儲存格。
Address	取得儲存格或儲存格範圍的位置。
Next	可以傳回指定儲存格的右側儲存格。
Previous	可以傳回指定儲存格的左側儲存格。
Offset	將指定儲存格挪移至指定的位置。
End	尋找指定儲存格範圍於指定方向的最後一個儲存格。
Resize	調整儲存格範圍大小。
Count	取得儲存格範圍中的儲存格數目。

11-3-1 Row / Column

Range物件的Row屬性用於取得儲存格所在的列號;Column屬性則用於取得指定儲存格所在的欄號,並將結果以列或欄的索引值傳回。

💻 簡例

以下程式將分別取得儲存格A1所在的列號及欄號,即4與1。

```
Range("A4").Row        ' 第4列,傳回值為4
Range("A4").Column     ' A欄,傳回值為1
```

11-3-2 Rows / Columns

Row / Column 和 Rows / Columns 皆為 Range 物件的屬性，但兩者功能不同。Row / Column 物件用於取得儲存格所在的欄號及列號，其值為整數；Rows / Columns 物件則可用來表示指定範圍內的所有欄或列，其值為 Range 物件，而 Rows / Columns 物件的引數用來表示所指定的列數或欄數，若省略則代表所有列或所有欄。各語法舉例如下：

```
Range("A4").Row              ' 第4列，傳回值為4
Range("A4").Rows(3).Select   ' 選取從儲存格A4起算的第3列，即A6儲存格
Range("A4").Column           ' A欄，傳回值為1
Range("A4").Columns(3).Select ' 選取從儲存格A4起算的第3欄，即C4儲存格
Range("D:F").Columns.Select  ' 選取D欄、E欄、F欄
Columns(3).Select            ' 選取整個起算的第3欄
Columns().Select             ' 選取工作表中的所有欄
```

11-3-3 EntireRow / EntireColumn

EntireRow 屬性用於取得指定儲存格所在的整列；EntireColumn 屬性則用於取得儲存格所在的整欄。須特別注意，EntireRow 屬性與 EntireColumn 屬性涵蓋範圍是以整欄或整列為單位，因此即使設定的範圍為單一儲存格，仍會將儲存格所在的整欄或整列視為目標。

```
ActiveCell.EntireRow.Select             ' 選取目前儲存格所在列
Range("A1").EntireRow.RowHeight = 20    ' 設定第1列的列高為20
Range("A1").EntireColumn.ColumnWidth = 20  ' 設定A欄的欄寬為20

' 設定B欄到D欄的背景色為黃色
Range("B:D").EntireColumn.Interior.Color = vbYellow

' 將E2:E5儲存格的值設定為100
Range("E2:E5").EntireColumn.Value = 100

' 將第1列整列複製至第2列
Range("A1").EntireRow.Copy Destination:=Range("A2")

' 將B欄整欄刪除
Range("B1").EntireColumn.Delete
```

(11-3-4) **Cells**

Range 物件的 Cells 屬性用來指定或取得指定工作表中的單一儲存格。

Cells

說明	指定或取得指定工作表中的單一儲存格。
語法	Cells(row_index, column_index)
引數	» **row_index** 代表儲存格在工作表中的列數。 » **column_index** 代表儲存格在工作表中的欄數。 » 若未指定引數,或將引數設定為 0,則代表所有儲存格。

Cells 屬性的各語法舉例如下:

```
Cells(3,1).Select                         '選取A3儲存格
Range(Cells(1, 1), Cells(3, 3)).Select    '選取A1:C3儲存格
Range("A1:E5").Cells(2, 3).Select         '選取C2儲存格
ActiveSheet.Cell().Select                 '選取目前工作表中所有儲存格
```

此外,Cells 屬性也可與 Range 屬性結合使用,以便在特定範圍內選取單一儲存格。例如,以下程式可選取 A1:D10 範圍中的第 2 列第 3 欄。

```
Range("A1:E5").Cells(2, 3).Select         '選取C2儲存格
```

🖵 **簡例**

以下程式宣告一個名為 rng 的 Range 變數,使用 Cells(1, 1) 取得第 1 列第 1 欄的儲存格存入 rng 變數中,並將其值設定為 100。因此最後,A1 儲存格的值將顯示 100。

```
Dim rng As Range
Set rng = Cells(1, 1)
rng = 100
```

11-3-5 Address

Range 物件的 Address 屬性用以取得儲存格或儲存格範圍的位置。

Address

說明	取得儲存格或儲存格範圍的位置。
語法	Address (RowAbsolute, ColumnAbsolute, ReferenceStyle, External, RelativeTo)
引數	» RowAbsolute：選用引數，為布林值，用於設定是否使用絕對參照傳回列 (預設值為 True)。
	» ColumnAbsolute：選用引數，為布林值，用於設定是否使用絕對參照傳回欄 (預設值為 True)。
	» ReferenceStyle：選用引數，表示參照樣式。預設值為 xlA1，表示採用 A1 參照樣式。
	» External：選用引數，用於設定是否傳回外部參照。引數值為布林值，True 會傳回外部參照；False(預設值) 會傳回本機參照。
	» RelativeTo：選用引數，為 Range 物件，表示定義相對參照的起始點。預設值為 Nothing，表示使用絕對參照。

🖵 簡例

以下程式宣告一個名為 rng 的 Range 變數，並指定為 A1:B5 儲存格範圍，Address 屬性即可取得該 Range 物件的位置，搭配使用不同的引數也可設定 Address 屬性輸出的位址格式。

```
Dim rng As Range
Set rng = Range("A1:B5")

Debug.Print rng.Address
Debug.Print Range("A1:B5").Address(External:=True)
Debug.Print Range("A1:B5").Address(RowAbsolute:=False)
Debug.Print Range("A1:B5").Address(ColumnAbsolute:=False)
```

```
即時運算
$A$1:$B$5
  [活頁簿1]工作表1!$A$1:$B$5
$A1:$B5
A$1:B$5
```

11-3-6 Next / Previous

Range物件的Next屬性可以傳回指定儲存格的右側儲存格。例如，A1 儲存格的Next屬性將可取得B1 儲存格。

```
ActiveCell.Next.Clear                    '清除目前儲存格的右側儲存格內容
```

Range物件的Previous屬性與Next屬性是相對的，可傳回指定儲存格的左側儲存格。例如，B1 儲存格的Previous屬性將可取得A1 儲存格。

```
Range("A1").Previous
```

💻 **簡例**

以下程式宣告一個名為rng的Range變數，指定為目前作用中儲存格。接著利用Next屬性與Previous屬性分別取得其右側及左側的儲存格，並以Address屬性取得該儲存格位置，將結果以訊息方塊顯示。

```
Dim rng As Range
Set rng = ActiveCell
MsgBox "目前儲存格的右邊儲存格是：" & rng.Next.Address & vbNewLine _
        & "目前儲存格的左邊儲存格是：" & rng.Previous.Address
```

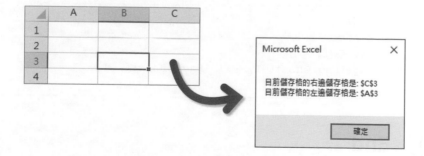

11-3-7 Offset

Range物件的Offset屬性可以將指定儲存格挪移至指定的位置,可透過其引數的設定,向水平或垂直移動儲存格的位置。

Offset

說明	將指定儲存格挪移至指定的位置。
語法	Offset(RowOffset, ColumnOffset)
引數	» RowOffset:要垂直移動的列數,可以為正負整數 » ColumnOffset:要水平移動的欄數,可以為正負整數。

例如:以下語法會將A1儲存格向下移動2列、向右移動1欄取得新的位置,因此將會選取B3儲存格。

```
Range("A1").Offset(2,1).Select
```

🖵 簡例

以下程式宣告一個名為rng的Range變數,指定為目前作用儲存格,再宣告一個名為Nrng的Range變數,利用Offset屬性取得目前儲存格的左上至右下儲存格範圍,並將其儲存格背景色設定為紅色。

```
Dim rng As Range
Dim Nrng As Range
Set rng = ActiveCell
Set Nrng = Range(rng.Offset(-1, -1), rng.Offset(1, 1))
Nrng.Interior.Color = vbRed
```

11-3-8 End

Range物件的End屬性用於尋找指定儲存格範圍的最後一個儲存格。它可由指定儲存格沿上、下、左、右等指定方向尋找,直到找到最後一個有資料的儲存格為止。

End

說明	尋找儲存格範圍的最後一個儲存格。
語法	Range("起始儲存格").End(direction)
引數	» direction：用於指定尋找範圍的方向，其引數值有：xlUp(向上尋找)、xlDown(向下尋找)、xlToLeft(向左尋找)、xlToRight(向右尋找)，直到找到最後一個有資料的儲存格為止。

例如：以下語法會由A1儲存格向下開始尋找，直到最後一個有資料的儲存格為止，因此將選取A5儲存格。

```
Range("A1").End(xlDown).Select
```

	A	B	C	D
1	數量	$5	$10	$12
2	2	$10	$20	$24
3	3	$15	$30	$36
4	4	$20	$40	$48
5	5	$25	$50	$60

💻 簡例

以下程式分別宣告 lastRow、lastColumn、tableRange 三個 Range 變數，先以 End 屬性由 A1 分別往下及往右尋找最後一個有資料的儲存格，做為 tableRange 的垂直及水平位置，再以 Address 屬性取得 tableRange 的範圍，將結果以訊息方塊顯示。

```
Dim lastRow As Range
Dim lastColumn As Range
Dim tableRange As Range

Set lastRow = Range("A1").End(xlDown)
Set lastColumn = Range("A1").End(xlToRight)
Set tableRange = Range(lastRow, lastColumn)
MsgBox "表格範圍為：" & tableRange.Address
```

11-3-9 Resize

Range 物件的 Resize 屬性可用來調整儲存格範圍大小。

Resize

說明	調整儲存格範圍大小。
語法	Resize(RowSize、ColumnSize)
引數	» **RowSize**：選用引數，新範圍中的列數。若省略，則範圍中的列數會保持不變。 » **ColumnSize**：選用引數，新範圍中的欄數。若省略，則範圍中的欄數會保持不變。

例如：以下語法會由 A1 儲存格向下起算第 2 列 (列 2)、向右起算第 3 欄 (欄 C) 取得新的位置，因此將會選取 A1:C2 的儲存格範圍。

```
Range("A1").Resize(2, 3).Select
```

🖵 簡例

以下程式宣告一個名為 rng 的 Range 變數，指定其儲存格範圍為 A1:B2，利用 Resize 屬性將範圍調整為 3 行 3 列。最後，輸出新範圍的地址為 "A1:C3"。

```
'定義範圍
Dim rng As Range
Set rng = Range("A1:B2")

'使用Resize屬性調整範圍大小
Set rng = rng.Resize(3, 3)

'輸出新範圍的地址
MsgBox ("新儲存格範圍為： " & rng.Address)
```

11-4　Range 物件常用方法

　　Range 物件有其所屬的方法，用來設定要對儲存格物件進行什麼樣的操作。下表所列是一些 Range 物件常用的方法，本小節也將逐一說明之。

Range 物件方法	說明
Activate	將指定的儲存格或儲存格範圍設定為作用中儲存格。
AutoFit	自動調整儲存格或儲存格範圍的列高或欄寬，使其顯示全部內容。
AutoFill	自動填滿。
Copy	複製儲存格範圍的內容到剪貼簿上。
Cut	將儲存格範圍的內容剪下並儲存至剪貼簿上。
PasteSpecial	將剪貼簿中的內容，以指定的格式貼至指定的儲存格或儲存格範圍上。
Clear	清除指定儲存格範圍內的內容 (包括數值、公式、格式等)，使儲存格回到 Excel 預設的初始狀態。
ClearContents	清除範圍內的所有內容，但保留格式和公式。
ClearFormats	清除範圍內的所有格式，但保留內容和公式。
ClearComments	清除範圍內的所有註解，但保留內容、格式和公式。
Delete	刪除指定儲存格或儲存格範圍。
Insert	在儲存格範圍中插入指定的行或列。
Marge	合併儲存格。
UnMerge	取消合併儲存格。

11-4-1　Activate

　　Range 物件的 Activate 方法用於將指定的儲存格或儲存格範圍，設定為作用中儲存格，以便進行後續的選取或編輯。使用 Activate 方法時，須設定一個必要引數，即為要進行設定的 Range 物件。

🖵 簡例

　　將目前工作表中的 A1 儲存格設定為作用中儲存格，其語法如下：

```
ActivateSheet.Range("A1").Activate
```

11-4-2 AutoFit

Range 物件的 AutoFit 方法可以自動調整儲存格的列高或欄寬，使文字能夠完整顯示在儲存格中，不會因為內容值太長而被隱藏。

🖵 簡例

以下程式會調整儲存格範圍 A1:E5 的列高為最適列高，以便顯示儲存格內的所有內容。

```
Range("A1:E5").EntireRow.AutoFit
```

以下程式會調整儲存格範圍 A1:E5 的欄寬為最適欄寬，以便顯示儲存格內的所有內容。

```
Range("A1:E5").EntireColumn.AutoFit
```

若想恢復儲存格的列高及欄寬為預設大小，可設定列高為 StandardHeight、欄寬為 StandardWidth。使用語法如下：

```
Range("A1:E5").EntireColumn.RowHeight = StandardHeight
Range("A1:E5").EntireColumn.ColumnWidth = StandardWidth
```

11-4-3 AutoFill

Range 物件的 AutoFill 方法，等同於 Excel 的「自動填滿」功能。AutoFill 方法包含 2 個引數，第一個 **Destination** 引數為必要引數，用來設定要進行自動填滿的目標範圍，在設定 Destination 目的範圍時，也必須包括來源範圍。

第二個 **Type** 引數為選用引數，可指定填滿類型，使 Excel 依照指定規則，自動填補儲存格中的內容值。AutoFill 方法常用的引數常數值表列如下：

常數值	填滿方式	說明
xlFillDefault	預設值	Excel 決定用來填滿目標範圍的值與格式。
xlFillCopy	複製儲存格	從來源範圍將值與格式複製到目標範圍。
xlFillFormats	僅以格式填滿	只從來源範圍將格式複製到目標範圍。

常數值	填滿方式	說明
xlFillValues	填滿但不填入格式	只從來源範圍將值複製到目標範圍。
xlFillSeries	以數列方式填滿	將來源範圍中的值在目標範圍中延伸為系列 (例如，'1, 2' 會延伸為 '3, 4, 5'...)。
xlFillDays	以天數填滿	將來源範圍中的星期別名稱延伸至目標範圍。
xlFillWeekdays	以工作日填滿	將來源範圍中的工作日名稱延伸至目標範圍。
xlFillMonths	以月填滿	將來源範圍中的月份名稱延伸至目標範圍。
xlFillYears	以年填滿	將來源範圍中的年份延伸至目標範圍。

🖵 簡例

1. 以下程式先設定儲存格 A1 的值為 1，再使用 AutoFill 方法的 xlFillValues 常數 (填滿但不填入格式)，將值複製到 B1 到 E1 儲存格中。

```
Range("A1").Value = 1
Range("A1").AutoFill Destination:=Range("A1:E1"), Type:=xlFillValues
```

2. 以下程式先設定儲存格 A1 的值為日期格式 "1/1/2022"，再使用 AutoFill 方法的 以 xlFillMonths(以月填滿) 方式，填入 B1 到 E1 儲存格中的值。

```
Range("A1").Value = "1/1/2022"
Range("A1").AutoFill Destination:=Range("A1:E1"), Type:=xlFillMonths
```

11-4-4　Copy

　　Range物件的Copy方法會先複製儲存格範圍的內容(包含資料、公式、格式等)到剪貼簿上,再複製到指定位置。

💻 **簡例**

　　以下程式會先將A1:G5儲存格範圍的內容複製到剪貼簿中,再到A7儲存格貼上。語法中的destination引數為要複製到的目的儲存格位置,若省略則只執行複製到剪貼簿的功能,之後可使用Paste方法再貼至指定位置。

```
Range("A1:G5").Copy destination:=Range("A7")
```

	A	B	C	D	E	F	G	H
1	時間	節次	一	二	三	四	五	
2	08:40~09:20	1	本土語	數學	生活	數學	數學	
3	09:30~10:10	2	數學	音樂	國語	國語	健康	
4	10:30~11:10	3	國語	視覺藝術	人文與世界	國語	兒童律動	
5	11:20~12:00	4	生活	視覺藝術	生活美學	體育	國語	
6								
7	時間	節次	一	二	三	四	五	
8	08:40~09:20	1	本土語	數學	生活	數學	數學	
9	09:30~10:10	2	數學	音樂	國語	國語	健康	
10	10:30~11:10	3	國語	視覺藝術	人文與世界	國語	兒童律動	
11	11:20~12:00	4	生活	視覺藝術	生活美學	體育	國語	
12								

會以目的儲存格A7為左上角第一個儲存格貼上。

11-4-5　Cut

　　Range物件的Cut方法用於將儲存格範圍的內容剪下並儲存至剪貼簿上,再貼到指定位置。

💻 **簡例**

　　以下程式會先將A1:G5儲存格範圍的內容剪下儲存至剪貼簿中,再到A7儲存格貼上。語法中的destination引數為要複製到的目的儲存格位置,若省略則只執行剪下到剪貼簿的功能,之後可使用Paste方法再貼至指定位置。

```
Range("A1:G5").Cut destination:=Range("A7")
```

A1:G5儲存格範圍剪下後,會從原來位置上移除

	A	B	C	D	E	F	G	H
1								
2								
3								
4								
5								
6								
7	時間	節次	一	二	三	四	五	
8	08:40~09:20	1	本土語	數學	生活	數學	數學	
9	09:30~10:10	2	數學	音樂	國語	國語	健康	
10	10:30~11:10	3	國語	視覺藝術	人文與世界	國語	兒童律動	
11	11:20~12:00	4	生活	視覺藝術	生活美學	體育	國語	
12								

11-4-6 PasteSpecial

Range 物件的 PasteSpecial 方法用於將剪貼簿中的內容,以指定的格式貼至指定的儲存格或儲存格範圍上。

PasteSpecial

說明	將剪貼簿中的內容,以指定格式貼至指定的位置。
語法	PasteSpecial(Paste, Operation, SkipBlanks, Transpose)
引數	» **Paste**:選用引數,用來指定貼上的方式。常用引數值有xlPasteAll(貼上所有項目)、xlPasteValues(貼上值)、xlPasteFormats(貼上來源格式)、xlPasteFormulas(貼上公式)等。 » **Operation**:選用引數,可設定貼上後與所在儲存格的值進行的運算。例如:有xlPasteSpecialOperationAdd(複製的資料與目的儲存格中的值進行相加)、xlPasteSpecialOperationSubtract(複製的資料與目的儲存格中的值進行相減)等。 » **SkipBlanks**:選用引數,為布林值。預設值為False,若設定為True表示不會將剪貼簿中的空白儲存格貼至目的儲存格範圍。 » **Transpose**:選用引數,為布林值。預設值為False,若設定為True表示會在貼上時,進行轉置資料列和資料行。

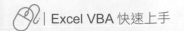

簡例

以下程式會將目前剪貼簿中的內容 (A1:G5 儲存格)，以 A7 儲存格為左上角第一個儲存格進行貼上。

```
Range("A1:G5").Copy
Range("A7").PasteSpecial
```

Paste 方法還有其他選用引數，可以進一步控制貼上的方式。例如，可設定為 xlPasteValues 只貼上值，而不包括格式；設定為 xlPasteFormats 只貼上格式，而不包括值；設定為 xlPasteFormulas 只貼上公式，而不包括值或格式。

例如：以下範例會將剪貼簿中的值貼上至儲存格 A1 中，而不包括格式。

```
Range("A1").PasteSpecial Paste:=xlPasteValues
```

11-4-7 Clear

Range 物件的 Clear 方法是用來清除指定儲存格範圍內的內容 (包括數值、公式、格式等)，使儲存格回到 Excel 預設的初始狀態。例如：清除 A1:G7 儲存格範圍中的所有內容及格式，語法如下：

```
Range("A1:G7").Clear
```

Clear 方法針對個別的清除設定，還提供了三種子方法，可針對不同的需求進行選用，如下表所列。

Clear 方法類型	說明
ClearContents	清除範圍內的所有內容，但保留格式和公式。
ClearFormats	清除範圍內的所有格式，但保留內容和公式。
ClearComments	清除範圍內的所有註解，但保留內容、格式和公式。

以下程式會將A1儲存格中的資料及格式，依照不同的Clear方法設定，分別移除儲存格內的內容、格式、註解。

```
Range("A1").ClearContents     '清除A1儲存格的內容值
Range("A1").ClearFormats      '清除A1儲存格的格式
Range("A1").ClearComments     '清除A1儲存格的註解
```

(11-4-8) Delete

Range物件的Delete方法可用來刪除指定儲存格或儲存格範圍，並可依據設定，移動儲存格進行填補。

Delete

說明	刪除指定儲存格範圍。
語法	Range.Delete(Shift)
引數	» **Shift**：選用引數，可指定在刪除範圍後如何移動其他儲存格。提供的參數值有xlShiftToLeft(右側儲存格左移)與xlShiftUp(下方儲存格上移)。

簡例

以下程式會刪除A1儲存格中的內容，並將下一列向上移動。

```
Range("A1").Delete Shift:=xlShiftUp
```

此外，Delete方法也可搭配EntireRow屬性與EntireColumn屬性，來指定刪除整列或整欄。例如：

```
Range("A1").EntireRow.Delete       ' 刪除第一列
Range("B:B").EntireColumn.Delete   ' 刪除B欄
```

11-4-9 Insert

Range 物件的 Insert 方法可用於在儲存格範圍中插入指定的列或欄，並可依據設定，移動其他的儲存格。

Insert

說明	在儲存格範圍中插入指定的列或欄。
語法	Range.Insert(Shift, CopyOrigin)
引數	» **Shift**：必要引數，用於指定插入欄或列後如何調整其他儲存格。提供的參數值有 xlShiftToRight(現有儲存格右移) 和 xlShiftDown(現有儲存格下移)。 » **CopyOrigin**：選用引數，用於指定新插入的欄或列是否從現有欄或列複製格式。

💻 簡例

以下程式先設定儲存格範圍 A1:E6 的背景色為黃色，接著在 A1:B3 儲存格範圍中，插入相同大小的儲存格範圍，並設定將原儲存格下移。

```
Range("A1:E6").Interior.Color = vbYellow
Range("A1:B3").Insert Shift:=xlShiftDown
```

	A	B	C	D	E
1					
2					
3					
4					
5					
6					
7					
8					
9					
10					

11-4-10 Marge / UnMerge

Range 物件的 Merge 方法用於將指定儲存格範圍中的所有儲存格，合併為一個儲存格，其作用等同於 Excel 的「合併儲存格」功能。這個儲存格將佔據原範圍內所有儲存格的位置，儲存格的值則存放在左上角的儲存格中。

🖵 簡例

以下程式會將 A1:C3 中的所有儲存格合併成一個儲存格。

```
Range("A1:C3").Merge
```

若要取消合併的儲存格，可以使用 Unmerge 方法。使用語法如下：

```
Range("A1:C3").Unmerge
```

11-5 Range 物件的查詢方法

在 Excel 中常常需要在工作表的大量資料中，查找特定的資料。VBA 可透過各種查詢方法，來進行資料的查詢。下表所列是一些 Range 物件常用的查詢方法，本小節也將逐一說明之。

Range 物件方法	說明
Find	在指定儲存格範圍內搜尋特定值。
FindNext	在指定儲存格範圍內搜尋下一筆符合條件的儲存格。
FindPrevious	在指定儲存格範圍內搜尋上一筆符合條件的儲存格。
Replace	在指定儲存格範圍中搜尋特定值，並替換為新值。
SpecialCells	搜尋符合特定條件的儲存格。
AutoFilter	在指定儲存格範圍內加入自動篩選功能。
Sort	對指定儲存格範圍內的資料進行排序。

11-5-1 Find

Range 物件的 Find 方法可用於在指定儲存格範圍內搜尋特定值，其作用等同於 Excel 的「尋找」功能，可進行包含儲存格值、公式、格式等多種類型的搜尋。Find 方法會傳回一個 Range 物件，表示所尋找到的儲存格，若沒有找到，則傳回 Nothing。

Find

說明	在指定儲存格範圍內搜尋特定值。
語法	Find(What, After, LookIn, LookAt, SearchOrder, SearchDirection, MatchCase, MatchByte, SearchFormat)
引數	» **What**：唯一的必要引數，設定要搜尋的條件，可以是任何值、字串、數字、公式等。 » **After**：設定開始搜尋的位置，若省略則從頭開始搜尋。 » **LookIn**：可指定常數值來設定搜尋的資料類型，例如：xlFormulas(公式，預設值)、xlValues(內容值)、xlComments(註解)等。 » **LookAt**：設定搜尋條件與目標是否要完全符合或部分符合。對應的常數值有：xlWhole(儲存格值完全等於要查找值)、xlPart(儲存格中包含要查找值，預設值)。 » **SearchOrder**：設定搜尋順序。對應的常數值有：xlByRows(循列)、xlByColumns(循行)。 » **SearchDirection**：設定搜尋方向。對應的常數值有：xlNext(向後)、xlPrevious(向前)。 » **MatchCase**：設定是否區分大小寫英文字母。預設值為 False(不區分大小寫)，設定 True 則表示要區分大小寫。 » **MatchByte**：設定是否區分全半形。預設值為 False(不區分全半形)，設定 True 則表示要區分全半形。 » **SearchFormat**：設定是否要指定搜尋格式。預設值為 False(不指定格式)，設定 True 則表示要指定格式。

💻 簡例

以下程式在 A 欄的姓名儲存格中，搜尋姓 "洪" 的儲存格，並選取該儲存格；若沒找到，則跳出訊息方塊顯示未找到。

```
Dim rng As Range
Set rng = Range("A:A")
Set found = rng.Find("洪*")

If Not found Is Nothing Then
    found.Select
Else
    MsgBox "未找到符合的資料"
End If
```

◢	A
1	姓名
2	王一
3	李二
4	洪三
5	許四
6	金五
7	陳六
8	林七
9	謝八
10	白九
11	趙十

搜尋符合姓「洪」的儲存格內容，並選取之。

FindNext 與 FindPrevious

除了 Find 方法，還有 FindNext 方法與 FindPrevious 方法可分別用來搜尋下一筆符合條件的儲存格、上一筆符合條件的儲存格。兩者的使用語法與 Find 方法相同。搭配迴圈結構就能進行重複搜尋的動作。要特別注意，FindNext 和 FindPrevious 方法須在使用 Find 方法找到第一個符合項目之後使用。

🖵 簡例

以下程式在 A1:C10 儲存格範圍中，搜尋值為 "5" 的儲存格，並利用迴圈結構與 FindNext 方法進行重複搜尋，將所有找到的儲存格背景色設定為淺粉色。

```
Dim c As Range
Dim firstAddress As String
With Worksheets(1).Range("A1:C10")
    Set c = .Find(5, LookIn:=xlValues)
    If Not c Is Nothing Then
        firstAddress = c.Address
        Do
            c.Interior.Color = rgbLightPink
            Set c = .FindNext(c)
        Loop While Not c Is Nothing And c.Address <> firstAddress
    End If
End With
```

(11-5-2) Replace

Range 物件的 Replace 方法用於尋找指定儲存格範圍中的指定值，並將其替換為新值。

Replace

說明	在指定儲存格範圍中搜尋特定值，並替換為新值。
語法	Replace(What、Replacement、LookAt、SearchOrder、MatchCase、MatchByte、SearchFormat、ReplaceFormat)
引數	» **What**：必要引數，設定要搜尋的條件，可以是任何值、字串、數字、公式等。 » **Replacement**：必要引數，設定要替換的值。 » **LookAt**：設定搜尋條件與目標是否要完全符合或部分符合。對應的常數值有：xlWhole(儲存格值完全等於要搜尋的值)、xlPart(儲存格中包含要搜尋的值，預設值)。 » **SearchOrder**：設定搜尋順序。對應的常數值有：xlByRows(循列)、xlByColumns(循行)。 » **MatchCase**：設定是否區分大小寫英文字母。預設值為False(不區分大小寫)，設定True則表示要區分大小寫。 » **MatchByte**：設定是否區分全半形。預設值為False(不區分全半形)，設定True則表示要區分全半形。 » **SearchFormat**：設定是否要指定搜尋格式。預設值為False(不指定格式)，設定True則表示要指定格式。 » **ReplaceFormat**：設定方法的取代格式。

🖵 **簡例**

以下程式使用 Replace 方法，將 A1:D5 儲存格中所有的字母 "a" 替換為字母 "b"，並設定搜尋時須區分大小寫與全半形。

```
Dim cells As Range
Set cells = Range("A1:D5")

cells.Replace _
  What:="a", Replacement:="b", MatchCase:=True, MatchByte:=True
```

11-5-3 SpecialCells

Range 物件的 SpecialCells 方法可用於查找符合特定條件的儲存格,例如空儲存格、有數值的儲存格、有公式的儲存格等。

SpecialCells

說明	搜尋符合特定條件的儲存格。
語法	Range.SpecialCells(Type, Value)
引數	» **Type**:必要引數,指定傳回的儲存格類型。常用的引數值有 　　xlCellTypeAllFormatConditions(設定格式化條件的儲存格) 　　xlCellTypeAllValidation(有數據驗證的儲存格) 　　xlCellTypeBlanks(空儲存格) 　　xlCellTypeComments(有備註的儲存格) 　　xlCellTypeConstants(包含常數值的儲存格) 　　xlCellTypeFormulas(包含公式的儲存格) 　　xlCellTypeLastCell(工作表上最後一個儲存格) » **Value**:設定要搜尋的特定值。若未指定,則會搜尋整個範圍。

💻 簡例

以下程式使用 ActiveSheet.UsedRange 屬性來取得活頁簿中所有已使用的儲存格範圍,再透過 Range 物件的 SpecialCells 方法尋找其中的所有空儲存格,並存入名為 blankRange 的變數中。

接著設定 blankRange 變數儲存格的背景色為 RGB(255, 192, 192) 淺紅色,並顯示 "空" 儲存格值。

```
Dim blankRange As Range
Set blankRange = ActiveSheet.UsedRange.SpecialCells(xlCellTypeBlanks)
blankRange.Interior.Color = RGB(255, 192, 192)
blankRange.Value = "空"
```

▲	A	B	C	D	E
1	1	11	21	31	41
2	2	12	22	空	42
3	3	13	23	33	43
4	空	14	24	34	44
5	5	15	25	35	45
6	6	16	空	36	46
7	空	17	27	37	47
8	8	18	28	38	48

11-5-4 AutoFilter

Range 物件的 AutoFilter 方法可以在指定儲存格範圍內加入自動篩選功能，將不符合條件的資料自動隱藏，幫助使用者過濾資料。

AutoFilter

說明	在指定儲存格範圍內加入自動篩選功能。
語法	Range.AutoFilter(Field, Criteria1, Operator, Criteria2, VisibleDropDown)
引數	» **Field**：選用引數，設定要進行自動篩選的欄位。引數值為整數，表示欄位的索引值。例如：A 欄為 1，B 欄位 2。 » **Criteria1 和 Criteria2**：選用引數，設定篩選條件，可以設定單一條件或是同時設定多個條件。例如："* 花蓮 *"(儲存格值有"花蓮")、">0"(數值大於 0)、"="(空白欄位) 等。 » **Operator**：選用引數，可配合 Criteria1 和 Criteria2 進行邏輯運算的判斷。常用的引數值有 　　xlAnd(使用 AND 邏輯運算) 　　xlOr(使用 OR 邏輯運算) 　　xlBottom10Items(顯示最小的 10 個值) 　　xlTop10Items(顯示最大的 10 個值) 　　xlBottomPercent(顯示最小的幾個值，按百分比指定) 　　xlTopPercent(顯示最大的幾個值，按百分比指定) 　　xlFilterValues(顯示指定值的項目) 　　xlFilterCellColor(按儲存格的背景色篩選項目) 　　xlFilterFontColor(按儲存格的字體色彩篩選項目) 　　xlFilterIcon(按儲存格的條件格式篩選項目) 　　xlFilterNoFill(篩選未填滿的儲存格) » **VisibleDropDown**：選用引數，設定是否顯示下拉選單。若為 True，會在篩選條件中顯示下拉選單；若為 False，則不顯示下拉選單。

🖵 **簡例**

以下程式使用 AutoFilter 方法對目前工作表的 A1:D10 儲存格範圍進行自動篩選，篩選出第一個欄位中大於或等於 100、且小於或等於 500 的資料。

```
Dim rng As Range
Set rng = ActiveSheet.Range("A1:D10")
rng.AutoFilter Field:=1, Criteria1:=">=100", Operator:=xlAnd, _
  Criteria2:="<=500"
```

11-5-5 Sort

Range 物件的 Sort 方法可對指定儲存格範圍內的資料進行排序。在引數中可設定各種排序條件，依照指定排序方式進行資料的排序。

Sort

說明	對指定儲存格範圍內的資料進行排序。
語法	Range.Sort(Key1, Order1, Key2, Type, Order2, Key3, Order3, Header, Orientation, SortMethod, DataOption1, DataOption2, DataOption3)
引數	» **Key1**：設定第一個排序欄位，可以是 Range 物件或是索引值。 » **Order1**：設定排序方式，Key1 與 Order1 為一組。引數值 1 為遞增 (預設值)、2 為遞減。 » **Key2**：設定第二個排序欄位，可以是 Range 物件或是索引值。 » **Type**：設定要在樞紐分析表中排序的專案類型，只在樞紐分析表排序時使用。引數值有 xLSortLabels (標籤)、xLSortValues (值)。 » **Order2**：設定排序方式，Key2 與 Order2 為一組。引數值 1 為遞增 (預設值)、2 為遞減。 » **Key3**：設定第三個排序欄位，可以是 Range 物件或是索引值。 » **Order3**：設定排序方式，Key3 與 Order3 為一組。引數值 1 為遞增 (預設值)、2 為遞減。 » **Header**：設定資料範圍是否包含標題。引數值有 xlYes (有標題)、xlNo (沒有標題，預設值)。 » **Orientation**：設定排序方向。引數值有 xlSortColumns (循欄排序)、xlSortRows (循列排序)。 » **SortMethod**：設定排序方法。引數值有 xlPinYin (依注音排序)、xlStroke (依筆劃排序)。 » **DataOption1**、**DataOption2**、**DataOption3**：設定排序時文字與數值的排序規則。引數值有 xlSortNormal (分別排序數值及文字資料，預設值)、xlSortTextAsNumbers (排序時將文字視為數值資料)。

🖥 簡例

工作表中 A1:D9 儲存格範圍中，依照學號列出每位學生的國文、數學、英文成績，如右圖所示。

	A	B	C	D
1	學號	國文	數學	英文
2	9101	58	33	40
3	9102	66	68	50
4	9103	70	73	67
5	9104	89	80	73
6	9105	56	63	43
7	9106	91	85	88
8	9107	66	71	58
9	9108	63	65	60

以下程式使用 Sort 方法對 A1:D9 儲存格範圍進行排序，設定對 B 欄中的資料進行遞減排序，也就是將國文高分的同學排在前面。程式結果如右圖所示。

	A	B	C	D
1	學號	國文	數學	英文
2	9106	91	85	88
3	9104	89	80	73
4	9103	70	73	67
5	9102	66	68	50
6	9107	66	71	58
7	9108	63	65	60
8	9101	58	33	40
9	9105	56	63	43

```
Dim sortRange As Range
Set sortRange = ActiveSheet.Range("A1:D9")
sortRange.Sort Key1:=sortRange.Columns(2), Order1:=xlDescending, _
            Header:=xlYes
```

Sort 方法也可以同時設定多個層級的排序條件進行排序。以下程式使用 Sort 方法對 A1:D9 儲存格範圍進行排序，設定會先對 A 欄中的資料進行遞減排序，再對 B 欄中的資料進行遞減排序，也就是先依國文分數、再依數學分數進行遞減排序，程式結果如右圖所示。

	A	B	C	D
1	學號	國文	數學	英文
2	9106	91	85	88
3	9104	89	80	73
4	9103	70	73	67
5	9107	66	71	58
6	9102	66	68	50
7	9108	63	65	60
8	9101	58	33	40
9	9105	56	63	43

```
Dim sortRange As Range
Set sortRange = ActiveSheet.Range("A1:D9")
sortRange.Sort Key1:=sortRange.Columns(2), Order1:=xlDescending, _
            Key2:=sortRange.Columns(3), Order2:=xlDescending, _
            Header:=xlYes
```

自我評量

選擇題

( ) 1. 在Excel VBA中，「Range(Range("A2"), Range("C5"))」所引用的儲存格範圍為何？(A) A2及C5　(B) A2:C5　(C) A1:A2　(D) A1:C5。

( ) 2. 下列Font屬性的子屬性，何者用來將文字設定為上標？(A) FontStyle (B) Subscript　(C) Strikethrough　(D) Superscript。

( ) 3. 下列Range物件的常用屬性中，何者可用來設定儲存格的圖樣樣式？ (A) Borders　(B) RowHight　(C) Interior　(D) Font。

( ) 4. 下列何項非VBA可接受的色彩表示方式？(A) ColorIndex屬性　(B)顏色常數　(C) RGB函數　(D) HSL色彩模式。

( ) 5. Range物件的ClearFormats屬性可用來清除儲存格範圍的何項格式？ (A)資料格式　(B)文字格式　(C)背景色彩　(D)以上皆是。

( ) 6. 下列Range物件的常用屬性中，何者可用來取得儲存格中非經格式化的原始內容值？(A) Value　(B) Text　(C) Caption　(D) Name。

( ) 7. 下列Range物件的常用屬性中，何者可用來取得儲存格中的公式？(A) Address　(B) Formula　(C) Count　(D) NumberFormat。

( ) 8. 下列Range物件的常用屬性中，何者可用來將儲存格挪移至指定的位置？(A) Change　(B) Resize　(C) Offset　(D) Address。

( ) 9. 下列Range物件的常用方法中，何者可用來設定儲存格的「自動填滿」功能？(A) AutoFilter　(B) Activate　(C) AutoFill　(D) AutoFit。

( ) 10. 下列Range物件的常用方法中，何者可用來設定儲存格的「合併儲存格」功能？(A) Sort　(B) Insert　(C) UnMerge　(D) Merge。

( ) 11. 下列Range物件的常用方法中，何者可在指定儲存格範圍內加入「自動篩選」功能？(A) Find　(B) AutoFilter　(C) AutoFit　(D) Merge。

( ) 12. 若欲設定Range物件的Sort方法為「循欄排序」，應在下列何項引數中進行設定？(A) Orientation　(B) SortMethod　(C) Type　(D) Key。

實作題

1. 開啟「範例檔案\ch11\家飾店年度銷售明細.xlsx」檔案，工作表中的資料為全年度的銷售明細。請建立一個VBA功能按鈕，按下按鈕後，可將年度銷售明細依照訂單日期按"季"進行篩選，並將篩選結果分別存放在新增的「第1季」～「第4季」工作表中。

執行結果請參考下圖。

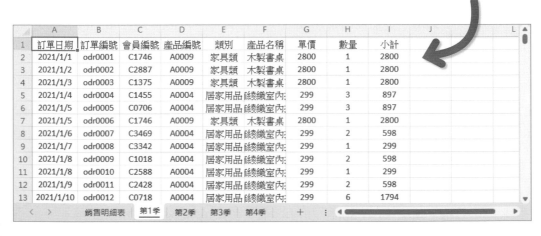

VISUAL BASIC
FOR
APPLICATION

Chart
物件

12

12-1 Excel 圖表物件

Excel 中的圖表可以放置在工作表中，隨著數據資料一起存在，稱為「內嵌圖表」；也可以放置在獨立的工作表中，這個工作表就稱為圖表工作表 (Chart)。

- **內嵌圖表**：每一個內嵌圖表就是一個 ChartObject 物件，而單一工作表中的所有內嵌圖表，皆包含在 ChartObjects 集合中，只要透過 ChartObjects 的屬性和方法，就能設定工作表中內嵌圖表的外觀和大小。

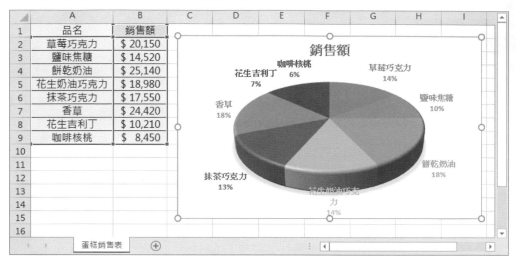

- **圖表工作表**：每一個圖表工作表本身就是一個 Chart 物件，而每個活頁簿都有一個 Charts 集合，包含該活頁簿中的所有圖表工作表 (但不包含內嵌圖表)。

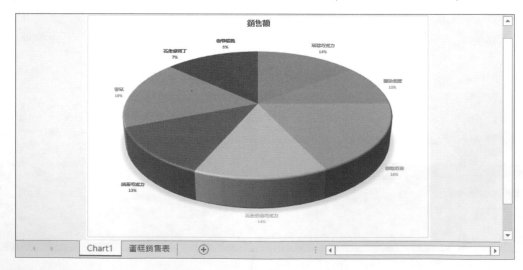

12-1-1 建立圖表物件

一張工作表中可以建立多個內嵌圖表，它們屬於一個ChartObjects集合；一個圖表工作表則只能放置一張圖表，但一個活頁簿中可以有多個圖表工作表，它們屬於一個Charts集合。在Excel VBA中欲建立內嵌圖表或是圖表工作表，雖然都是使用Add方法，但物件使用語法卻不相同，分別說明如下。

建立內嵌圖表

在Excel VBA中要建立內嵌圖表，可以使用ChartObjects集合的Add方法，在工作表中新增一個圖表。其語法如下：

ChartObjects.Add

說明	建立一個內嵌圖表。
語法	ChartObjects.Add(Left, Top, Width, Height)
引數	» Left：選用引數，設定新增圖表的左側位置。 » Top：選用引數，設定新增圖表的上側位置。 » Width：選用引數，設定新增圖表的寬度，單位為pt (1/72英寸)。 » Height：選用引數，設定新增圖表的高度，單位為pt (1/72英寸)。

🖵 簡例

以下程式會在目前工作表的座標值(100, 100)上，建立一個寬度為500pt、高度為300pt的內嵌圖表。

```
Dim cht As ChartObject
Set cht = ActiveSheet.ChartObjects.Add(Left:=100, Top:=100, _
  Width:=500, Height:=300)
```

建立圖表工作表

在Excel VBA中如果想將圖表建立在獨立的圖表工作表中，可以使用Charts集合的Add方法。其語法如下：

Charts.Add

說明	建立一個圖表工作表。
語法	Charts.Add(Before, After, Count)
引數	» Before：選用引數，設定新增圖表工作表的位置在指定工作表之前。若省略，圖表工作表會新增在活頁簿最後。Before 與 After 引數只能擇一指定，以免導致程式錯誤。 » After：選用引數，設定新增圖表工作表的位置在指定工作表之後。若省略，圖表工作表會新增在活頁簿最後。Before 與 After 引數只能擇一指定，以免導致程式錯誤。 » Count：選用引數，表示要新增的圖表工作表數量。若省略則預設為 1。

🖥 簡例

　　以下程式會將圖表工作表新增在目前活頁簿中名為 " 業績表 " 工作表之前，並將該圖表工作表命名為 " 圖表工作表 "。

```
Dim cht As Chart

' 新增圖表工作表
Set cht = ThisWorkbook.Charts.Add(Before:=Worksheets("業績表"))

' 設定圖表工作表名稱
cht.Name = "圖表工作表"
```

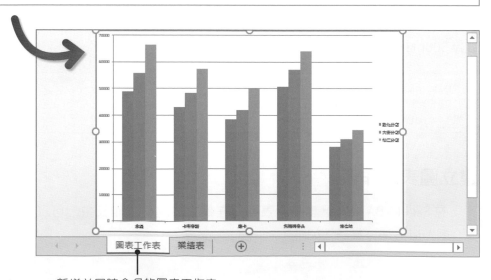

新增並同時命名的圖表工作表

12-1-2 設定圖表資料來源

使用 Add 方法建立圖表物件之後，後續可以使用 SetSourceData 方法為圖表填入實質內容。SetSourceData 方法用於為圖表指定資料來源，以便快速生成圖表。其語法如下：

SetSourceData

說明	為圖表指定資料來源。
語法	SetSourceData(Source, PlotBy)
引數	» Source：必要引數，指定資料來源的儲存格範圍。 » PlotBy：選用引數，設定繪製圖表時，數列與水平座標軸 (類別) 所對應的資料。引數值有 xlColumns(欄) 或 xlRows(列，預設值)。

🖵 簡例

以下程式指定 cht 圖表物件的資料來源為「業績表」工作表中的 A1:F4 儲存格位置，並以 " 欄 " 為數列項目繪製圖表。

```
cht.SetSourceData Source:=Range("業績表!A1:F4"), PlotBy:=xlColumns
```

PlotBy 選項說明

若以下表所示的來源資料來繪製圖表，設定 SetSourceData 的 PlotBy 時，選擇 xlColumns (欄) 或 xlRows (列)，所繪製出來的圖表意涵大不相同。如下圖所示：

	A	B	C	D	E	F
1	營業額	拿堤	卡布奇諾	摩卡	焦糖瑪奇朵	維也納
2	敦化分店	48930	43155	38640	50715	28350
3	大安分店	55965	48405	42105	57120	31080
4	松江分店	66465	57435	49980	64155	34545

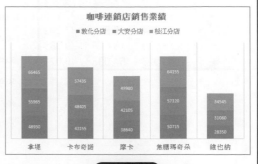

程式實作 ••

💻 **範例要求：**開啟「範例檔案 \ch12\ 西瓜產量 .xlsx」，請在工作表中新增「建立圖表」按鈕並撰寫 VBA 程式。設定當按下按鈕時，會以目前工作表中 A1:D6 儲存格範圍為圖表資料來源，在目前工作表的座標值 (230, 10) 上，建立一個寬度為 300pt、高度為 200pt 的內嵌圖表。

```
Sub CreateChart_Click()
    Dim dataSheet As Worksheet
    Dim chtObj As ChartObject
    Dim cht As Chart

    '設定dataSheet為產量表工作表
    Set dataSheet = ThisWorkbook.Worksheets("產量表")

    '在座標(230.10)新增一個寬300X高200的新圖表物件
    Set chtObj = dataSheet.ChartObjects.Add(230, 10, 300, 200)

    '設定cht為chtObj的圖表，並指定圖表資料來源為A1:D6儲存格範圍
    Set cht = chtObj.Chart
    cht.SetSourceData Source:=dataSheet.Range("A1:D6")
End Sub
```

說明 1. 內嵌圖表須使用 Add 方法建立為 ChartObject 物件。

2. 設定圖表資料來源時，使用 SetSourceData 方法。

💻 **執行結果**

執行程序後結果如下。

完成結果檔

範例檔案\ch12\西瓜產量.xlsm

12-1-3 認識圖表的組成

一個圖表的基本構成，包括「圖表標題」、「資料標記」、「資料數列」、「垂直及水平座標軸」、「圖例」等多種元件，基本上Excel圖表的每個元件都有其相關屬性可進行設定。

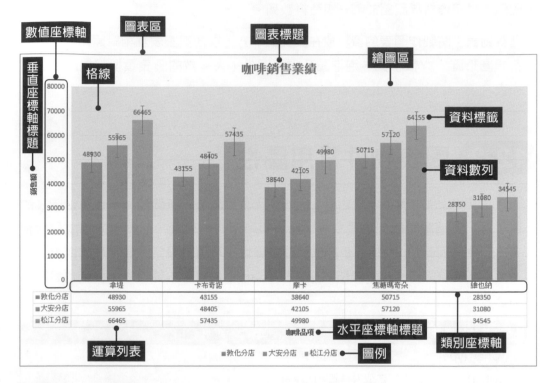

● **圖表區**：整個圖表區域。

● **繪圖區**：不包含圖表標題、圖例，只有圖表內容。

● **圖表標題**：圖表的標題。

● **類別座標軸(X)**：將資料標記分類的依據。

● **數值座標軸(Y)**：根據資料標記的大小，自動產生衡量的刻度。

● **座標軸標題**：座標軸分為水平與垂直兩座標軸，分別顯示在水平與垂直座標軸上，為數值刻度或類別座標軸的標題名稱。

● **資料數列**：資料標記表示資料的數值大小。而相同類別的資料標記，為同一組資料數列(同一顏色者)，簡稱「數列」。

- **資料標籤：** 在資料數列旁，用以標示資料的數值或相關資訊，例如：百分比、泡泡大小、公式。

- **格線：** 分為水平與垂直格線，可幫助數值刻度與資料標記的對照。除了圓形圖及雷達圖外，大多數的圖表類型都能加上格線。

- **圖例：** 顯示資料標記屬於哪一組資料數列。

- **運算列表：** 將製作圖表的資料放在圖表的下方，以便與圖表互相對照比較。除了各類圓形圖、XY 散佈圖、泡泡圖及雷達圖外，大多數的圖表類型都能加上運算列表。

12-2 圖表物件常用屬性

圖表是 Excel 中很重要的功能，因為一大堆的數值分析資料，都比不上圖表的一目了然，透過圖表能夠更輕易解讀出資料所蘊含的意義。而圖表的組成包含相當多的元件，因此 Chart 物件也提供了很多屬性，可用於設定圖表物件的內容、外觀、大小、位置等特性。下表所列是一些 Chart 物件常用的屬性，本小節也將逐一說明之。

Chart 物件屬性	說明
ChartType	設定或取得圖表類型。
ChartTitle	設定或取得圖表的標題。
HasTitle	設定或取得圖表或座標軸是否具有標題。
Legend	設定或取得圖表的圖例。
HasLegend	設定或取得圖表是否具有圖例。
PlotArea	設定或取得圖表的繪圖區格式。
ChartArea	設定或取得圖表區格式。
Axes	設定或取得圖表上的座標軸格式。

使用這些屬性進行設定時，須確定圖表存在於工作表中，否則程式將會發生錯誤。

12-2-1 ChartType

Excel 提供了直條圖、堆疊圖、折線圖、圓形圖等多種圖表類型,讓使用者可以選擇並建立適合表現資料意義的圖表,而 Chart 物件的 ChartType 屬性便是用於設定或取得圖表類型。

設定 ChartType 屬性時,直接在 ChartType 屬性後方指定圖表類型即可,預設的屬性值為 xlColumnClustered(群組直條圖),其他主要的 ChartType 屬性值還有 xlBarClustered(群組橫條圖)、xlLine(折線圖)、xlPie(圓形圖)、xlArea(區域圖)、xlPyramidBarClustered(群組金字塔柱圖)、xlRadar(雷達圖)等。

🖳 **簡例**

以下程式設定圖表物件的圖表類型為圓形圖。

```
ch.ChartType = xlPie
```

12-2-2 ChartTitle / HasTitle

Chart 物件的 ChartTitle 屬性用於設定或取得圖表的標題。而 ChartTitle 屬性是一個物件,可透過一些常用的屬性,對標題進行文字內容、外觀及位置上的設定。下表所列為常見的 ChartTitle 屬性。

ChartTitle 屬性	說明
Text	設定或取得標題的文字內容。
Font	設定或取得標題的文字格式。
Position	設定標題的位置。 其屬性值有 xlChartElementPositionAutomatic(會自動設定圖表項目的位置)、xlChartElementPositionCustom(會為圖表項目指定特定的位置)。
Border	設定或取得標題的框線格式。

而 HasTitle 屬性用於設定或取得圖表或座標軸是否具有標題,其屬性值為一個布林值。若 HasTitle 屬性值為 True,表示圖表具有標題;若 HasTitle 屬性值為 False,則表示該圖表沒有標題。要特別注意,只有當 HasTitle 屬性值為 True 時,才能使用 ChartTitle 屬性設定圖表標題文字。

簡例

以下程式在名為 cht 的 Chart 物件上同時設定多個屬性,因此使用 With...End With 架構簡化程式碼。首先將 HasTitle 屬性設定為 True,以便使用 ChartTitle 屬性設定圖表標題。接著設定 ChartTitle 屬性時,使用 Text 屬性設定標題文字內容、Font 屬性設定標題字體格式、Border 屬性設定標題框線樣式。

```
With cht
    .HasTitle = True
    .ChartTitle.Text = "近三年產量報表"      '設定標題文字內容
    .ChartTitle.Font.Size = 14              '設定標題文字大小
    .ChartTitle.Font.Bold = True            '設定標題粗體
    .ChartTitle.Border.LineStyle = xlDash   '設定框線為虛線
    .ChartTitle.Border.Color = vbred        '設定框線顏色
End With
```

近三年產量報表

12-2-3 Legend / HasLegend

Chart 物件的 Legend 屬性用於設定或取得圖表的圖例。而 Legend 屬性是一個物件,可透過一些常用的屬性,對圖例進行文字格式、顏色或樣式等外觀上的設定。下表所列為常見的 ChartTitle 屬性。

Legend 屬性	說明
Font	設定或取得圖例的文字格式。
Position	設定或取得圖例的位置。其屬性值有: xlLegendPositionTop(圖表上方)、xlLegendPositionBottom(圖表下方)、 xlLegendPositionLeft(圖表左側)、xlLegendPositionRight(圖表右側)、 xlLegendPositionCorner(圖表角落)、xlLegendPositionCustom(自訂位置)
Layout	設定或取得圖例中各項目的排列方式。其屬性值與 Position 屬性相同,但 Layout 屬性還可以更進一步設定 LegendStyle、DefaultSize、Height、Width 和 Top 等各種屬性,來設定圖例的對齊方式、大小和位置等。
Border	設定或取得圖例的框線格式。
Shadow	設定或取得圖例的陰影樣式。
Height、Width	設定或取得圖例的高度和寬度。
AutoScaleFont	設定或取得圖例中的字體大小是否隨圖表大小而自動調整。

而 HasLegend 屬性用於設定或取得圖表是否具有圖例，其屬性值為一個布林值。若 HasLegend 屬性值為 True，表示圖表具有圖例；若 HasLegend 屬性值為 False，則表示該圖表沒有圖例。要特別注意，只有當 HasLegend 屬性值為 True 時，才能使用 Legend 屬性來設定圖例。

💻 簡例

以下程式在名為 cht 的 Chart 物件上同時設定多個屬性來編輯圖例。首先將 HasLegend 屬性設定為 True，接著設定 Legend 屬性，使用 Position 屬性設定圖例位置、Width 屬性設定圖例寬度、Font 屬性設定圖例文字格式、Border 屬性設定圖例框線樣式、Shadow 屬性設定圖例陰影。

```
Dim cht As Chart
Set cht = ActiveSheet.ChartObjects(1).Chart

cht.HasLegend = True
cht.Legend.Position = xlLegendPositionTop     '設定圖例位置在圖表上方
cht.Legend.Width = 150                        '設定圖例寬度為150pt

'設定圖例文字格式
With cht.Legend.Font
    .Name = "Arial"
    .Size = 10
    .ColorIndex = 3      '設定紅色
End With

'設定圖例邊框樣式
With cht.Legend.Border
    .LineStyle = xlContinuous
    .Weight = xlThin
    .ColorIndex = 1      '設定黑色
End With

'開啟圖例的陰影效果
cht.Legend.Shadow = True
```

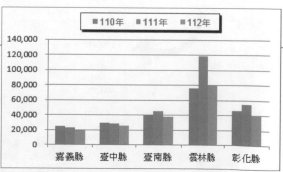

12-2-4 PlotArea

Chart物件的PlotArea屬性用於設定或取得圖表的繪圖區格式。Excel圖表的繪圖區是圖表中實際繪製數列的區域。PlotArea屬性同樣是一個物件，可透過一些常用的屬性，對繪圖區進行大小、位置、框線、背景色等各種格式設定。下表所列為常見的PlotArea屬性。

PlotArea 屬性	說明
Height、Width	設定或取得繪圖區的大小。
Top、Left	設定或取得繪圖區的位置。
Interior	設定或取得繪圖區的背景樣式。
Border	設定或取得繪圖區的框線樣式。

🖥 簡例

以下程式在名為cht的Chart物件上同時進行多個PlotArea屬性設定，因此使用With...End With架構簡化程式碼。設定PlotArea屬性時，使用Height與Width屬性設定繪圖區的大小、Top與Left屬性設定繪圖區的位置、Interior屬性設定繪圖區的背景色、Border屬性設定繪圖區的框線樣式。

```
With cht.PlotArea
    .Height = 200
    .Width = 300
    .Top = 50
    .Left = 50
    .Interior.Color = RGB(255, 255, 166)    '設定背景色為淡黃色
    .Border.LineStyle = xlContinuous        '設定框線為實線
    .Border.Color = RGB(0, 0, 0)            '設定框線為黑色
End With
```

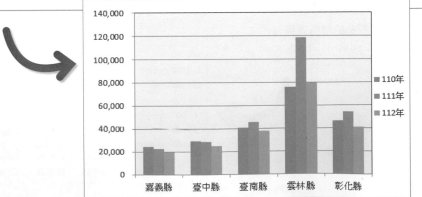

12-2-5　ChartArea

Chart 物件的 ChartArea 屬性用於設定或取得圖表區格式。整個圖表區包含標題、座標軸、圖例等區域。ChartArea 屬性是一個物件，可透過一些常用的屬性，對圖表區的文字、框線、背景色等進行各種格式上的設定。下表所列為常見的 ChartArea 屬性。

ChartArea 屬性	說明
Height、Width	設定或取得整個圖表區的大小。
Top、Left	設定或取得整個圖表區的位置。
Interior	設定或取得整個圖表區的背景樣式
Border	設定或取得整個圖表區的框線樣式。
RoundedCorners	設定或取得圖表區的邊角圓角程度。
Shadow	設定或取得圖表區的陰影效果。

🖥 **簡例**

以下程式在名為 cht 的 Chart 物件上同時進行多個 ChartArea 屬性設定，因此使用 With...End With 架構簡化程式碼。設定 ChartArea 屬性時，使用 Interior 屬性設定圖表區的背景色、Border 屬性設定圖表區的框線樣式、Shadow 屬性設定圖表區的陰影效果、RoundedCorners 屬性設定圖表區的邊角圓角效果。

```
With cht.ChartArea
    .Interior.Color = RGB(255, 255, 255)    '設定背景色為白色
    .Border.LineStyle = xlContinuous        '設定框線為實線
    .Border.Color = RGB(0, 0, 0)            '設定框線為黑色
    .Shadow = True
    .RoundedCorners = True
End With
```

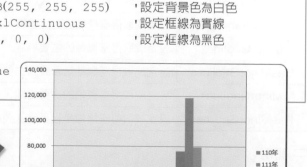

12-2-6 Axes

Chart 物件的 Axes 屬性用於設定或取得圖表上的座標軸格式。

Axes

說明	設定或取得圖表上的座標軸格式。
語法	Axes(Type, AxisGroup)
引數	» Type：選用引數，會指定要傳回的座標軸。座標軸常數有：xlValue（座標軸刻度值）、xlCategory（座標軸刻度類別）或 xlSeriesAxis（座標軸刻度資料數列，僅適用於3D圖表）。 » AxisGroup：指定座標軸群組。座標軸群組常數有xlPrimary（主要軸群組）及xlSecondary（次要軸群組）。若省略則預設使用主要軸群組。

Axes 屬性是一個物件，包含了圖表中的所有座標軸，包含標題、刻度與格線等元素，透過一些常用的屬性，可對座標軸內的元素進行各種格式設定，如：刻度的最大刻度和最小刻度、設定座標軸標題、顯示垂直軸主要格線等。下表所列為常見的 Axes 屬性。

Axes 屬性	說明
AxisTitle	設定或取得座標軸的標題。
HasTitle	設定或取得座標軸是否具有標題。
MinimumScale	設定或取得座標軸的最小刻度。
MaximumScale	設定或取得座標軸的最大刻度。
TickLabels	設定或取得座標軸的刻度標籤。
MajorGridlines	設定或取得座標軸的主要格線。
HasMajorGridlines	設定或取得座標軸是否具有主要格線。
MinorGridlines	設定或取得座標軸的次要格線。
HasMinorGridlines	設定或取得座標軸是否具有次要格線。

🖥 簡例

以下程式在名為cht的Chart物件上同時進行多個Axes屬性設定，因此使用With...End With架構簡化程式碼。首先使用cht.Axes(xlCategory)取得cht圖表的X軸（水平座標軸），並依序設定水平座標軸的標題、主要格線的樣式。

```
With cht.Axes(xlCategory)        '設定X軸
    '設定標題
    .HasTitle = True
    .AxisTitle.Text = "品項"
    '設定主要格線
    .HasMajorGridlines = True          '顯示主要格線
    .MajorGridlines.Border.LineStyle = xlDot        '主要格線為點狀線
    .MajorGridlines.Border.color = RGB(255, 0, 0)  '主要格線為紅色
End With
```

接著使用cht.Axes(xlValue)取得cht圖表的Y軸(垂直座標軸)，並依序設定垂直座標軸的標題、刻度、格線的樣式。

```
With cht.Axes(xlValue)   '設定Y軸
    '設定標題
    .HasTitle = True
    .AxisTitle.Text = "產量"
    '設定刻度
    .MaximumScale = 120000            '設定最大刻度
    .MinimumScale=10000               '設定最小刻度
    '設定格線
    .HasMajorGridlines = True          '顯示主要格線
    .MajorGridlines.Border.LineStyle = xlDot          '主要格線為點狀線
    .HasMinorGridlines = True          '顯示次要格線
End With
```

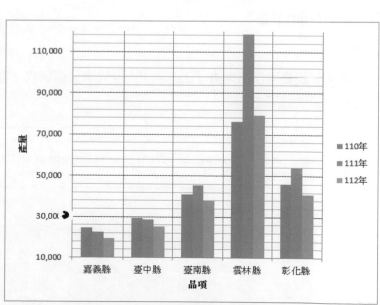

12-3 圖表物件常用方法

Chart 物件有其所屬的方法，用來設定要對圖表物件進行什麼樣的操作。下表所列是一些 Chart 物件常用的方法，本小節也將逐一說明之。

Chart 物件方法	說明
Activate	將工作表中的圖表設定為作用中圖表。
Select	選擇指定的圖表工作表。
Location	將圖表移動到新的位置。
ChartWizard	快速格式化圖表。
Copy	將圖表複製到剪貼簿中，或至指定位置貼上。
Paste	將剪貼簿中的圖表貼至 Excel 工作表中。
Delete	刪除工作表中的圖表。
Export	將圖表儲存為圖檔。
PrintOut	將指定圖表列印出來。

12-3-1 Activate

Chart 物件的 Activate 方法用於將工作表中的圖表設定為作用中圖表，以便對其進行後續的選取或編輯。使用 Activate 方法時，須設定一個必要引數，即為要進行設定的 Chart 對象。

🖵 **簡例**

將 cht 圖表物件指定為「工作表 1」中的第一個圖表，並設定其為目前作用中的圖表。語法如下：

```
Dim cht As Chart
Set cht = Worksheets("工作表1").ChartObjects(1).Chart
cht.Activate
```

12-3-2　Select

Select方法用於選擇指定的圖表工作表。例如，選取名為「Chart1」的圖表工作表，其語法為：

```
Charts("Chart1").Select
```

若同時選取兩個以上圖表工作表，可使用Array函數來同時包含多個圖表工作表名稱。其語法為：

```
Charts(Array("Chart1", "Chart2")).Select
```

12-3-3　Location

Chart物件的Location方法可用於將圖表移動到新的位置。

Location

說明	將圖表移動到新的位置。
語法	Location(Where, Name)
引數	» **Where**：必要引數，表示圖表要移動的目標位置。引數值有： 　xlLocationAsNewSheet (將圖表移到新工作表) 　xlLocationAsObject (將圖表嵌入現有工作表) 　xlLocationAutomatic (由Excel決定圖表位置) » **Name**：選用引數 (但若Where引數為xlLocationAsObject，則為必要項)。若Where是xlLocationAsObject，則表示要內嵌圖表的工作表名稱；若Where是xlLocationAsNewSheet，則表示新工作表的名稱。

🖥 簡例

以下程式將「工作表1」中的第一個圖表，移動到「圖表1」圖表工作表中。

```
Worksheets("工作表1").ChartObjects(1).Chart.Location xlLocationAsNewSheet, "圖表1"
```

以下程式將「工作表1」中的第一個圖表，移動到「工作表2」工作表中。

```
Worksheets("工作表1").ChartObjects(1).Chart.Location xlLocationAsObject, "工作表2"
```

12-3-4 ChartWizard

Chart 物件的 ChartWizard 方法可以快速設定一個格式化圖表,例如:圖表類型、資料來源、標題、座標軸標籤等格式,而不需要一一設定所有個別屬性。

ChartWizard

說明	快速格式化圖表。
語法	ChartWizard(Source, Gallery, Format, PlotBy, CategoryLabels, SeriesLabels, HasLegend, Title, CategoryTitle, ValueTitle, ExtraTitle)
引數	» **Source**:必要引數,設定新圖表資料來源範圍。若省略,會編輯目前使用中的圖表。 » **Gallery**:選用引數,設定圖表類型。 » **Format**:選用引數,設定內建自動格式設定的選項編號(1~10)。若省略,Excel 會自動選擇預設值。 » **PlotBy**:選用引數,設定數列資料來源是列(xlRows)或欄(xlColumns)。 » **CategoryLabels**:選用引數,設定來源範圍內包含類別標籤的列數或欄數。 » **SeriesLabels**:選用引數,設定來源範圍內包含數列標籤的列數或欄數。 » **HasLegend**:選用引數,若為 True 表示圖表具有圖例。 » **Title**:選用引數,設定圖表標題文字。 » **CategoryTitle**:選用引數,設定類別座標軸標題文字。 » **ValueTitle**:選用引數,設定數值座標軸標題文字。 » **ExtraTitle**:選用引數,設定立體圖表的數列座標軸標題。

🖵 **簡例**

以下程式設定「Chart1」圖表工作表中的圖表格式,使用 Source 引數設定圖表資料來源,Gallery 引數設定圖表類型為折線圖,Title、CategoryTitle 和 ValueTitle 引數分別設定圖表的標題、類別軸標籤和數值軸標籤。

```
Chart("Chart1").ChartWizard Source:=Range("A1:D6"), _
   Gallery:=xlLine, Title:="銷售報告", CategoryTitle:="月份", _
   ValueTitle:="銷售量"
```

12-3-5 Copy

Chart 物件的 Copy 方法用於將圖表複製到剪貼簿中，或至指定位置貼上。

Copy

說明	將圖表複製到剪貼簿中，或至指定位置貼上。
語法	Copy(Before, After)
引數	» Before：選用引數，表示要複製的工作表將放在此工作表之前。Before 與 After 引數只能擇一指定，以免導致程式錯誤。 » After：選用引數，要複製的工作表將放在此工作表之後。Before 與 After 引數只能擇一指定，以免導致程式錯誤。

🖵 簡例

以下程式使用 Copy 方法將 myChart 圖表複製到剪貼簿中。

```
myChart.Copy
```

以下程式使用 Copy 方法，將「Chart1」圖表工作表複製至「工作表1」之後貼上。

```
Charts("Chart1").Copy After:=Worksheets("工作表1")
```

12-3-6 Paste

Chart 物件的 Paste 方法用於將剪貼簿中的圖表貼至 Excel 工作表中。

🖵 簡例

以下程式先使用 Copy 方法將「工作表1」工作表中第一個圖表複製到剪貼簿中，再使用 Paste 方法將剪貼簿中的圖表貼在目前作用工作表的 A1 儲存格上。若使用 Paste 語法中的 **Destination** 引數，可進一步指定要複製到的目的儲存格位置。

```
Dim myChart As ChartObject
Set myChart = Worksheets("工作表1").ChartObjects(1)
myChart.Copy
ActiveSheet.Paste Destination:=Range("A1")
```

(12-3-7) **Delete**

Chart物件的Delete方法用於刪除工作表中的圖表。

🖵 **簡例**

以下程式使用Delete方法將myChart圖表刪除。

```
myChart.Delete
```

(12-3-8) **Export**

Chart物件的Export方法用於將圖表儲存為圖檔,如:PNG、JPG等格式。使用Export方法儲存圖表時,須指定完整路徑和檔名,以及要使用的圖檔格式。

Export

說明	將圖表儲存為圖檔。
語法	Export(FileName, FilterName, Interactive)
引數	» **FileName**:必要引數,設定圖檔的檔案名稱。 » **FilterName**:選用引數,設定圖檔的檔案格式。引數值為字串,例如:"gif"、"jpg"、"png"等,若省略則預設為"jpg"。 » **Interactive**:選用引數,引數值為布林值,若為True表示顯示含有特定篩選選項的對話方塊;False(預設值)表示Excel會使用篩選的預設值。

🖵 **簡例**

以下程式使用Export方法將「工作表1」工作表中第一個圖表,以PNG圖檔格式儲存在指定路徑(D:\)中。

```
Worksheets("工作表1").ChartObjects(1).Chart.Export FileName:="D:\
MyChart.png", FilterName:="png"
```

> 🈯 如果要將圖表儲存為 PDF 格式,可以使用 ExportAsFixedFormat 方法,該方法的語法設定與 Export 方法相似,舉例如下:
>
> chartObj.Chart.ExportAsFixedFormat Type:=xlTypePDF, Filename:="D:\Chart.pdf"

12-3-9 PrintOut

PrintOut方法用於將指定圖表列印出來，以便查看或分享。

PrintOut

說明	將指定圖表列印出來。
語法	PrintOut(From, To, Copies, Preview, ActivePrinter, PrintToFile, Collate, PrToFileName, IgnorePrintAreas)
引數	» From：選用引數，設定列印的起始頁。若省略則由起始位置開始列印。 » To：選用引數，設定列印的終止頁。若省略將列印至最後一頁。 » Copies：選用引數，設定列印份數。若省略則列印一份。 » Preview：選用引數，設定是否預覽列印，若為True，表示列印前會先預覽列印；若為False或省略，則不會預覽列印，會直接列印物件。 » ActivePrinter：選用引數，設定現用印表機的名稱。 » PrintToFile：選用引數，若為True則列印至檔案。 » Collate：選用引數，設定是否自動分頁，若為True將自動分頁。 » PrToFileName：選用引數，若PrintToFile設定為True，此引數則用以指定要列印的檔案名。 » IgnorePrintAreas：選用引數，設定是否忽略列印範圍。若為True，則會忽略列印範圍而列印整個物件。

📟 簡例

以下程式使用PrintOut方法列印工作表內容，將會列印目前工作表中，第2頁到第3頁的三份複本。

```
ActiveSheet.PrintOut From:=2, To:=3, Copies:=3
```

以下程式將目前工作表中第一個圖表指定為chartObj圖表，並使用PrintOut方法列印chartObj圖表。程式中將Preview引數設定為True，表示列印前會開啟預覽列印；IgnorePrintAreas引數設定為False，表示不會忽略列印範圍的設定。

```
Dim chartObj As ChartObject
Set chartObj = ActiveSheet.ChartObjects(1)
chartObj.PrintOut Preview:=True, IgnorePrintAreas:=False
```

自我評量

選擇題

(　　) 1. Excel工作表中的內嵌圖表，應宣告為下列何項物件？(A) Worksheet (B) Workbook　(C) ChartObject　(D) Chart。

(　　) 2. 下列何項Chart物件屬性，可取得圖表的標題？(A) ChartType　(B) ChartTitle　(C) ChartName　(D) HasTitle。

(　　) 3. 下列何項Chart物件屬性，可設定圖表上的座標軸格式？(A) PlotArea (B) ChartArea　(C) Legend　(D) Axes。

(　　) 4. 欲將Excel中的圖表儲存為JPG圖檔各式，應使用下列何項Chart物件方法？(A) PrintOut　(B) Export　(C) Save　(D) Paste。

實作題

1. 開啟「範例檔案\ch12\鐵路便當營業額.xlsx」檔案，請依據工作表中的A1:F5儲存格資料建立一個折線圖，設定各項圖表格式如下：

   ● 圖表大小為寬375×長225、位置座標為(10, 130)，並設定為作用中圖表。

   ● 圖表標題為「本月營業額」。

   ● 顯示X軸與Y軸的主要格線。

   ● 圖表另存在電腦中的D槽(D:\)之下，圖檔檔名為「本月銷售圖表.jpg」。

   執行結果請參考下圖。

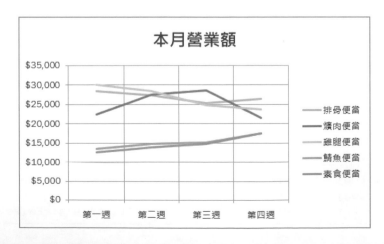

VISUAL BASIC
FOR
APPLICATION

13

使用者介面設計

13-1 自訂表單

Excel的最大功能無非就是用於蒐集、儲存、處理與分析各種數據資訊。但有時要處理龐大資料，若直接在工作表中建立資料，可能會造成輸入錯誤或是對照困難等問題，此時不妨使用VBA的 **UserForm 自訂表單**來建立**使用者操作介面** (User Interface, UI)，設計完整欄位介面以便輸入每一筆資料，之後再撰寫相關程序來處理這些資料。

13-1-1 建立自訂表單

「表單」是設計圖形化使用者介面的地方，而「控制項」則是進行各種輸出入功能的基本元件 (例如：文字方塊、標籤、按鈕、…等)，我們可以將表單視為放置控制項的「容器」，利用VBE工具箱中所提供的各種控制項，在表單上建立控制項物件，以組合建構出應用程式的模型。建立自訂表單的操作步驟如下：

STEP01 點選「**開發人員→程式碼→Visual Basic**」按鈕；或是直接按下鍵盤上的 **Alt+F11** 快速鍵，開啟 Visual Basic 編輯器。

STEP02 點選功能表上的「**插入→自訂表單**」功能，或是按下工具列上的 下拉鈕，於選單中選擇「**自訂表單**」，在專案視窗中就會新增一個「表單」資料夾，其中包含一個 **UserForm1** 表單物件，並開啟該物件的空白表單。

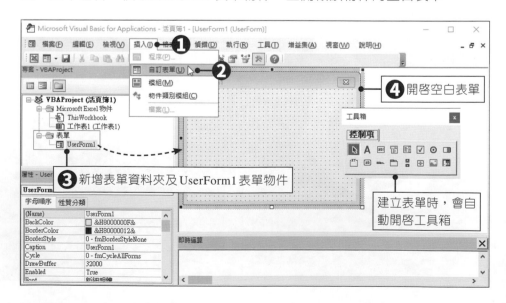

13-1-2 自訂表單的常用屬性

使用VBA製作自訂表單時，表單不僅僅是控制項的容器，它本身也屬於一個 UserForm物件，因此可使用各種屬性來設定表單的文字與外觀。下表所列是一些 UserForm物件常用的屬性。

UserForm 屬性	說明
Name	設定表單名稱。
Caption	設定或取得表單物件的標題列文字。
Height / Width	設定或取得表單物件的高度與寬度。
Left / Top	設定或取得表單物件距離螢幕左上角的水平距離與垂直距離。
BackColor	設定表單的背景色。
Picture	設定表單的背景圖片。
Font	設定表單中所有文字格式。
ScrollBars	設定表單視窗的捲軸顯示。
StartUpPosition	設定表單的開啟位置。

建立好表單物件後，屬性視窗中會列出該物件的所有屬性，可以直接透過屬性功能表來進行表單的各種屬性設定。假設我們要將新增的UserForm1表單名稱更改為「frmInputCusData」，只要雙擊Name屬性值，即可進入藍底的編輯狀態，直接鍵入新的名稱即可。

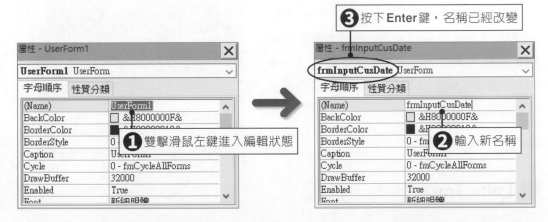

❸ 按下 **Enter** 鍵，名稱已經改變

❶ 雙擊滑鼠左鍵進入編輯狀態

❷ 輸入新名稱

> **註** 若 VBE 中未顯示屬性視窗，可以點選功能表的「檢視→屬性視窗」，或直接按下 **F4** 功能鍵，即可開啟屬性視窗。

Name

UserForm 物件的 Name 屬性用於設定 UserForm 物件的名稱。當建立一個新的 UserForm 物件時，VBA 會自動命名為 UserForm1、UserForm2 等，我們可以透過 Name 屬性來更改其命名。UserForm 物件的名稱不能超過 31 個字元，而且這個命名必須是唯一的，以便在程式中識別。

Caption

UserForm 物件的 Caption 屬性用來設定或取得表單物件的標題列文字。

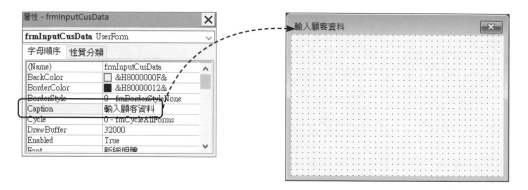

Height / Width

UserForm 物件的 Height 屬性用來設定或取得表單物件的高度，Width 屬性用來設定或取得表單物件的寬度。除此之外，在表單的設計階段，可以直接拖曳表單四周的控點來改變表單的大小。

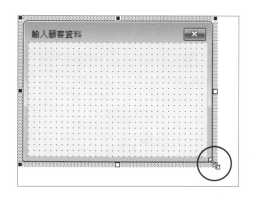

Left / Top

UserForm 物件的 Left 屬性用來設定或取得表單物件距離螢幕左上角的水平距離，Top 屬性用來設定或取得表單物件距離螢幕左上角的垂直距離。

BackColor

UserForm物件的BackColor屬性用於設定
表單的背景顏色。按下BackColor屬性值右側下
拉鈕,即可開啟色彩選單,可選擇使用系統配色
(預設為按鈕表面),或是指定調色盤的色彩。

表單的BackColor屬性只會影響表單本身
的背景色,不會影響表單中其他控制項的顏色。
若要設定控制項的顏色,就須個別設定每個控制
項的BackColor屬性才行。

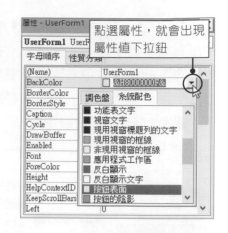

Picture

UserForm物件的Picture屬性用於設定表
單的背景圖片。按下Picture屬性值右側**更多**選
單鈕,即可開啟「載入圖片」對話方塊,選擇想
要使用的圖檔,選定後按下**「開啟」**按鈕即完成
設定,表單就會加上指定圖片作為背景,讓表單
設計更加豐富。

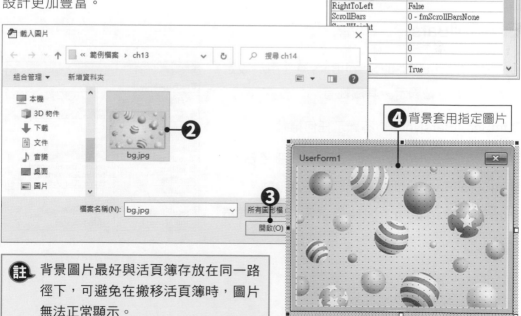

> **註** 背景圖片最好與活頁簿存放在同一路
> 徑下,可避免在搬移活頁簿時,圖片
> 無法正常顯示。

📝 Font

UserForm物件的Font屬性用於設定表單中所有文字的字體、字型樣式、字型大小等格式。按下Font屬性值右側**更多**選單鈕，即可開啟「字型」對話方塊，從中設定文字格式，按下**「確定」**按鈕即完成設定。

點選屬性，就會出現屬性值**更多**選單鈕。按下即開啟相關對話方塊進行設定。

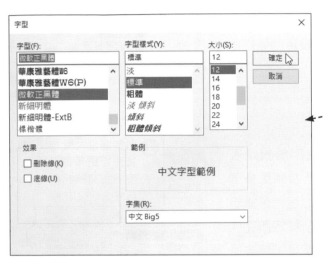

📝 ScrollBars

UserForm物件的ScrollBars屬性用於設定表單視窗的捲軸顯示。其屬性有：

- fmScrollBarsNone：不顯示任何捲軸。

- fmScrollBarsHorizontal：僅顯示水平捲軸。

- fmScrollBarsVertical：僅顯示垂直捲軸。

- fmScrollBarsBoth：同時顯示水平和垂直捲軸。

StartUpPosition

UserForm 物件的 StartUpPosition 屬性用
於設定表單的開啟位置，也就是當表單開啟時，
表單會顯示在螢幕上的哪個位置。其屬性值有：

- 0- 自訂：使用者可以手動設定表單位置。

- 1- 所屬視窗中央：將表單放置在 Excel 視窗的
  中央。

- 2- 螢幕中央：將表單放置在螢幕的中央。

- 3- 系統預設值：按照 Windows 預設的位置顯示表單。

13-1-3 自訂表單的常用方法

UserForm 物件有其所屬的方法，用來設定要對表單物件進行什麼樣的操作。
下表所列是一些 UserForm 物件常用的方法，本小節也將逐一說明之。

UserForm 方法	說明
Show	顯示表單。
Hide	隱藏表單。
Repaint	重繪表單。
PrintForm	直接列印表單。
Load	將表單載入記憶體中。
Unload	將表單由記憶體中移除。

Show

UserForm 物件的 Show 方法用於載入並顯示表單。舉例來說，當使用者點擊
按鈕時，此時可使用 Show 方法設定顯示表單。

Show 方法有兩個引數值，第一個引數若為 1 或 vbModal(預設值)，表示顯
示表單時禁止 Excel 應用程式同時進行其他操作(例如：顯示其他表單)；若為 0 或
vbModeless，表示顯示表單時可同時顯示其他表單。

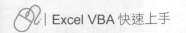

簡例

以下程式使用 Show 方法分別顯示 UserForm1 及 UserForm2 表單物件,並設定在顯示 UserForm1 表單物件之後,才顯示 UserForm2 表單物件。

```
UserForm1.Show vbModal
UserForm2.Show vbModal
```

以下程式同樣使用 Show 方法來顯示 UserForm1 及 UserForm2 表單物件,但將引數設定為 0 或 vbModeless,表示兩個表單將同時顯示。

```
UserForm1.Show 0
UserForm2.Show 0
```

Hide

UserForm 物件的 Hide 方法用於隱藏表單。舉例來說,當使用者完成資料的輸入時,此時可使用 Hide 方法設定隱藏表單。

簡例

以下程式使用 Hide 方法隱藏 UserForm1 表單。

```
UserForm1.Hide
```

Repaint

UserForm 物件的 Repaint 方法用於重繪表單,也就是更新螢幕畫面。舉例來說,當表單上的控制項或內容有所變動時,想將表單更新為最新狀態,即可使用 Repaint 方法來重繪表單。

簡例

以下程式使用 Repaint 方法來重繪 UserForm1 表單。

```
UserForm1.Repaint
```

PrintForm

UserForm 物件的 PrintForm 方法用於將表單在預設印表機上直接列印,而不會出現對話方塊進行列印的設定,可以快速執行列印動作。

簡例

以下程式使用 PrintForm 方法直接將 UserForm1 表單列印出來。

```
UserForm1.PrintForm
```

Load / Unload

UserForm 物件的 Load 方法用於將表單載入到記憶體中;Unload 方法則是用於將表單物件從記憶體中移除。當需要顯示表單時,可以使用 Load 方法先將表單載入記憶體,再使用 Show 方法顯示表單,之後關閉表單時,可以使用 Unload 方法卸載表單。而當使用 Load 方法再次載入表單時,會初始化表單中的所有控制項內容。

簡例

以下程式依序對 UserForm1 表單執行載入、顯示、隱藏、卸載等操作。要注意使用 Show 方法顯示表單之前,必須先使用 Load 方法載入表單;在使用 Unload 方法卸載表單之前,必須先使用 Hide 方法隱藏表單,如此可確保表單確實被卸除。

```
UserForm1.Load
UserForm1.Show

UserForm1.Hide
Unload UserForm1
```

13-1-4 編輯表單物件的事件程序

　　欲編輯 UserForm 物件的事件程序，作法與一般物件不太相同，一般物件是在 VBE 專案視窗中的物件上雙擊滑鼠左鍵，即可開啟該物件的程式碼視窗，進行事件程序的程式撰寫（詳見第 9-3 節）。但若在表單物件上雙擊滑鼠左鍵，則是開啟工具箱。若要編輯表單物件的事件程序，其作法如下：

STEP 01 點選「**開發人員→程式碼→ Visual Basic**」按鈕；或是直接按下鍵盤上的 **Alt+F11** 快速鍵，開啟 Visual Basic 編輯器。

STEP 02 在專案視窗中的 UserForm 物件上按下滑鼠右鍵，開啟快捷選單，於選單中選擇「**檢視程式碼**」，即可開啟該表單物件的程式碼視窗。

STEP 03 在程式碼視窗中左側的「物件清單」選單中，會列出 **(一般)** 及所屬**物件名稱**兩個選項，選擇 **(一般)** 代表撰寫一般程序，選擇**物件名稱**代表撰寫物件的事件處理程序。在選單中直接點選想要編輯的物件即可。

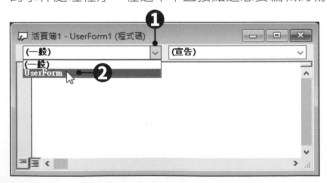

STEP**04** 此時程式編輯區中會出現預設的**UserForm_Click**事件程序，為點選表單時所觸發的程序。可以按下視窗右側的程序清單，會列出表單物件所屬的各種事件程序，選定要建立的事件程序後，便可建立其他的事件程序。

13-1-5 自訂表單的常用事件

當使用者在Excel中進行特定操作時，就會觸發事件，程式開發者可藉由各種事件的觸發，來自動執行相對應的VBA程式操作。下表所列是一些UserForm物件常用的事件，本小節也將逐一說明之。

UserForm 事件	說明
Activate	當表單成為目前作用中表單時觸發。
Deactive	當表單不再是作用中表單時觸發。
Initialize	當表單被載入記憶體後觸發。
Click	當使用者在表單上按一下滑鼠時觸發。
QueryClose	當表單關閉之前觸發。

📋 Activate

UserForm物件的Activate事件會在當表單成為目前作用中表單時觸發。這個事件通常用於設定表單中控制項的初值，或者指定將焦點設定在特定控制項上。

以下程式為 UserForm 物件的 Activate 事件程序，會在當表單成為作用中表單時，自動將焦點設定在 TextBox1 控制項上，使用者便可以直接進行輸入。

```
Private Sub UserForm_Activate()
    TextBox1.SetFocus
End Sub
```

💬 Deactivate

當表單不再是作用中表單時，例如，當使用者點擊了其他表單或是關閉目前表單時，就會自動觸發 Deactivate 事件。

🖥 簡例

以下程式為 UserForm 物件的 Deactivate 事件程序，會在當表單不再是作用中表單時，自動儲存表單中的資料。

```
Private Sub UserForm_Deactivate()
    SaveData
End Sub
```

💬 Initialize

UserForm 的 Initialize 事件是在表單被載入記憶體後，在表單顯示之前觸發的事件，通常用於設定表單的初始化，例如：設定表單與控制項的初始值、設定控制項的資料來源等。

🖥 簡例

以下程式為 UserForm 物件的 Initialize 事件程序，會在當表單被載入記憶體後，自動將 TextBox1 文字方塊的預設值設定為目前系統年。

```
Private Sub UserForm_Initialize()
    TextBox1.Value = Year(Date)
End Sub
```

📧 Click

Click事件是UserForm物件的預設事件，會在使用者於表單上按一下滑鼠時自動觸發。

💻 簡例

以下程式為UserForm物件的Click事件程序，會在當使用者點擊表單時，自動將CommandButton1按鈕的背景色設定為藍色，以建立視覺反饋。

```
Private Sub UserForm_Click()
    CommandButton1.BackColor = RGB(0, 0, 255)    '藍色
End Sub
```

📧 QueryClose

UserForm的QueryClose事件是在關閉表單時所觸發，會在使用者按下右上角的關閉視窗鈕時自動觸發。通常用於提醒使用者是否儲存資料，或者再次確認是否要關閉表單等操作。

QueryClose事件具有兩個參數，**Cancel**參數用於設定是否取消預設的關閉操作，若設定為True表示取消預設的關閉操作，可避免表單被關閉；**CloseMode**參數用於表示QueryClose事件發生的原因，也就是由誰關閉表單，其參數值有：vbFormControlMenu、vbFormCode、vbAppWindows、vbAppTaskManager。

💻 簡例

以下程式為UserForm物件的QueryClose事件程序，會在當使用者按下關閉按鈕時，出現一個對話方塊確認是否關閉表單。若按下"否"，則將Cancel變數設定為True，表示不關閉表單；若按下"是"，則表單繼續執行關閉。

```
Private Sub UserForm_QueryClose(Cancel As Integer, CloseMode As Integer)
    Dim response As VbMsgBoxResult
    response = MsgBox("確定關閉表單？", vbQuestion + vbYesNo, "確認關閉")
    If response = vbNo Then
        Cancel = True     '防止表單被關閉
    End If
End Sub
```

13-2 控制項的基本操作

建立自訂表單時，在工具箱中提供許多控制項，可用來在表單上建立控制項物件，建構出想要的輸出入介面視窗。

13-2-1 工具箱中的控制項

只要點選表單物件，就會自動顯示工具箱，將滑鼠游標移到工具箱的控制項上，會提示該控制項的名稱，如右圖所示。以下將各個控制項所能建立的物件，歸納成下表所列。

控制項			說明
▶		選取物件	選取、移動表單上的物件。
A	Label	標籤	顯示文字。
abl	TextBox	文字方塊	輸入或顯示文字。
🖫	ComboBox	下拉式方塊	建立可輸入或選取項目的下拉式選單。
🗐	ListBox	清單方塊	建立可以選取項目的清單。
☑	CheckBox	核取方塊	建立具核取方塊的選取清單。
◉	OptionButton	選項按鈕	建立可以點選的選項按鈕。
▢	ToggleButton	切換按鈕	建立可以切換狀態的切換按鈕。
[ˣʸ]	Frame	框架	屬於容器控制項，可容納多個相同性質的控制項物件，做為群組之用。
ab	CommandButton	命令按鈕	建立指令按鈕。
▭	TabStrip	索引標籤區域	建立索引標籤。
🗂	MultiPage	多重頁面	屬於容器控制項，可容納多個 Page(工具頁) 物件。
🖥	ScrollBar	捲軸	建立可透過拖曳來輸入數值捲動軸。
🔁	SpinButton	微調按鈕	建立可透過上下 / 左右鍵來調整輸入值的微調按鈕。
🖼	Image	圖像	顯示圖片或在上面進行繪圖。
🗃	RefEdit		建立可摺疊對話方塊，方便使用者選取儲存格範圍。

13-2-2 建立控制項

建立自訂表單時，只要在工具箱中點選想要新增的控制項按鈕，再到表單上按下滑鼠左鍵，即可在表單上建立一個對應的控制項。或者在工具箱中按住控制項按鈕，再將滑鼠游標拖曳至表單上，也可以在表單上建立控制項。以這兩種方式建立的控制項物件，其大小是預設的。如果想要自訂大小，則在工具箱中點選控制項按鈕，再到表單上拖曳出控制項大小，放開滑鼠後，即可建立一個指定大小的控制項，如下圖所示。

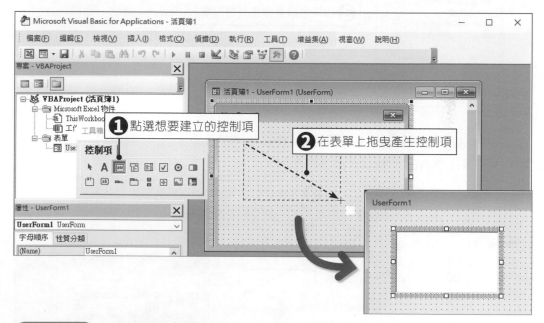

13-2-3 調整控制項

選取控制項

只要以滑鼠選取表單中的控制項，即可選取該控制項，控制項四周會出現8個控點，表示目前這個控制項為「作用控制項」。

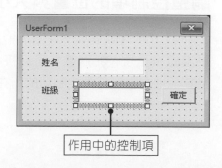

作用中的控制項

若想同時選取多個控制項，可以按住鍵盤上的 **Ctrl** 鍵，再一一點擊每個要選取的控制項。此外，也可以使用鍵盤上的 **Shift** 鍵來選取多個連續控制項，只要先點選第一個控制項，接著按住 **Shift** 鍵，再點選最後一個要選取的控制項，即可將兩控制項之間的所有控制項皆選取起來。

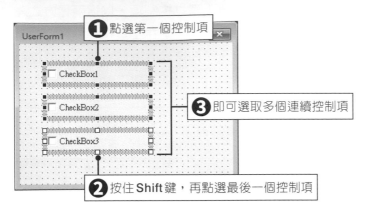

也可以按下工具箱的 ↖ **選取物件** 按鈕，再於表單中拖曳滑鼠以框選控制項範圍，即可將範圍內的控制項全部選取起來。

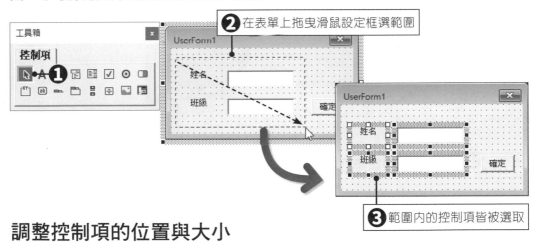

調整控制項的位置與大小

將滑鼠移至被選取控制項的邊框，此時滑鼠游標會呈現 ✛ 狀態，可直接將控制項拖曳至其他地方，以移動控制項的所在位置。

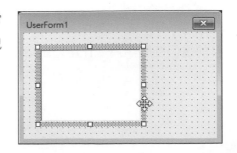

　　選取控制項後，控制項四周會出現8個控點，拖曳四周控點即可改變控制項的大小。

　　若想使多個控制項的長度或寬度一致，可以同時選取多個控制項，按下滑鼠右鍵開啟快捷選單，點選其中的**「調整大小」**，即可在選單中設定這些控制項要**寬度相同**、**高度相同**，或是**完全相同**。

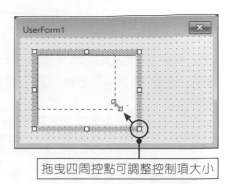

拖曳四周控點可調整控制項大小

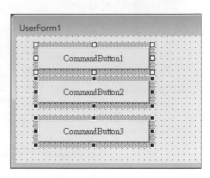

對齊控制項

　　若想使多個控制項相互對齊，可以同時選取多個控制項，按下滑鼠右鍵開啟快捷選單，點選其中的**「對齊」**，即可在選單中設定這些控制項的對齊方式。

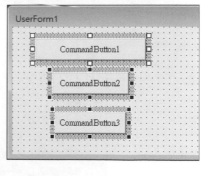

調整控制項的層次

若有兩個以上控制項重疊在一起，可以選取控制項，按下滑鼠右鍵開啟快捷選單，點選其中的「**上移一層**」或「**下移一層**」，個別調整控制項顯示的次序。

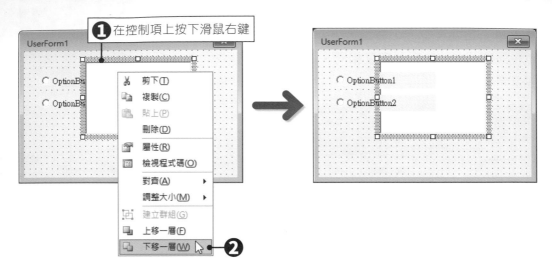

建立控制項群組

若想將多個控制項設定為一個群組，可以同時選取這些控制項，按下滑鼠右鍵開啟快捷選單，點選其中的「**建立群組**」，即可在選單中設定這些控制項的對齊方式。

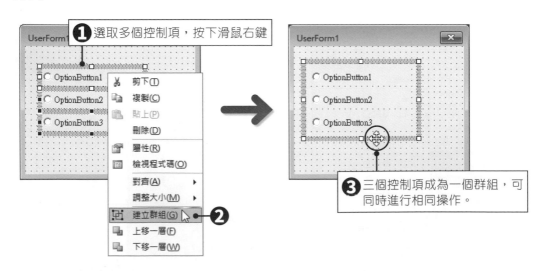

13-2-4 設定控制項的屬性

在表單中建立好控制項後，可以繼續編輯控制項的屬性，例如：控制項的名稱、字型、大小等。每一個控制項的屬性都可以個別進行設定，除了利用屬性視窗設定之外，也可以直接利用程式敘述來設定控制項的屬性，分別說明如下。

以屬性視窗設定屬性

在表單上選取某一控制項，屬性視窗中便會自動顯示該控制項的屬性，以便進行設定，如下圖所示。

接著在屬性視窗中，將「Caption」屬性的右側屬性值設定為「確定」文字，而表單上的指令按鈕文字也會跟著改變。

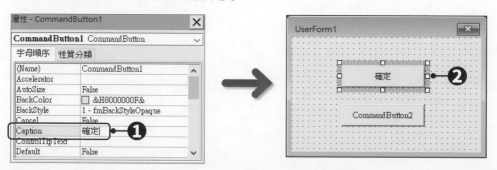

以程式碼設定屬性

除了在屬性視窗修改控制項物件的屬性之外,也可以撰寫程式碼來改變控制項的屬性。若是在事件程序裡撰寫修改控制項物件屬性的程式碼,可以藉由引發某個物件的事件時,改變特定物件的屬性。設定方法如下所示:

13-2-5 編輯控制項物件的事件程序

欲編輯控制項物件的事件程序,只要在表單的控制項物件上雙擊滑鼠左鍵,即可開啟該物件的程式碼視窗,進行事件程序的程式撰寫。其作法如下:

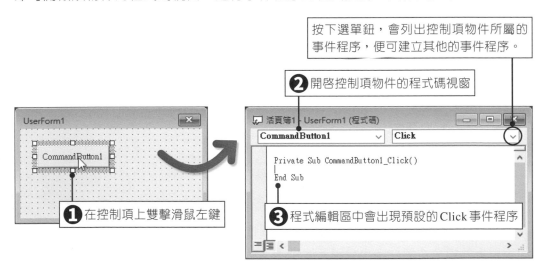

關於VBA各種控制項所屬的屬性、方法、事件及其使用方式,詳見本書第14章內容。

13-3　匯出和匯入表單

製作完成的自訂表單，如果可以供其他Excel檔案重複使用，就能節省重新設計表單的時間。因此，VBA提供了「匯出」與「匯入」功能，可將製作好的表單匯出為表單檔案(*.frm)，供其他檔案匯入使用。

13-3-1　匯出表單

在Visual Basic編輯器的「專案總管」窗格中，於「**表單**」資料夾中點選想要匯出的表單，按下滑鼠右鍵開啟快捷選單，於選單中選擇「**匯出檔案**」，在開啟的「匯出檔案」對話方塊中設定要儲存的路徑及檔名，按下「**存檔**」即可。

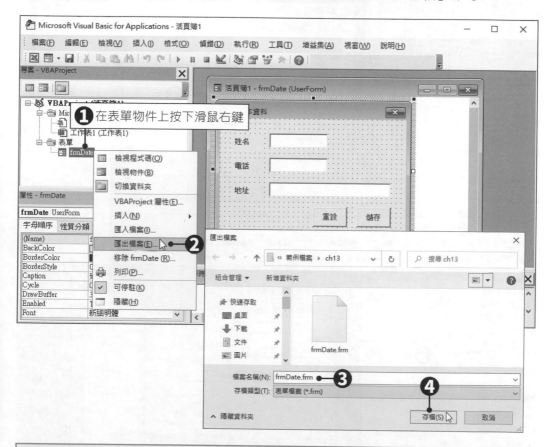

> **註** 表單檔 (.frm) 用以儲存一個表單中的控制項屬性與程式。若表單內含有非文字描述可以記錄的項目（如圖形檔），則儲存時會另存一個表單附屬檔 (.frx)。

13-3-2 匯入表單

在 Visual Basic 編輯器的「專案總管」窗格中點選**「表單」**資料夾，按下滑鼠右鍵開啟快捷選單，於選單中選擇**「匯入檔案」**，在開啟的「匯入檔案」對話方塊中選擇想要匯入的表單檔 (.frm)，按下**「開啟」**按鈕，即可將表單匯入到專案中。

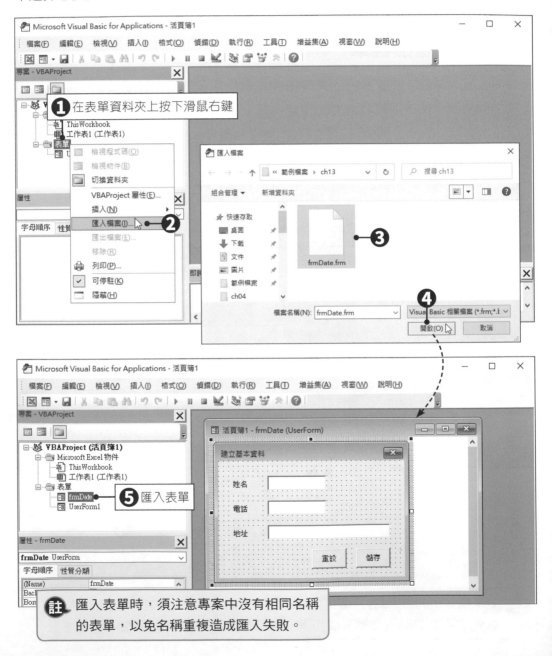

註 匯入表單時，須注意專案中沒有相同名稱的表單，以免名稱重複造成匯入失敗。

自我評量

選擇題

(　　) 1. 想在Visual Basic編輯器中製作一個自訂表單，可使用下列何項物件做為控制項的容器？ (A) UserForm　(B) Worksheet　(C) Application (D) Workbook。

(　　) 2. 下列表單物件的屬性中，何者可用來設定表單的開啟位置？(A) Left (B) Caption　(C) StartUpPosition　(D) Width。

(　　) 3. 下列表單物件的屬性中，何者可用來設定表單的背景圖片？(A) Font (B) BackColor　(C) Picture　(D) Background。

(　　) 4. 顯示表單物件的方法為何？(A) Open　(B) Show　(C) Load　(D) New。

(　　) 5. 當關閉表單時，會觸發下列表單物件的何項事件？(A) QueryClose (B) Unload　(C) Close　(D) Deactive。

(　　) 6. 在Excel VBA中，欲設定若在表單上按一下滑鼠，會使表單背景顏色改變。這段程式碼應撰寫在下列哪一個事件程序中？(A) Activate　(B) Initialize　(C) QueryClose　(D) Click。

(　　) 7. 建立自訂表單時，在工具箱上進行下列何項操作，即可在表單上新增一個對應的控制項？(A)點選控制項按鈕，到表單上按下滑鼠左鍵 (B)按住控制項按鈕並曳至表單上　(C)點選控制項按鈕，在表單上拖曳出控制項大小　(D)以上皆可。

(　　) 8. 下列工具箱的控制項按鈕中，何者可用來選取表單上的物件？(A) ☑ (B) ⌖　(C) ⊟　(D) ▸。

(　　) 9. 在Visual Basic編輯器中欲修改控制項物件的屬性設定，在下列何處進行設定最方便？　(A)工具列　(B)專案視窗　(C)屬性視窗　(D)程式碼視窗。

(　　) 10. 製作好的表單可匯出為表單檔案，供其他檔案匯入使用。下列何者為表單檔案的副檔名？(A) frx　(B) frm　(C) xls　(D) exe。

1. 請建立一個表單物件並撰寫 VBA 程式,當使用者在表單上按下滑鼠左鍵時,會隨機變更表單的背景顏色。

   - 在屬性視窗中,設定表單標題為「變色表單」、設定表單大小為 200×200、設定表單背景色為黑色。

   - 在表單的 Click 事件程序中,撰寫隨機變更表單背景色的程式。

   執行結果請參考下圖。

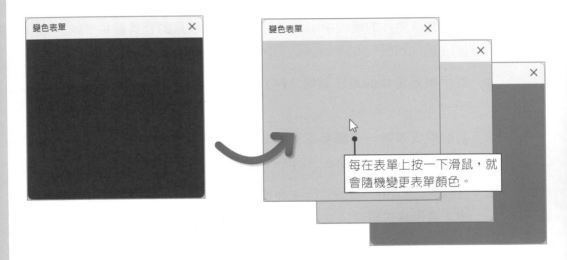

每在表單上按一下滑鼠,就會隨機變更表單顏色。

2. 若將上題的屬性視窗設定改以撰寫程式碼的方式進行,程式應如何撰寫?

   - 設定表單標題為「變色表單」。

   - 設定表單大小為 200×200。

   - 設定表單背景色為黑色。

控制項總覽

14

14-1 Label 標籤

Label 標籤控制項可以在表單上顯示描述性的文字。例如：
標題、標號、文字說明或是簡短指示等。下表所列為 Label 控制項
的常用成員。

Label1

屬性	說明
Caption	標籤上顯示的文字內容。 **範例** 設定 Label1 控制項顯示 " 選擇方案 "。 `Label1.Caption = "選擇方案"`
TextAlign	文字對齊方式。共有靠左 (1-frmTextLeft，預設)、置中 (2-frmTextCenter)、靠右 (3-frmTextRight) 三種對齊方式。 **範例** 設定 Label1 標籤中的文字置中顯示。 `Label1.TextAlign = 2`

Font	標籤文字的文字樣式。
	
	範例 設定 Label1 標籤文字格式的字型為 " 微軟正黑體 "、粗體、大小為 12pt。
	
	`With Label1.Font`
	`    .Name = "微軟正黑體"`
	`    .Bold = True`
	`    .Size = 12`
	`End With`

AutoSize	是否根據標籤中的文字長度自動調整標籤大小。屬性值有 True(自動調整)、False(固定，預設)。
ForeColor	標籤文字的色彩。 **範例** 設定 Label1 標籤文字為紅色。 `Label1.ForeColor = vbRed`
BackColor	標籤的背景色。
BorderStyle	標籤的邊框樣式。屬性值有 0-fmBorderStyleNone(沒有邊框，預設)、1-fmBorderStyleSingle(單線)。 **範例** 設定 Label1 標籤具有單線外框線。 `Label1.BorderStyle = 1`
Visible	標籤是否可見。屬性值有 True(顯示，預設)、False(隱藏)。

14-2 TextBox 文字方塊

　　TextBox 文字方塊是一個用於輸入和顯示文字的控制項，儲存內容為字串資料。通常用於輸入或修改資料、鍵入密碼等，也能用來顯示程式執行結果。下表所列為 TextBox 控制項的常用成員。

屬性	說明

Text	文字方塊中顯示的文字內容，可用來讀取使用者輸入的資料，或是顯示程式執行結果。
	範例 將 TextBox1 控制項的輸入資料設定為 name 變數。
	`Dim name As String`
	`name = TextBox.Text`

MaxLength	文字方塊可輸入的最大長度。預設為 0，表示沒有長度限制。 **範例** 設定 TextBox1 文字方塊最多只能輸入 10 個字元。 `TextBox1.MaxLength = 10`
MultiLine	文字方塊中的文字是否能多行顯示。屬性值有 True(多行)、False(單行，預設)。

WordWrap	多行文字方塊中的文字若超出單行長度是否自動換行。屬性值有 True(自動換行，預設)、False(不自動換行，但會出現水平捲軸)。
	範例 將 TextBox1 文字方塊設定為多行模式且可自動換行。
	`With TextBox1`
	`    .MultiLine = True      '啟用多行模式`
	`    .WordWrap = True       '自動換行`
	`End With`

方法	說明
Clear	清除 TextBox 中的內容。

SetFocus	設定控制項取得焦點，也就是目前駐停焦點所在的文字方塊，會將插入點移至該控制項中。
	範例 檢查文字方塊是否為空白。若是，則顯示提示訊息，並將插入點移至該文字方塊中，以便使用者輸入。
	`If txtName.Text = "" Then`
	`    MsgBox "請輸入姓名"`
	`    txtName.SetFocus`
	`End If`

事件	說明

Change	當文字方塊中的值改變時，就會觸發 Change 事件。通常用以撰寫與輸入內容 (Text 屬性) 相關的程式。
	
	範例 當使用者在 txt1 文字方塊輸入資料時，檢查內容是否為數字。若是，則將字體顏色設定為黑色字，否則為紅色字。
	
	``vba
	Private Sub txt1_Change()
	    If IsNumeric(TextBox1.Text) Then
	        TextBox1.ForeColor = RGB(0, 0, 0)
	    Else
	        TextBox1.ForeColor = RGB(255, 0, 0)
	    End If
	End Sub
	``

Enter	Enter 事件會在控制項實際取得焦點之前發生，通常會撰寫與文字方塊初值或初始狀態相關的程式。
	
	範例 當 txt1 控制項取得焦點時，設定控制項中的值為空字串，以便使用者輸入新的值。
	
	``vba
	Private Sub txt1_Enter()
	    TextBox1.Value = ""
	End Sub
	``

Exit	Exit 事件會在當焦點從控制項移動到另一個控制項時觸發。通常在使用者完成輸入，點擊其他控制項時，用以檢查輸入的值是否有效，或者對輸入的值進行處理等程式。此外，可以使用 Exit 事件的 Cancel 參數來禁止使用者離開控制項，直到輸入有效值。
	
	範例 檢查輸入內容是否為數字，若使用者輸入無效值，顯示錯誤訊息並使用 Exit 事件的 Cancel 參數禁止用戶離開控制項，直到輸入正確的內容。
	
	``vba
	Private Sub TextBox1_Exit(ByVal Cancel As _
	  MSForms.ReturnBoolean)
	    If Not IsNumeric(TextBox1.Value) Then
	        MsgBox "請輸入數字！"
	        Cancel = True
	    End If
	End Sub
	``

事件	說明

KeyPress	當 TextBox 控制項取得焦點時，若使用者按下鍵盤上的字元鍵，就會觸發 KeyPress 事件。通常用來撰寫檢查輸入字元的程式。
	
	範例 當使用者在 txt1 文字方塊輸入資料時，檢查輸入的是否為數字。
	
	``vb
	Private Sub txt1_KeyPress(ByVal KeyAscii _
	  As MSForms.ReturnInteger)
	    If Not IsNumeric(Chr(KeyAscii)) And _
	    KeyAscii <> 8 Then
	        KeyAscii = 0
	        MsgBox "請輸入數字"
	    End If
	End Sub
	``
	
	註： 程式中使用 Chr() 函數將 KeyAscii 轉換為對應的字符。若按下的鍵不是退位鍵（ASCII 碼為 8），並且輸入的字符不是數字，則 KeyAscii 將設為 0。

KeyDown
KeyUp
	當 TextBox 控制項取得焦點時，使用者按下鍵盤上的任何鍵時，就會觸發 KeyDown 事件；當使用者放開鍵盤上的按鍵時，就會觸發 KeyUp 事件。通常用來檢查使用者按下的鍵是否是特定鍵，並執行對應的操作。可透過 KeyDown 與 KeyUp 事件程序中的 KeyCode 參數來設定所按下的按鍵，鍵盤上的每個按鈕有其代表常數，例如：vbKeyReturn (ENTER)、vbKeyShift (Shift)、vbKeyControl (Ctrl)、vbKeyEscape (ESC)、vbKeySpace（空格鍵）、……等，而字元的 KeyCode 值等於 ASCII 碼，例如：字母 A~Z 的 KeyCode 值依序為 69~90、數字鍵 0~9 的 KeyCode 值則是 48~57。
	
	範例 當使用者按下鍵盤上的按鍵時，會檢查按下的鍵是否為 Esc，若是，則清空 txt1 控制項中的內容。
	
	``vb
	Private Sub txt1_KeyDown(ByVal KeyCode _
	As MSForms.ReturnInteger, ByVal Shift As _
	Integer)
	    If KeyCode = vbKeyEscape Then
	        TextBox1.Text = ""
	    End If
	End Sub
	``

14-3 CommandButton 命令按鈕

CommandButton命令按鈕控制項可用於執行特定操作。下
表所列為 CommandButton 控制項的常用成員。

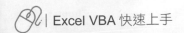
CommandButton1

屬性	說明
Caption	按鈕上顯示的文字內容。 範例 設定 CommandButton1 控制項顯示 " 確定 "。 `CommandButton1.Caption = "確定"`

Picture	按鈕上要顯示的圖像，可支援 bmp、gif、jpg、wmf、emf、
	ico、dib、cur 等多種圖檔格式。
	
	範例 將 cmd1 按鈕設定為 "pets.wmf" 圖檔。
	
	`Cmd1.Picture = LoadPicture("pets.wmf")`
	`Cmd1.PicturePosition = 10`
	
	註：若設定了 Picture 屬性，可使用 PicturePosition 屬性來設定
	圖像在按鈕上的位置，屬性值 10 表示「圖片顯示在標題下
	方、標題在圖片上方置中對齊」。

Enabled	按鈕是否可有效使用。屬性值有 True(有效，預設)、False(無效)。
	
	範例 檢查使用者是否在 txt1 文字方塊中輸入資料，若已輸入，則啟用
	cmdSubmit 按鈕；否則 cmdSubmit 按鈕為無效狀態。
	
	`If Len(txt1.Text) > 0  Then`
	`    cmdSubmit.Enabled = True`
	`Else`
	`    cmdSubmit.Enabled = False`
	`End If`

Default	設定按鈕是否為表單的預設按鈕。表單的預設按鈕是指當使用者在表單 中按下 ENTER 鍵時，就等於按下該按鈕，而一個表單中只能有一個表 單預設按鈕。屬性值有 True(是)、False(否，預設)。 範例 設定 CommandButton1 控制項為表單預設按鈕。 `CommandButton1.Default = True`
Cancel	設定按鈕是否為表單的取消按鈕。表單的取消按鈕是指當使用者在表單 中按下 ESC 鍵時，就等於按下該按鈕，而一個表單中只能有一個表單 取消按鈕。屬性值有 True(是)、False(否，預設)。
TabStop	設定當使用者在表單中按下 Tab 鍵時，該按鈕是否會被駐停。屬性值有 True(會，預設)、False(不會)。

屬性	說明

TabIndex	設定按鈕在表單中的順序。屬性值為整數，表示當使用者在表單中按下 Tab 鍵時，會在各按鈕上駐停的次序。
	
	範例 表單中有三個 CommandButton 控制項，設定各按鈕的駐停順序為 1 → 2 → 3。
	
	<pre>CommandButton1.TabIndex = 1
	CommandButton2.TabIndex = 2
	CommandButton3.TabIndex = 3</pre>

ControlTipText	當滑鼠移到按鈕上所顯示的提示訊息。
	
	範例 當滑鼠移至「Save」按鈕上時，會出現該按鈕的提示文字為「儲存檔案」。
	
	<pre>cmd1.Caption = "Save"
	cmd1.ControlTipText = "儲存資料"</pre>

事件	說明

Click	當使用者以滑鼠點擊按鈕，就會觸發 Click 事件。是 CommandButton 控制項的預設事件，可撰寫事件程序來執行按下按鈕後的指定操作。
	
	範例 按下 CommandButton1 按鈕後，就會將 TextBox1 文字方塊中的內容清除。
	
	<pre>Private Sub CommandButton1_Click()
	    TextBox1.Value = ""
	End Sub</pre>

程式實作 ●●

🖵 **範例要求**：開啟一空白活頁簿，請設計一個 VBA 表單，當按下表單中的「顯示時間」按鈕後，會顯示目前系統時間，表單配置如下圖所示。

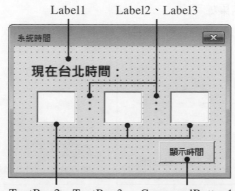

Label1　　　　Label2、Label3

TextBox1、TextBox2、TextBox3　　CommandButton1

🖥 控制項屬性設定

控制項	屬性	屬性值
UserForm1	Caption	系統時間
Label1	Caption	現在台北時間：
	Font	微軟正黑體、粗體、14pt
TextBox1 TextBox2 TextBox3	Height	35
	Width	42
	Font	微軟正黑體、粗體、20pt
Label2 Label3	Caption	：
	Font	18pt
	TextAlign	2-fmTextAlignCenter
	Height	18
	Width	18
CommandButton1	Caption	顯示時間

🖥 編寫程式碼

```
Private Sub CommandButton1_Click()
    Dim a As Date
    a = Now

    TextBox1.Text = Hour(a)
    TextBox2.Text = Minute(a)
    TextBox3.Text = Second(a)
End Sub
```

🖥 執行結果

執行程序後結果如下。

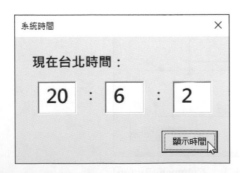

完成結果檔
範例檔案\ch14\顯示時間.xlsm

14-4 Image 圖像

Image圖像控制項用於顯示圖像，可在表單中顯示指定的圖片
檔案內容，支援bmp、gif、jpg、wmf、emf、ico、dib、cur等多
種圖檔格式。下表所列為Image控制項的常用成員。

屬性	說明

Picture	控制項顯示內容的圖檔來源。
	範例 設定Image1 控制項中顯示目前活頁簿同路徑下的 "cat.jpg" 圖檔。
	`Image1.Picture = _`
	`  LoadPicture(ThisWorkbook.Path & "cat.jpg")`

PictureAligment	圖片在控制項中的對齊方式。屬性值有： • 左上角對齊 (0-frmPictureAlignmentTopLeft) • 右上角對齊 (1-frmPictureAlignmentTopRight) • 置中 (2-frmPictureAlignmentCenter，預設) • 左上角對齊 (3-frmPictureAlignmentButtomLeft) • 右上角對齊 (4-frmPictureAlignmentButtomRight)
PictureSizeMode	圖片的大小調整模式。屬性值有： • 0-fmPictureSizeModeClip(預設)：裁剪圖片超出控制項的部分，以符合 Image 控制項的大小。 • 1-fmPictureSizeModeStretch：自動縮放圖片大小以填滿 Image 控制項的大小。 • 3-fmPictureSizeModeZoom：按比例縮放圖片大小以符合 Image 控制項的大小。
AutoSize	控制項是否根據其圖像大小自動調整大小。屬性值有 True(自動調整)、False(不自動調整，預設)。
方法	說明

Stretch	按比例縮放圖片以符合 Image 控制項的大小。在使用 Stretch 方法之前，必須先將 PictureSizeMode 屬性設定為 1-fmPictureSizeModeStretch，若是直接使用 Stretch 方法，可能會造成圖片變形或被裁剪的情況。
	範例 將指定圖檔載入 Image 控制項中，並使用 Stretch 方法使圖片自動縮放以符合控制項的大小。
	`picPath = "C:\Images\cat.jpg"`
	`Image1.PictureSizeMode = 1`
	`Image1.Picture = LoadPicture(picPath)`
	`Image1.Stretch`

事件	說明
Click	當使用者以滑鼠點擊 Image 控制項時，就會觸發 Click 事件。是 Image 控制項的預設事件，可撰寫事件程序來執行按下按鈕後的指定操作。

MouseDown
MouseUp
	當使用者在 Image 控制項上按下滑鼠時，將觸發 MouseDown 事件；放開滑鼠後，則觸發 MouseUp 事件。可用於與點擊相關的程式，例如：點擊圖片時更換圖像，或是按住滑鼠左鍵時可拖曳移動圖片等操作。MouseDown 和 MouseUp 事件都有相同的參數，分別如下：
	• Button：按下的按鈕，1 代表左鍵，2 代表右鍵，3 代表中間鍵。
	• Shift：是否按下 Shift 鍵，True 代表按下，False 代表未按下。
	• X、Y：滑鼠指標相對於控制項左上角的水平和垂直座標。
	
	範例 在滑鼠按下 img 控制項時變更圖像，在放開滑鼠時還原圖像。
	
	<pre>Private Sub img_MouseDown(ByVal Button As _
	  Integer, ByVal Shift As Integer, ByVal X _
	  As Single, ByVal Y As Single)
	    img.Picture = LoadPicture("new.jpg")
	End Sub</pre>
	<pre>Private Sub img_MouseUp(ByVal Button As _
	  Integer, ByVal Shift As Integer, ByVal X _
	  As Single, ByVal Y As Single)
	    img.Picture = LoadPicture("original.jpg")
	End Sub</pre>

MouseMove	當使用者在 Image 控制項上移動滑鼠時，就會觸發 MouseMove 事件。
	
	範例 當滑鼠移動到 img 控制項上時，將圖片尺寸顯示在 Label1 中。
	
	<pre>Private Sub img_MouseMove(Button As Integer,_
	  Shift As Integer, X As Single, Y As Single)
	    Label1.Caption = img.Width & " x " & _
	                       img.Height
	End Sub</pre>

Load	當 Image 控制項載入圖片之後，就會觸發 Load 事件。可設定在載入圖檔時，調整圖像大小或位置，或是檢查圖像尺寸或解析度等。
	
	範例 當圖片載入 img 控制項時，檢查圖片寬度是否大於控制項寬度。若是，則將 PictureSizeMode 屬性設定為 Stretch。
	
	<pre>Private Sub img_Load()
	    If img.Picture.Width > img.Width Then
	        img.PictureSizeMode = 1
	    End If
	End Sub</pre>

14-5 SpinButton 微調按鈕

SpinButton 控制項是一組加減按鈕可用來增減整數數值，通常
與 TextBox 控制項搭配使用。下表所列為 SpinButton 控制項的常用
成員。

屬性	說明
Orientation	設定 SpinButton 控制項的方向，即箭頭按鈕的排列方向。屬性值有： ● -1 - fmOrientationAuto（預設）：根據控制項的長寬比自動決定按鈕方向。若控制項的高度≧寬度，則箭頭按鈕會水平排列；如果高度＜寬度，則箭頭按鈕會垂直排列。 ● 0 - fmOrientationVertical：箭頭按鈕會垂直排列。 ● 1 - fmOrientationHorizontal：箭頭按鈕會水平排列。　垂直(0)　水平(1)
Value	可設定或取得 SpinButton 控制項上的整數值，預設為 0。 **範例** 在 Label1 上顯示 SpinButton1 控制項的值。 `Label1.Caption = SpinButton1.Value`
Max Min	Max 表示 SpinButton 控制項可設定的最大值，預設為 100；Min 表示 SpinButton 控制項可設定的最小值，預設為 0。
SmallChange	每次按下微調按鈕時，數值的增減值，預設為 1。
事件	說明

Change	當 SpinButton 控制項上的值 (Value 屬性) 改變時，就會觸發 Change 事件。是 SpinButton 控制項的預設事件，可撰寫數值改變時相對應的運算或顯示訊息。
	範例 當 Spin1 值改變時，Label1 中會即時顯示目前 Spin1 的數值。
	<pre>Private Sub Spin1_Change()
	    Label1.Caption = Spin1.Value
	End Sub</pre>

SpinUp
SpinDown
	當按下 SpinButton1 控制項上的增加箭頭時，就會觸發 SpinUp 事件；當按下減少箭頭時，就會觸發 SpinDown 事件。
	範例 當按下 Spin1 的增減按鈕時，會使 TextBox1 中的數值加減 1。
	<pre>Private Sub SpinButton1_SpinUp()
	    TextBox1.Text = TextBox1.Text + 1
	End Sub</pre><pre>Private Sub SpinButton1_SpinDown()
	    TextBox1.Text = TextBox1.Text - 1
	End Sub</pre>

14-6 ScrollBar 捲軸

ScrollBar捲軸控制項具備箭頭按鈕與拖曳捲動鈕，可以很直覺地設定或取得整數值的變化，也可用它來限制數值的範圍。下表所列為 ScrollBar 控制項的常用成員。

箭頭按鈕
捲動鈕
快動區
箭頭按鈕

屬性	說明
Orientation	設定 ScrollBar 控制項的方向，即箭頭按鈕的排列方向。屬性值有： • -1 - fmOrientationAuto（預設）：根據控制項的長寬比自動決定按鈕方向。若控制項的高度≧寬度，則箭頭按鈕會水平排列；如果高度＜寬度，則箭頭按鈕會垂直排列。 • 0 - fmOrientationVertical：箭頭按鈕會垂直排列。 • 1 - fmOrientationHorizontal：箭頭按鈕會水平排列。
Value	可設定或取得 ScrollBar 控制項上的整數值，預設為 0。
Max Min	Max 表示 ScrollBar 控制項可設定的最大值，預設為 32767；Min 表示 ScrollBar 控制項可設定的最小值，預設為 0。

SmallChange
LargeChange
	SmallChange 表示每次按下 ScrollBar 控制項的箭頭按鈕時，數值的增減值，預設為 1；LargeChange 表示每次按下 ScrollBar 控制項的快動區時，數值的增減值，預設為 1。
	
	範例 設定 ScrollBar1 控制項的初始值、最大值及最小值、增減值。
	<pre>ScrollBar1.Value = 50
	ScrollBar1.Max = 100
	ScrollBar1.Min = 0
	ScrollBar1.SmallChange = 5
	ScrollBar1.LargeChange = 10</pre>

事件	說明
Change	當 ScrollBar 控制項上的值 (Value 屬性) 改變時，就會觸發 Change 事件。是 ScrollBar 控制項的預設事件，可撰寫數值改變時相對應的運算或顯示訊息。

Scroll	當使用者拖曳 ScrollBar 捲動鈕時，就會觸發 Scroll 事件；放開捲動鈕時，才會又觸發 Change 事件。
	
	範例 儲存格 A1 的背景色會隨著拖曳 scb1 控制項的捲動鈕而變化。
	<pre>Private Sub scb1_Scroll()
	    Range("A1").Interior.ColorIndex = scb1.Value
	End Sub</pre>

程式實作 •••

📺 **範例要求**：開啟一空白活頁簿，請設計一個 VBA 表單，其中使用三個捲軸控制項來分別設定表單中圖片方塊背景色的 R、G、B 值，表單配置如下圖所示。

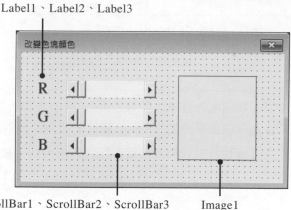

Label1、Label2、Label3

ScrollBar1、ScrollBar2、ScrollBar3　　Image1

🖥 **控制項屬性設定**

控制項	屬性	屬性值
UserForm1	Caption	改變色塊顏色
Label1	Caption	R
	Font	粗體、16pt
Label2	Caption	G
	Font	粗體、16pt
Label3	Caption	B
	Font	粗體、16pt
ScrollBar1 ScrollBar2 ScrollBar3	Orientation	1 - fmOrientationHorizontal
	Max	255
	Min	0

🖥 **編寫程式碼**

```
Private Sub ScrollBar1_Change()
    Image1.BackColor = RGB(ScrollBar1.Value, ScrollBar2.Value, _
                ScrollBar3.Value)
End Sub
```

```
Private Sub ScrollBar2_Change()
    Image1.BackColor = RGB(ScrollBar1.Value, ScrollBar2.Value, _
                           ScrollBar3.Value)
End Sub
```

```
Private Sub ScrollBar3_Change()
    Image1.BackColor = RGB(ScrollBar1.Value, ScrollBar2.Value, _
                           ScrollBar3.Value)
End Sub
```

說明 1. 程式中以 3 個捲軸值來代表 R、G、B 數值,因此在 RGB 函數的括弧中依序輸入 3 個水平捲軸的 Value 屬性,並以逗號隔開。

2. 由於三個捲軸控制項的事件程序程式碼皆相同,故可直接複製建立好的 ScrollBar1_Change() 事件程序程式碼,於下方貼上程式,再依序修改事件程序名稱為 ScrollBar2_Change() 與 ScrollBar3_Change() 即可。

🖥 執行結果

程式執行時,未拖曳捲軸之前尚未觸發 ScrollBar 控制項的 Change 事件,因此圖片方塊沒有顯示背景色。

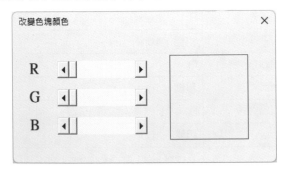

接著分別拖曳三個捲軸來調整 R、G、B 值,便可改變圖片方塊的背景顏色。

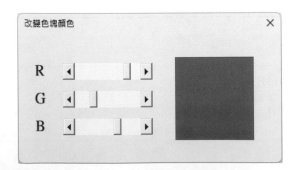

完成結果檔
範例檔案\ch14\圖片色塊.xlsm

14-7 OptionButton 選項按鈕

OptionButton 選項按鈕控制項可提供表單上的選項。在設定 OptionButton 選項時可設定群組，同一組的選項按鈕中具有互斥性，也就是只允許一個選項被選取，因此 OptionButton 選項按鈕通常適用於多選一的情況。下表所列為 OptionButton 控制項的常用成員。

屬性	說明
Caption	OptionButton 控制項上顯示的文字內容。
Value	可設定或取得 OptionButton 控制項的選取狀態。屬性值有 True(被選取)、False(未被選取，預設)。 **範例** 當 OptFrench 按制項被選取時，設定 str 變數為 "Bonjour"。 `If OptFrench.Value = True Then str = "Bonjour"`

GroupName	OptionButton 控制項所屬的選項群組名稱。將多個 OptionButton 控制項綁定為一組，可確保在這些控制項中，同時只有一個控制項被選中。
	
	範例 將 optTOYOTA、optHONDA、optNISSAN 三個控制項皆設定為同屬 carSelection 群組。
	
	`optTOYOTA.GroupName = carSelection`
	`optHONDA.GroupName = carSelection`
	`optNISSAN.GroupName = carSelection`

Alignment	選項按鈕的選項鈕與文字的相對位置。屬性值有： • 0-frmAlignmentLeft (文字在左) • 1-frmAlignmentRight (文字在右，預設)
事件	說明

Click	當使用者以滑鼠按下 OptionButton 控制項時，表示該選項被選取，就會觸發 Click 事件。是 OptionButton 控制項的預設事件。
	
	範例 若 OptMale 控制項被選取，則在 Label1 標籤中顯示 " 先生您好 " 文字內容。
	
	`Private Sub OptMale_Click()`
	`    Label1.Caption = "先生您好"`
	`End Sub`

Change	當 OptionButton 控制項的選取狀態 (Value 屬性) 改變時，就會觸發 Change 事件。

14-8 Frame 框架

除了可設定 OptionButton 控制項的 GroupName 屬性將選項分組，也可以利用 Frame 框架控制項來達成相同目的。

Frame 框架控制項是一種容器控制項，它主要用來分組放置其他控制項，通常會將相關或是同組選項放在 Frame 框架中，讓表單設計更具組織性，也更易於管理和設定。例如：在 Frame 中建立選項群組，則 Frame 中的所有選項按鈕具有互斥性；或者將客戶訂單中的客戶姓名、電話、地址等基本資料，在 Frame 中建立群組，可在表單中同時進行搬移。

性別框架　　　優惠資格框架

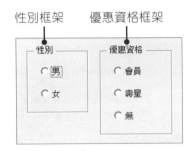

要在 Frame 框架控制項中建立控制項時，只要先在表單中建立好 Frame 控制項，再將其他控制項新增或拖放至 Frame 控制項之中，該控制項就會屬於這個 Frame 框架的成員了。下表所列為 OptionButton 控制項的常用成員。

屬性	說明
Caption	Frame 控制項所顯示的標題文字。
BackColor	Frame 控制項的背景顏色。
BorderStyle	Frame 控制項的邊框樣式。

14-9 CheckBox 核取方塊

CheckBox 核取方塊控制項可提供表單上的選項，單獨使用時，通常用來提供 True / False 這類表示兩種明確狀態的選擇，也可用在同一項目下的多個複選選項。下表所列為 CheckBox 控制項的常用成員。

屬性	說明
Caption	CheckBox 控制項上顯示的文字內容。

Value	可設定或取得 CheckBox 控制項的核取狀態。屬性值有 True(已核取)、False(未核取，預設)。
	
	範例 若 chkOK 核取方塊未被勾選，則設定表單中的 TextBox1 文字方塊呈現不可輸入狀態。
	
	`If chkOK.Value = False Then`
	`    Me.TextBox1.Enabled = False`
	`End If`

事件	說明

Click	當使用者以滑鼠按下 CheckBox 控制項時，表示核取該選項，就會觸發 Click 事件。是 CheckBox 控制項的預設事件。
	
	範例 若 chkVIP 核取方塊被勾選，則計算表單中的 txt 文字方塊中的數值乘以 0.9 (打 9 折)。
	
	`Private Sub CheckBox1_Click()`
	`    If ChkVIP.Value = True Then`
	`        Me.txt.Value = Me.txt.Value * 0.9`
	`End Sub`

Change	當 CheckBox 控制項的核取狀態 (Value 屬性) 改變時，就會觸發 Change 事件。

14-10 ListBox 清單方塊

　　ListBox清單方塊控制項是一種多選項的文字項目選單，讓使用者在一個固定的清單列表中選擇一或多個選項。下表所列為 ListBox控制項的常用成員。

屬性	說明
RowSource	可指定工作表中的特定儲存格範圍做為 ListBox 控制項中的清單列表項目來源。須特別注意，使用 RowSource 屬性建立的清單，無法增刪單一項目。 範例 設定以 " 學生資料 " 工作表中的 A2:A20 儲存格做為 lst1 清單方塊的選項。 `lst1.RowSource = "學生資料!A2:A20"`

List	ListBox 控制項中的所有清單項目的集合，項目索引值由 0 開始，表示清單中第一個項目。清單項目的設定要寫在 UserForm_Activate() 事件程序中，以 List 屬性指定清單列表中的項目。此外，以 List 屬性建立的清單，就可以使用 ListBox 的 AddItem 方法來加入選項。
	
	範例 設定以目前工作表中的 A2:A20 儲存格做為 cbo1 清單方塊的選項。
	
	`cbo1.List = ActiveSheet.Range("A2:A20").Value`
	
	範例 設定 Array 陣列資料為 lst1 清單方塊的選項。
	
	`lst1.List = Array("台北","台中","台南","高雄")`
	
	範例 在 lst1 清單方塊中再加上 " 花蓮 " 選項。
	
	`lst1.AddItem "花蓮"`

Text **Value**	Text 屬性是指目前 ListBox 控制項清單中選定項目的文字內容；而 Value 屬性則是選定項目的值。 **範例** 將 lst1 清單方塊中選定的項目，顯示在工作表的 A1 儲存格中。 `Range("A1") = lst1.Value`
ListCount	取得 ListBox 控制項中清單項目的數量。
ListIndex	取得或設定目前 ListBox 控制項清單中選定項目的索引值。ListIndex 屬性值由 0 開始編號，表示第一個項目，若沒有選擇任何項目，ListIndex 屬性值為 -1。 **範例** 取消 lst1 清單方塊中的選取項目。 `lst1.ListIndex = -1`
MultiSelect	ListBox 控制項是否允許多選。屬性值有 0-frmMultiSelectSingle (單選，預設)、1-frmMultiSelectMulti (多選)、2-frmMultiSelectExtended (可搭配 Ctrl、Shift 鍵進行多選)。

Selected	取得或設定所選取項目的集合，其屬性值為一個陣列，陣列元素以索引值表示。
	
	範例 透過 Selected 屬性逐一檢查 ListBox1 中的每一個項目，若該項目被選取，就將其項目文字加入 str 變數中，最後輸出訊息。
	
	``
	Dim i As Integer
	Dim str As String
	For i = 0 To ListBox1.ListCount - 1
	    If ListBox1.Selected(i) Then
	        str = str & ListBox1.List(i) & vbCrLf
	    End If
	Next i
	MsgBox "選取的項目有：" & vbCrLf & sMsg
	``

方法	說明
AddItem	在 ListBox 控制項中加入新的清單項目。 範例 新增方案 1~ 方案 5 共五個選項到 lst1 清單方塊中。 ```\nDim i As Integer\nFor i = 1 To 5\n lst1.AddItem "方案" & i\nNext i\n```
RemoveItem	從 ListBox 控制項中刪除指定清單項目。 範例 當使用者點選 lst1 中的選項時，將該選項從 ListBox 中移除。 ```\nlst1.RemoveItem lst1.ListIndex\n```
Clear	刪除 ListBox 控制項中的所有清單項目。 範例 清除 ListBox1 清單方塊中的所有選項。 ```\nListBox1.Clear\n```

事件	說明
Change	當使用者在 ListBox 控制項中選擇了不同的清單項目 (包含選擇或取消選擇)，就會觸發 Change 事件。 範例 當選擇項目有變化時，以訊息方塊顯示所選擇項目的索引值和內容值。 ```\nPrivate Sub lst1_Change()\n Dim index As Integer\n Dim text As String\n index = lst1.ListIndex\n text = lst1.Value\n MsgBox "你選擇了 " & index & ": " & text\nEnd Sub\n```

14-11 ComboBox 下拉式方塊

　　ComboBox 下拉式方塊控制項與 ListBox 清單方塊控制項都是用來呈現多選項的文字項目選單，差別在於下拉式方塊只能選擇一個項目，但可供使用者自行輸入項目。此外，下拉式方塊以下拉式按鈕來收放列表框，較節省表單版面空間。

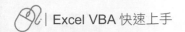

下表所列為 ComboBox 控制項的常用成員，可以發現它有許多成員與 ListBox 清單方塊控制項相同。

屬性	說明
RowSource	可指定工作表中的特定儲存格範圍做為 ComboBox 控制項中的選項列表項目來源。須特別注意，使用 RowSource 屬性建立的選項，無法增刪單一項目。 **範例** 設定以 " 產品類別 " 工作表中的 A2:A5 儲存格做為 cbo1 下拉式方塊的選項。 `cbo1.RowSource = "產品類別!A2:A5"`

List	ComboBox 控制項中的所有選項的集合，項目索引值由 0 開始，表示選項清單中第一個項目。選項清單的設定要寫在 UserForm_Activate() 事件程序中，以 List 屬性指定選項列表中的項目。此外，以 List 屬性建立的選項清單，就可以使用 AddItem 方法加入選項。
	
	範例 設定以目前工作表的 A2:A5 儲存格為 cbo1 下拉式方塊的選項。
	`cbo1.List = ActiveSheet.Range("A2:A5").Value`
	
	範例 設定 Array 陣列資料為 cbo1 下拉式方塊的選項。
	`cbo1.List = Array("台北","台中","台南","高雄")`
	
	範例 在 cbo1 下拉式方塊中再加上 " 花蓮 " 選項。
	`cbo1.AddItem "花蓮"`

Text Value	Text 屬性是指目前 ComboBox 控制項清單中選定項目的文字內容；而 Value 屬性則是選定項目的值。 **範例** 將 cbo1 下拉式方塊中選定的項目，顯示在工作表的 A1 儲存格中。 `Range("A1") = cbo1.Value`
ListRows	屬性值為整數，表示 ComboBox 控制項中可見的資料列數。若下拉式方塊的選單項目超過設定的可見列數，會出現捲軸以便查看其他選項。

ListIndex	取得或設定目前 ComboBox 控制項清單中選定項目的索引值。ListIndex 屬性值由 0 開始編號，表示第一個項目，若未選擇任何項目，ListIndex 屬性值為 -1。
	
	範例 若使用者未選取 cbo1 下拉式方塊中的任一項目，將 cbo1 下拉式方塊設定為作用中，並顯示提示訊息。
	
	``If cbo1.ListIndex = -1 Then
	    Me.cbo1.SetFocus
	    MsgBox "請選擇一個項目！"
	End If```

屬性	說明
MatchRequired	設定 ComboBox 控制項是否能夠自行輸入。若屬性值為 True，則限制使用者只能在下拉式方塊選單中選取項目；若屬性值為 False(預設)，表示使用者可以在下拉式方塊中輸入任意值。

MatchFound	可得知使用者在下拉式方塊中輸入的文字是否符合清單中的任何一個項目。若傳回值為 True，表示使用者輸入的項目有在清單列表中；否則傳回 False。須特別注意，MatchRequired 屬性值須設定為 False，MatchFound 屬性才能正常運作。
	
	範例 若在 cbo1 下拉式方塊的清單中找不到與使用者輸入值相符的項目，則將使用者輸入的值新增至 cbo1 的清單列表中。
	
	``
	If cbo1.MatchFound = false
	    Then cbo1.Additem cbo1.text
	End If
	``

方法	說明
DropDown	可展開 ComboBox 控制項的選項列表，顯示所有可用項目。 範例 在按下 cbo1 下拉式方塊時，開啟選項清單。 ``` Private Sub cbo1_Click() cbo1.DropDown End Sub ```

事件	說明
Change	當使用者在 ComboBox 控制項中選擇或更改選取的項目，就會觸發 Change 事件。

DropButtonClick	當使用者按下 ComboBox 控制項的下拉鈕時，就會觸發 DropButtonClick 事件。
	
	範例 在按下 cbo1 下拉式方塊時，開啟選項清單。
	
	``
	Private Sub cbo1_DropButtonClick()
	    cbo1.AddItem "生鮮類"
	    cbo1.AddItem "熟食類"
	    cbo1.AddItem "冷凍食品"
	End Sub
	``

程式實作 ••••••••••••••••••••••••••••••••

💻 **範例要求：**某主題樂園門票原價 $200，依照訪客年齡及資格推出各種門票優惠
（12歲以下半價、65歲以上65折、學生票8折），另現正推出 38 婦女節優惠，
女性訪客票價一律再打8折。請設計一票價查詢表單，按下按鈕可計算票價，並
將結果顯示在右側的文字標籤中，表單配置如下圖所示。

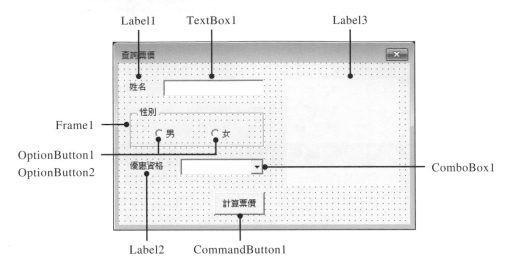

💻 **控制項屬性設定**

各控制項的屬性設定如下，可自行調整適當大小。

控制項	屬性	屬性值
UserForm1	Caption	查詢票價
Label1	Caption	姓名
TextBox1		
Frame1	Caption	性別
OptionButton1	Caption	男
OptionButton2	Caption	女
Label2	Caption	優惠資格
ComboBox1	MatchRequired	True
CommandButton1	Caption	計算票價
Label3	Caption	空值 (將預設的 Label3 刪除)
	Font	微軟正黑體、粗體、14pt
	BackColor	&H00C0FFFF&

🖥 編寫程式碼

```
Private Sub UserForm_Activate()
    ComboBox1.AddItem "12歲以下半價"
    ComboBox1.AddItem "65歲以上65折"
    ComboBox1.AddItem "學生票8折"
    ComboBox1.AddItem "全票"
End Sub
```

```
Private Sub CommandButton1_Click()
    Dim name As String
    Dim sex As String
    Dim word As String
    Dim price As Integer

    name = TextBox1.Text

    If OptionButton1.Value = True Then
        sex = "先生"
        price = 200
    ElseIf OptionButton2.Value = True Then
        sex = "女士"
        price = 160
    Else
        MsgBox "請點選性別"
    End If

    If ComboBox1.ListIndex = 0 Then
        price = price * 0.5
    ElseIf ComboBox1.ListIndex = 1 Then
        price = price * 0.65
    ElseIf ComboBox1.ListIndex = 2 Then
        price = price * 0.8
    Else
        price = price
    End If

    word = name & sex & "您好!" & vbCrLf & "您的票價為$" & price
    Label3.Caption = word
End Sub
```

說明 1. 將下拉式方塊選項寫在 UserForm_Activate() 事件程序中，當表單成為作用中表單時，就會將選項加入 ComboBox1 控制項的選單中。

2. 按下按鈕即開始判斷選項按鈕與下拉式方塊中被選取的項目，藉此決定票價的計算方式。

執行結果

孫小美女同學的票價計算為 $200× 學生票8折 × 女性8折 =$128，將結果顯示在右側文字標籤中。

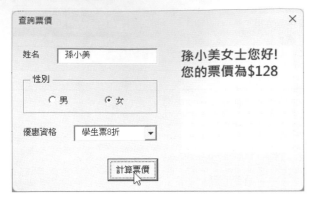

完成結果檔
範例檔案\ch14\票價查詢.xlsm

14-12 MultiPage 多重頁面

MultiPage 多重頁面控制項是一種容器控制項，它可包含多個**工具頁**(Page)，主要用來將多個相關控制項分配在同一工具頁中，幫助使用者更有主題性地尋找或設定表單中的控制項。

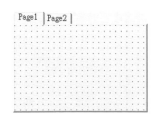

MultiPage 控制項預設只有 Page1 和 Page2 兩個工具頁，若是要增刪工具頁，可將滑鼠移至工具頁標籤上，按下滑鼠右鍵，在快捷選單中即可執行**新增工具頁**、**刪除工具頁**、**重新命名**、**移動**等操作。

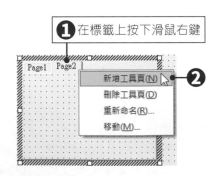

❶ 在標籤上按下滑鼠右鍵

下表所列為MultiPage 控制項的常用成員。

屬性	說明
Value	取得或設定 MultiPage 控制項中目前作用中工具頁的索引值。索引值由 0 開始，表示第一個工具頁。 **範例** 選取 mtp1 多重頁面中的第 2 個工具頁。 `mtp1.Value = 1`
SelectedItem	指定目前作用中的工具頁。 **範例** 對話方塊顯示目前作用中的工具頁。 `MsgBox "目前檢視頁面:" & mtp1.SelectedItem.Caption`
MultiRow	設定 MultiPage 控制項中的工具頁標籤是否可多行顯示。若屬性值為 True，表示工具頁標籤可顯示多行；若屬性值為 False(預設)，表示工具頁標籤只能單行顯示，若超出控制項可顯示的範圍，則以左右鍵切換標籤。 MultiRow = True　　　　MultiRow = False
Style	設定工具頁標籤的樣式。屬性值有： ● 0 - fmTabStyleTabs (預設)：使用標籤顯示頁面。 ● 1 - fmTabStyleButtons：使用按鈕顯示頁面。 ● 2 - fmTabStyleNone：沒有標籤。 Style = 0 (標籤)　　　Style = 1 (按鈕)
TabOrientation	設定工具頁標籤的方向。屬性值有： ● 0 - fmTabOrientationTop (預設)：標籤在控制項上方。 ● 1 - fmTabOrientationBottom：標籤在控制項下方。 ● 2 - fmTabOrientationLeft：標籤在控制項左側。 ● 3 - fmTabOrientationRight：標籤在控制項右側。

事件	說明
Change	當使用者在 MultiPage 控制項中切換至不同的工具頁標籤時，就會觸發 Change 事件。是 MultiPage 控制項的預設事件。

Click	當使用者在 MultiPage 控制項中以滑鼠按下任一處，就會觸發 Click 事件。其中的 Index 參數代表被點選的工具頁索引值，由 0 開始表示第一個工具頁。
	
	範例 當使用者在 mtp1 控制項上按下滑鼠，先根據被點擊的工具頁索引值得知在哪一個工具頁，並顯示訊息方塊告知工具頁訊息。
	
	``
	Private Sub mtp1_Click(ByVal Index As Long)
	    Select Case Index
	        Case 0 ' First page
	            MsgBox "你按下的是第1頁"
	        Case 1 ' Second page
	            MsgBox "你按下的是第2頁"
	        Case 2 ' Third page
	            MsgBox "你按下的是第3頁"
	    End Select
	End Sub
	``

Pages 控制項

Pages 控制項是 MultiPage 多重頁面控制項的子集合，它代表著 MultiPage 控制項中的所有 Page 控制項，其索引值由 0 開始，Page(0) 即表示第一個工具頁。Pages 工具頁物件也有所屬的屬性或方法可用來設定工具頁，下表所列為 Pages 控制項的常用成員。

屬性	說明
Caption	可設定或取得工具頁上顯示的標籤文字。 **範例** 設定 mtp1 多重頁面中的第 1 個工具頁標籤名稱為 " 第 1 步 " `mtp1.Pages(0).Caption = "第1步"`
Item	取得或設定 Pages 集合中的工具頁索引值。Item 屬性直接使用索引值來指定 MultiPage 控制項中的工具頁，其索引值由 0 開始，表示第一個工具頁。 **範例** 設定 mtp1 多重頁面中的第 1 個工具頁標籤名稱為 " 第 1 步 " `mtp1.Pages.Item(0).Caption= "第1步"`

Count	可取得 MultiPage 控制項中的工具頁數量。 範例 使用 Count 屬性來獲取 mtp1 控制項中的工具頁數量，並儲存在 pageCount 變數中。 `pageCount = mtp1.Pages.Count`
方法	**說明**
Add	新增一個工具頁，並可同時指定工具頁的名稱及索引位置。Add 方法有三個參數，依序是 Key(新頁面的索引鍵，亦即在程式中可參照的唯一名稱)、Caption(新頁面標題)、Index(新頁面的索引值，若不指定，預設會新增在最後面)。 範例 在 mtp1 控制項中新增一個標題為 "New Page" 的新頁面，並將其插入至第一個位置。 `mtp1.Pages.Add , "New Page", 0`
Remove	刪除一個工具頁。 範例 刪除 mtp1 控制項中的第 2 個工具頁。 `mtp1.Pages.Remove mtp1.Pages(1)`
Clear	刪除 MultiPage 控制項內的所有工具頁。 範例 刪除 mtp1 控制項中的所有工具頁。 `mtp1.Pages.Clear`

程式實作 ●

🖵 **範例要求**：請設計一個包含 MultiPage 多重頁面控制項的 VBA 表單，並建立兩個按鈕，當按下「新增標籤」按鈕時，可在目前所在頁面的後方新增一個空白工具頁；當按下「自動命名」按鈕時，會將 MultiPage 多重頁面控制項中所有工具頁的標題，依照"第1頁"、"第2頁"、……命名。表單配置如下圖所示。

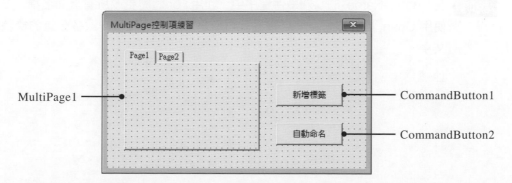

控制項屬性設定

各控制項的屬性設定如下，可自行調整適當大小。

控制項	屬性	屬性值
UserForm1	Caption	MultiPage 控制項練習
MultiPage1		
CommandButton1	Name	AddPg
	Caption	新增標籤
CommandButton2	Name	ChangeName
	Caption	自動命名

編寫程式碼

```
Private Sub AddPg_Click()
    Dim num As Integer
    num = MultiPage1.Value
    MultiPage1.Pages.Add , "新頁面", num + 1
End Sub
```

說明 　在 AddPg_Click() 事件程序中，以 Value 取得目前作用中工具頁的索引值，
先使用 Add 方法新增一個新頁面，設定 Index 參數為 Value 值加 1，就能
將新頁面置於目前工具頁之後。

```
Private Sub ChangeName_Click()
    For i = 0 To MultiPage1.Pages.Count - 1
        MultiPage1.Pages(i).Caption = "第" & (i + 1) & "頁"
    Next i
End Sub
```

說明 　在 ChangeName_Click() 事件程序中，利用 For 迴圈更改所有頁面名稱。先
使用 Count 屬性取得頁面總數量，再使用 Caption 屬性修改各分頁的標題
文字。

☐ **執行結果**

MultiPage 多重頁面控制項預設有2個工具頁，當在 Page1 頁面中按下「新增標籤」按鈕，就會在後方新增一個命名為「新頁面」的工具頁。

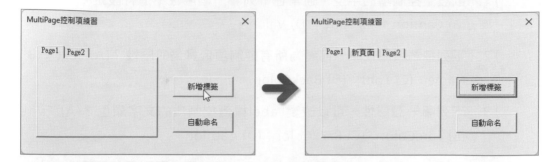

這時 MultiPage 多重頁面控制項中有3個工具頁，若按下「自動命名」按鈕，就會將頁面名稱依序重新命名為第1頁、 第2頁、 第3頁。

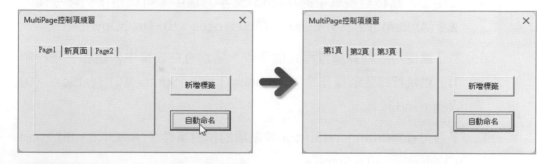

完成結果檔
範例檔案\ch14\MultiPage控制項練習.xlsm

自我評量

( ) 1. 欲設定控制項的字型,通常在下列哪一個屬性中進行設定?(A) Text (B) Caption (C) Font (D) Value。

( ) 2. 下列控制項屬性中,何者為所有控制項皆具備的屬性?(A) Text (B) Name (C) Font (D) BackColor。

( ) 3. 下列哪一個屬性,可以改變Label標籤控制項的文字顏色?(A) Font (B) ForeColor (C) BackColor (D) Caption。

( ) 4. 想讓TextBox文字方塊可以輸入多行文字,須在下列哪一個屬性中進行設定?(A) AutoSize (B) Text (C) MaxLength (D) MultiLine。

( ) 5. 欲使插入點移至表單中的TextBox文字方塊中,可使用下列哪一個方法?(A) Remove (B) Clear (C) SetFocus (D) DropDown。

( ) 6. 為了讓使用者能夠操控程式的運作,通常會在表單中佈建哪一種控制項,以執行特定的操作?(A) Label (B) CheckBox (C) TextBox (D) CommandButton。

( ) 7. 下列何者為CommandButton控制項的預設事件?(A) Click (B) Load (C) Change (D) Scroll。

( ) 8. 若欲設定按下ScrollBar控制項的快動區時的增減值,應在下列何屬性中進行設定?(A) Change (B) SmallChange (C) MediumChange (D) LargeChange。

( ) 9. 右圖所示為Excel VBA表單中的哪一種選擇控制項?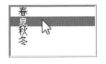
(A) OptionButton (B) ComboBox (C) CheckBox (D) ListBox。

( ) 10. 下列Excel VBA表單控制項中,何者只允許使用者從選項中進行單選?
(A) CheckBox (B) ComboBox (C) SpinButton (D) ListBox。

( ) 11. MultiPage控制項預設有幾個工具頁?(A) 2 (B) 3 (C) 4 (D) 5。

1. 請利用 Excel VBA 中的各種控制項,建立一個如下圖所示的輸入表單,使用者可自行輸入一正整數,並計算其奇數累加或偶數累加的加總結果。

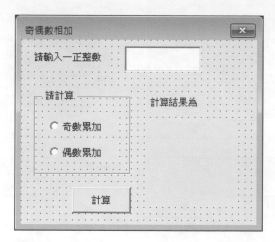

執行結果請參考下圖。

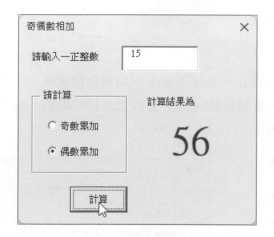
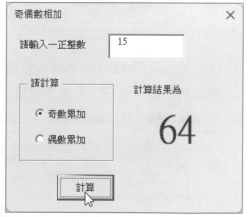

2. 請建立一個可顯示「喜、怒、哀、樂」四種表情的 VBA 表單。當按下按鈕，會顯示相對應的表情圖片 (emoji-1.jpg ～ emoji-4.jpg)。執行結果請參考下圖。

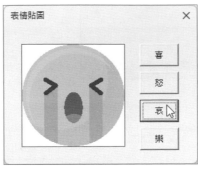
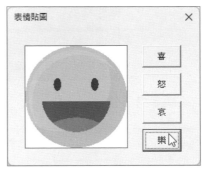

3. 請利用 Excel VBA 中的各種控制項，建立一個如下所示的點餐系統表單，並撰寫程式功能：當按下「結帳按鈕」，會依照輸入的訂餐數量及折扣類別，計算出結帳金額。執行結果請參考下圖右。

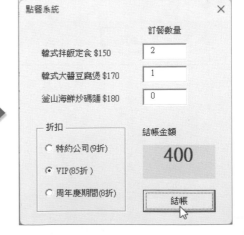

※ 訂餐數量預設為 0

15 綜合演練

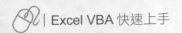

Excel VBA 快速上手

15-1 業績獎金計算

程式功能說明

1. 以員工資料、產品資料、訂單資料計算每位業務和各部門的業績，並據此繪製長條圖。

2. 選單要能選取近三年的年度月份。

3. 業績獎金計算方式為基本獎金加上銷售獎金：

    (1) 基本獎金：銷售額的 5%。

    (2) 銷售獎金：每賣出一件商品，可獲得 $10 獎金。

4. 程式執行過程中須將進度顯示於表單上。

流程圖

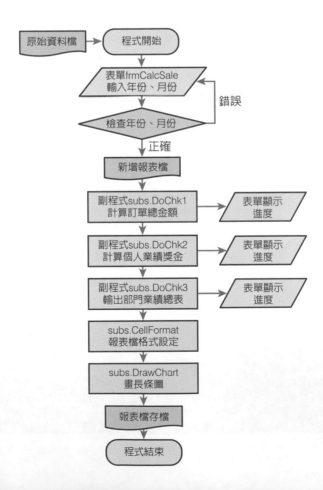

原始資料檔

請開啟「範例檔案\ch15\業績獎金計算.xlsx」檔案,原始資料檔有三個工作表,分別是「員工資料」、「產品資料」、「訂單資料」。

	A	B	C	D	E	F
1	員工編號	姓名	部門			
2	E001	林宜真	行政部			
3	E002	陳彥廷	客服部			
4	E003	張怡君	研發部			
5	E004	許婉婷	南區業務			
6	E005	鄭文傑	北區業務			

員工資料 　產品資料 　訂單資料 　+

介面設計

frmCalcSale 表單

frmCalcSale表單的表單配置如下圖所示。

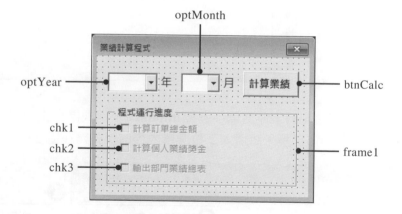

程式說明

建立年／月的下拉選單項目

控制項	Name屬性	選單選項
ComboBox1	optYear	最近三年(西元年)
ComboBox2	optMonth	1、2、……、12

本例使用VBA程式，在表單的Initialize事件中設定下拉式選單的初值，以便在執行表單初始化時動態填入選項。做法如下：

STEP 01 製作好frmCalcSale表單之後，在表單空白處點擊滑鼠兩下，會開啟預設事件程序 UserForm_Click()。

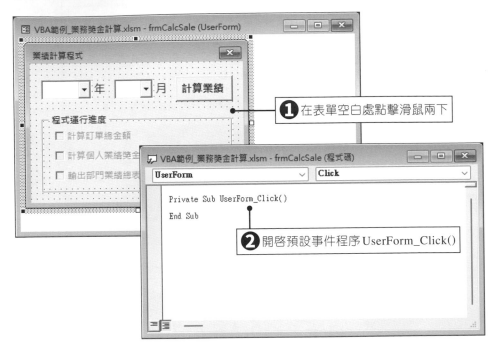

STEP 02 在程式碼視窗右側的事件選單中選擇**Initialize**，程式區會出現UserForm_Initialize()的 Sub區塊，將填入下拉選單內容的程式寫在這裡。

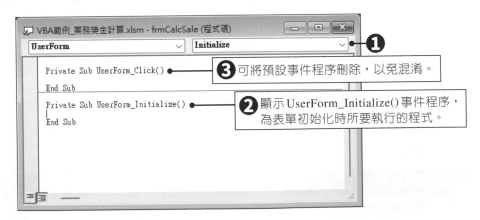

^{STEP}**03** 在 UserForm_Initialize() 事件程序中，以迴圈建立「年」與「月」下拉式
選單的選項，並預設選取當年度及當月。

```
Private Sub UserForm_Initialize()
    Dim i As Integer

    '填入年份選單（最近三年，預設選取當年度）
    For i = Year(Date) To (Year(Date) - 2) Step -1
        optYear.AddItem i
    Next
    optYear.Value = Year(Date)

    '填入月份選單（1～12月，預設選取當月）
    For i = 1 To 12
        optMonth.AddItem i
    Next
    optMonth.Value = Month(Date)
End Sub
```

說明 1.「年」選單為動態選單，將最近三年由大至小排列（最新的年份在最上面），
因此將迴圈條件設定為「Step -1」。

2. 使用 Value 屬性指定預設選取當年及當月。

宣告全域變數

本例的 VBA 程序將依需求分別建立在表單和模組之中，為使兩邊的變數能夠
互通，要在 subs 模組中宣告公共變數：

```
Option Explicit
Public yy, mm As Integer
Public oriWb As Workbook    '原始資料的工作簿
Public newWb As Workbook    '報表檔的工作簿
Public oSheet1, oSheet2, oSheet3 As Worksheet    '原始資料的3個工作表
Public nSheet1, nSheet2, nSheet3 As Worksheet    '報表檔的3個工作表
Dim strPart As String    '業務部門
Dim i, j, n As Integer
Dim k, m As Byte
```

說明 1. Public 陳述式可宣告為全域變數，此活頁簿專案之下的程序皆能存取，因此
建立在表單上的程序也能使用它。

2. Dim 陳述式宣告的變數為區域變數，只限 subs 模組中的程序才能存取。

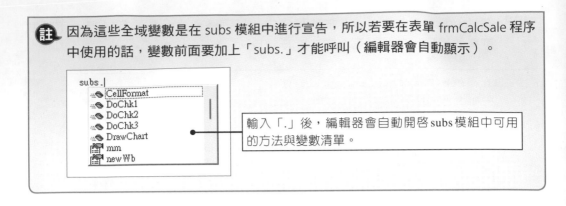

註 因為這些全域變數是在 subs 模組中進行宣告,所以若要在表單 frmCalcSale 程序
中使用的話,變數前面要加上「subs.」才能呼叫(編輯器會自動顯示)。

輸入「.」後,編輯器會自動開啟 subs 模組中可用
的方法與變數清單。

「計算業績」按鈕 btnCalc

● 程式要求:按下表單中的「計算業績」按鈕後,會顯示如下圖所示的訊息方塊,
請使用者先確認來源檔案是否正確,確認後才執行程式。

確認來源檔案後,程式會再檢查所選擇的年月是否正確,如
果選擇的是未來的日期,則會顯示如右圖所示的訊息方塊,
接著再次回到表單,讓使用者重新選擇。

完成上述兩項檢查,就可以開始輸出報表。此時將表單上輸入的控制項鎖定,避
免誤觸,並將顯示進度的控制項開啟。

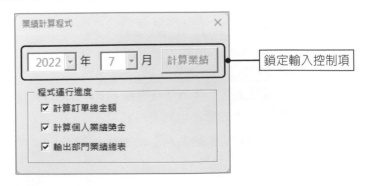

鎖定輸入控制項

✅ 編寫程式碼

```
Dim yesno As Integer
yesno = MsgBox("請確認第1個工作表為員工資料、第2個工作表為產品資料、 _
        第3個工作表為訂單資料,是否執行?", vbYesNo)
If yesno = vbNo Then
    Exit Sub
End If
```

```
subs.yy = optYear.Value      '選擇年度
subs.mm = optMonth.Value     '選擇月份
'檢查年度月份
If CDate(subs.yy & "/" & subs.mm & "/1") > Date Then
    MsgBox "無法輸出未來報表!"
    Exit Sub
End If
```

```
optYear.Enabled = False
optMonth.Enabled = False
btnCalc.Enabled = False
chk1.Enabled = True
chk2.Enabled = True
chk3.Enabled = True
```

📄 建立新檔案(報表檔)

◎ **程式要求:**程式執行結果將開啟一個報表檔,因此先建立一個包含「部門業績總表」、「個人業績獎金」、「訂單總金額」三個空白工作表的報表檔。接著開始執行 subs 模組中的副程式,計算並填入報表資料。

在程式執行過程中,表單中會依照「計算訂單總金額 → 計算個人業績獎金 → 輸出部門業績總表」等次序顯示目前程式運行進度,如右圖所示。

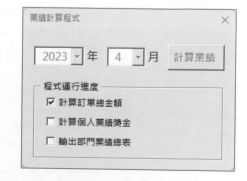

副程式執行完成後,將報表檔存檔,並出現訊息方塊顯示完成,最後將變數清空,結束程式。

✅ 編寫程式碼

```
Set subs.oriWb = ActiveWorkbook
Set subs.oSheet1 = subs.oriWb.Sheets(1)    '員工資料
Set subs.oSheet2 = subs.oriWb.Sheets(2)    '產品資料
Set subs.oSheet3 = subs.oriWb.Sheets(3)    '訂單資料
Set subs.newWb = Workbooks.Add
'報表檔預設會有一個工作表，另外再新增兩個表，預設會從前面新增
Set subs.nSheet3 = subs.newWb.Sheets(1)
subs.nSheet3.Name = "訂單總金額"
Set subs.nSheet2 = subs.newWb.Sheets.Add
subs.nSheet2.Name = "個人業績獎金"
Set subs.nSheet1 = subs.newWb.Sheets.Add
subs.nSheet1.Name = "部門業績總表"
'將報表檔存在同一個資料夾中
subs.newWb.SaveAs subs.yy & "年" & subs.mm & "月業績報表.xlsx"
subs.oriWb.Activate

'chk1 計算訂單總金額
subs.DoChk1
ShowProc (1)
'chk2 計算個人業績獎金
subs.DoChk2
ShowProc (2)
'chk3 輸出部門業績總表
subs.DoChk3
ShowProc (3)
'報表檔格式設定
subs.CellFormat
'畫長條圖
subs.DrawChart

subs.newWb.Save
subs.oriWb.Activate    '顯示表單進度
MsgBox "完成！"
subs.newWb.Activate    '完成後顯示報表檔
Set subs.oSheet1 = Nothing
Set subs.oSheet2 = Nothing
Set subs.oSheet3 = Nothing
Set subs.nSheet1 = Nothing
Set subs.nSheet2 = Nothing
Set subs.nSheet3 = Nothing
Set subs.oriWb = Nothing
Set subs.newWb = Nothing
End
```

1. 將要使用的活頁簿和工作表存入公共變數內，方便後續辨識與呼叫：將原始 Excel 檔存入 subs.oriWb 變數，開啟新檔存入 subs.newWb 變數做為報表檔，原始的工作表存入 subs.oSheet1 ～ 3 變數，報表檔的工作表存入 subs.nSheet1 ～ 3 變數。

2. 此段程式會開啟一個報表檔，包含「部門業績總表」、「個人業績獎金」、「訂單總金額」三個空白工作表。開新檔案後，報表檔會成為作用中活頁簿，而表單是從原始資料檔呼叫而來，因此若想讓使用者即時看到表單上呈現的進度，則須另將原始資料檔設定為作用中活頁簿，才不會使表單被新檔案覆蓋。

3. 依序開始執行 subs 模組中的 DoChk1、DoChk2、DoChk3、CellFormat、DrawChart 等副程式，計算並填入報表資料。

4. 每當 subs 模組中的 DoChk1、DoChk2、DoChk3 副程式執行完畢，設定呼叫更新進度的副程式 ShowProc()，使表單上的 CheckBox 打勾。

```
Private Sub ShowProc(ByVal step As Byte)
    subs.oriWb.Activate
    If step = 1 Then
        chk1.Value = True
    ElseIf step = 2 Then
        chk2.Value = True
    ElseIf step = 3 Then
        chk3.Value = True
    End If
    frmCalcSale.Repaint   '即時更新表單畫面
End Sub
```

1. 設定 CheckBox 的 Value 屬性來控制是否打勾。

2. 每設定完 Value 屬性，就須以「frmCalcSale.Repaint」這行指令即時更新表單畫面，否則等到程式全部執行完畢才會看到表單上的 3 個 CheckBox 同時打勾，就失去呈現進度的意義了。

📝 subs.DoChk1 — 計算「訂單總金額」

✅ **程式要求**：從原始檔的訂單資料中，將符合所選年月的訂單填入報表檔中的「訂單總金額」工作表，並新增 G 欄「訂單金額」計算每一筆訂單的總金額。

	A	B	C	D	E	F	G	H
1	訂單編號	訂單日期	業務編號	產品編號	銷售數量	折扣	訂單金額	
2	23	2023/4/4	E029	P00002	10	0.8	16000	
3	23	2023/4/4	E029	P00003	10	0.8	24000	
4	24	2023/4/15	E007	P00001	6	0.9	5400	
5	25	2023/4/20	E012	P00001	10	0.7	7000	
6	25	2023/4/20	E012	P00002	10	0.7	14000	
7	25	2023/4/20	E012	P00003	10	0.7	21000	
8								

部門業績總表　個人業績獎金　**訂單總金額**　＋

✅ **編寫程式碼**

subs 模組中各副程式的程式細節可參見 VBA 程式碼中的註解說明，須特別說明之處則詳見程式下方說明。

```
Sub DoChk1()
    Dim arrProd() As Variant
    Dim dateS, dateE As Date
    Dim tot As Integer
    Dim ch1Text As String
    '表單上chk1原本的文字
    ch1Text = frmCalcSale.chk1.Caption

    '將產品編號和價格存入arrProd，以便後續查詢
    '0～n每樣產品, 0產品編號|1產品單價
    ReDim arrProd((oSheet2.UsedRange.Rows.Count - 2), 1)
    j = 0    'arrProd陣列第1維指標
    For i = 2 To oSheet2.UsedRange.Rows.Count
        arrProd(j, 0) = oSheet2.Cells(i, 1).Text
        arrProd(j, 1) = Val(oSheet2.Cells(i, 3).Text)
        j = j + 1
    Next 'i

    '抓選擇月份的日期起迄
    dateS = CDate(yy & "/" & mm & "/1")
    dateE = DateAdd("d", -1, DateAdd("m", 1, dateS))    '起始日加1個月_
        再減1天，就是該月份的最後一天
```

```
'計算符合條件的資料總筆數，表單顯示進度用
tot = 0
For i = 2 To oSheet3.UsedRange.Rows.Count
    If oSheet3.Cells(i, 2).Value >= dateS And _
       oSheet3.Cells(i, 2).Value <= dateE Then
         tot = tot + 1
    End If
Next 'i

'抓選擇月份的日期起迄
dateS = CDate(yy & "/" & mm & "/1")
dateE = DateAdd("d", -1, DateAdd("m", 1, dateS))  '起始日加1個月_
    再減1天，就是該月份的最後一天
'計算符合條件的資料總筆數，表單顯示進度用
tot = 0
For i = 2 To oSheet3.UsedRange.Rows.Count
    If oSheet3.Cells(i, 2).Value >= dateS And _
        oSheet3.Cells(i, 2).Value <= dateE Then
         tot = tot + 1
    End If
Next 'i

'開始複製符合條件的資料
j = 1 '報表檔的訂單資料列
For i = 1 To oSheet3.UsedRange.Rows.Count
    If i = 1 Or (oSheet3.Cells(i, 2).Value >= dateS And _
          oSheet3.Cells(i, 2).Value <= dateE) Then
        For k = 1 To oSheet3.UsedRange.Columns.Count
           nSheet3.Cells(j, k).Value = oSheet3.Cells(i, k).Value
        Next 'k
        '在報表檔的訂單資料最右側增加1欄：訂單金額
        k = oSheet3.UsedRange.Columns.Count + 1
        If i = 1 Then
            nSheet3.Cells(1, k).Value = "訂單金額"
        Else
        For m = 0 To UBound(arrProd, 1)
            If arrProd(m, 0) = nSheet3.Cells(j, 4).Text Then
                nSheet3.Cells(j, k).Value = _
                Round(arrProd(m, 1) * nSheet3.Cells(j, 5).Value _
                * nSheet3.Cells(j, 6).Value, 0)
                Exit For   '找到產品定價算完訂單金額後就跳出m的迴圈
            End If
        Next 'm
        End If
```

```
                    '表單顯示進度
                    If i > 1 Then
                        frmCalcSale.chk1.Caption = ch1Text & _
                            " (" & j - 1 & "/" & tot & ")" _
                            '第1列表頭不算，所以j-1
                        frmCalcSale.Repaint
                    End If
                    j = j + 1
                End If
        Next 'i
End Sub
```

說明 1. 必須知道產品單價才能計算總金額，但訂單資料中只有產品編號，沒有單價的欄位，如果每筆資料都切換到產品資料的工作表去查，查完再切換回來，執行速度會比較慢，因此這裡先將產品資料存入 arrProd 陣列裡，用陣列輪詢速度會快很多。

2. 因為產品的數量可能會增減，且陣列中需儲存產品編號（字串）與單價（數字），因此我們將 arrProd 宣告為 Variant 類型的動態陣列，陣列中就能儲存多種資料類型。

3. 程式開始，用 Redim 宣告 arrProd 的維度和大小，第 1 維是每樣產品，第 2 維是產品編號和單價。產品的數量可由工作表使用列數取得，扣掉表頭 1 列，以及陣列由 0 開始，因此設定為「Rows.Count - 2」。

4. 比對訂單時，用迴圈輪詢 arrProd 陣列，找到產品編號相符的單價後，「Exit For」跳出迴圈。

5. 在處理顯示進度的程序中，為篩選出所選年月的訂單資料，須先將所選年月轉換為日期起迄，以便與訂單資料的日期欄位比對。進行日期比對時需留意資料型態，可使用 CDate() 方法將字串轉為日期型態，避免發生資料型態不符的錯誤。起始日可直接使用 CDate() 方法將該月份第一天轉成日期型態存入 dateS 變數即可；終止日則由於每月最後一天日期不一定，因此使用 DateAdd() 方法將起始日加 1 個月再減一天，就能抓到該月份的最後一天。

6. 確定日期範圍後，先在訂單資料跑一輪，將符合日期條件的總筆數存入 tot 變數，再跑正式的迴圈，計算每一筆訂單的總金額。計算完成後，使用 CheckBox 的 Caption 屬性，將「目前處理的筆數 / 總筆數」顯示於表單上，設定後同樣要做 Repaint 更新表單畫面。

📝 subs.DoChk2 — 計算「個人業績獎金」

✅ **程式要求**：從原始檔的員工資料工作表中，將業務部門的員工資料填入報表檔的「個人業績獎金」工作表，並新增 D～H 欄計算每位業務的銷售與獎金資料。

▲	A	B	C	D	E	F	G	H	I
1	員工編號	姓名	部門	銷售額	銷售數量	基本獎金	銷售獎金	總獎金	
2	E004	許婉婷	南區業務	0	0	0	0	0	
3	E005	鄭文傑	北區業務	0	0	0	0	0	
4	E006	李玉婷	中區業務	0	0	0	0	0	
5	E007	鍾雪兒	南區業務	5400	6	270	60	330	
6	E009	許凱琳	北區業務	0	0	0	0	0	
7	E012	吳婉慕	北區業務	42000	30	2100	300	2400	

< > 　　部門業績總表　|　個人業績獎金　|　訂單總金額　　+

✅ **編寫程式碼**

　　subs 模組中各副程式的程式細節可參見 VBA 程式碼中的註解說明，須特別說明之處則詳見程式下方說明。

```
Sub DoChk2()
    Dim arrSale(1) As Long

    '將原始檔第1個工作表的業務部門員工資料抓到報表檔
    '將業務部門名稱存入strPart，因後續要用instr()來比對，故在頭尾增加逗號以利辨識
    strPart = ",北區業務,中區業務,南區業務,"
    j = 1 '報表檔的員工資料列
    For i = 1 To oSheet1.UsedRange.Rows.Count
        If i = 1 Or InStr(strPart, "," & _
            Trim(oSheet1.Cells(i, 3).Text) & ",") > 0 Then
            For k = 1 To oSheet1.UsedRange.Columns.Count
                nSheet2.Cells(j, k).Value = oSheet1.Cells(i, k).Value
            Next 'k
            '在報表檔的員工資料最右側增加5欄
            If i = 1 Then
                nSheet2.Cells(1, 4).Value = "銷售額"
                nSheet2.Cells(1, 5).Value = "銷售數量"
                nSheet2.Cells(1, 6).Value = "基本獎金"
                nSheet2.Cells(1, 7).Value = "銷售獎金"
                nSheet2.Cells(1, 8).Value = "總獎金"
            Else
                '從報表檔的第3個工作表計算個人業績獎金
                arrSale(0) = 0    '銷售額
                arrSale(1) = 0    '銷售數量
```

```
                        For n = 2 To nSheet3.UsedRange.Rows.Count
                            If nSheet2.Cells(j, 1).Text = _
                                nSheet3.Cells(n, 3).Text Then
                                  arrSale(0) = _
                                  arrSale(0) + Val(nSheet3.Cells(n, 7).Text)
                                  arrSale(1) = _
                                  arrSale(1) + Val(nSheet3.Cells(n, 5).Text)
                            End If
                        Next 'n
                        '基本獎金：銷售額的5%
                        '銷售獎金：每賣出一件商品，可獲得10元獎金
                        nSheet2.Cells(j, 4).Value = arrSale(0)
                        nSheet2.Cells(j, 5).Value = arrSale(1)
                        nSheet2.Cells(j, 6).Value = Round(arrSale(0) * 0.05, 0)
                        nSheet2.Cells(j, 7).Value = arrSale(1) * 10
                        nSheet2.Cells(j, 8).Value = _
                        nSheet2.Cells(j, 6).Value + nSheet2.Cells(j, 7).Value
                    End If
                    j = j + 1
                End If
        Next 'i
    End Sub
```

說明　1. 因原始檔的員工資料工作表中有各部門的員工，因此使用 Instr() 方法比對抓出業務部門。先將業務部門名稱存入 strPart 變數，因後續要用 Instr() 來比對，因此在頭尾增加逗號以利辨識，確保部門名稱完全相同才符合條件。

　　　2. 基本獎金為銷售額 5%，銷售獎金為每件商品 $10。可使用 arrSale 一維陣列來計算每位業務的總銷售額及銷售的總件數，加總後再計算獎金。

📑 subs.DoChk3 ─ 輸出「部門業績總表」

⦿ **程式要求**：從報表檔的「個人業績獎金」工作表中，計算各區的總業績、銷售數量和各項獎金，將結果填入「部門業績總表」工作表中，並在最末新增一列「合計」列。

	A	B	C	D	E	F	G
1	部門	總業績	銷售數量	基本獎金	銷售獎金	總獎金	
2	北區業務	42000	30	2100	300	2400	
3	中區業務	0	0	0	0	0	
4	南區業務	5400	6	270	60	330	
5	合計	47400	36	2370	360	2730	
6							

部門業績總表　個人業績獎金　訂單總金額　＋

◎ 編寫程式碼

　　subs模組中各副程式的程式細節可參見VBA程式碼中的註解說明，須特別說明之處則詳見程式下方說明。

```
Sub CellFormat()
    For i = 1 To newWb.Sheets.Count
        '表頭粗體
        newWb.Sheets(i).Rows(1).Font.Bold = True
        '表格框線XlBordersIndex列舉：
        '7 xlEdgeLeft、8 xlEdgeTop、9 xlEdgeBottom、10 xlEdgeRight、_
         11 xlInsideVertical、12 xlInsideHorizontal
        '可用迴圈較簡短
        For k = 7 To 12
            With newWb.Sheets(i).UsedRange.Borders(k)
                .LineStyle = xlContinuous
                .ColorIndex = 0
                .Weight = xlThin
            End With
        Next 'k
    Next 'i
    '數字格式
    nSheet1.Range("B:F").NumberFormat = "#,##0"
    nSheet2.Range("D:H").NumberFormat = "#,##0"
    nSheet3.Range("G:G").NumberFormat = "#,##0"
End Sub
```

說明　1. 由於各部門計算總業績的規則皆相同，所以使用陣列處理比較簡潔。使用 arrPart 陣列儲存部門名稱，再用迴圈輪詢陣列，即可完成各部門的計算。

　　2. 使用 split() 方法將 DoChk2() 副程式儲存的部門名稱 strPart 字串轉換為 arrPart 陣列。因 DoChk2() 副程式為了使用 Instr() 來比對，在 strPart 變數前後都有多餘的逗號，這裡先使用 Mid() 方法從第 2 個字取 strPart 長度減頭尾逗號的長度，即可取到「北區業務,中區業務,南區業務」的字串；再使用 split() 方法轉成 arrPart 陣列。

　　3. 輪詢 arrPart 陣列，將統計資料填入工作表後，用 nSheet1.UsedRange. Rows.Count 抓出目前使用的列數，在下面新增一列「合計」，使用儲存格的 .Formula 輸入 SUM 公式。

📝 subs.CellFormat — 報表檔格式設定

◉ **程式要求**：上述三個副程式執行完畢後，報表檔的資料就完備了，接下來進行報表檔的格式設定。將表頭設定為粗體字、表格有使用的範圍加上格線，並將數值儲存格的格式設定為帶逗號的數字格式。如下圖所示。

	A	B	C	D	E	F	G
1	部門	總業績	銷售數量	基本獎金	銷售獎金	總獎金	
2	北區業務	42,000	30	2,100	300	2,400	
3	中區業務	0	0	0	0	0	
4	南區業務	5,400	6	270	60	330	
5	合計	47,400	36	2,370	360	2,730	
6							

`< >` 　部門業績總表　｜　個人業績獎金　｜　訂單總金額　｜　　+

◉ **編寫程式碼**

```
Sub CellFormat()
    For i = 1 To newWb.Sheets.Count
        '表頭粗體
        newWb.Sheets(i).Rows(1).Font.Bold = True
        '表格框線XlBordersIndex列舉:
        '7 xlEdgeLeft、8 xlEdgeTop、9 xlEdgeBottom、10 xlEdgeRight、 _
         11 xlInsideVertical、12 xlInsideHorizontal
        '可用迴圈較簡短
        For k = 7 To 12
            With newWb.Sheets(i).UsedRange.Borders(k)
                .LineStyle = xlContinuous
                .ColorIndex = 0
                .Weight = xlThin
            End With
        Next 'k
    Next 'i
    '數字格式
    nSheet1.Range("B:F").NumberFormat = "#,##0"
    nSheet2.Range("D:H").NumberFormat = "#,##0"
    nSheet3.Range("G:G").NumberFormat = "#,##0"
End Sub
```

說明 　關於表格框線的設定，在 VBA 中須一併設定左框線 xlEdgeLeft (7)、上框線 xlEdgeTop (8)、下框線 xlEdgeBottom (9)、右框線 xlEdgeRight (10)、垂直框線 xlInsideVertical (11)、水平框線 xlInsideHorizontal (12) 等 6 個 Borders 參數，來為表格加上所有框線。由於這些參數對應的數值正好是 7 ～ 12 的連號，這裡可建立迴圈來快速完成。

📝 subs.DrawChart — 畫長條圖

✅ **程式要求：** 在報表檔的「部門業績總表」和「個人業績獎金」工作表中，依照表格資料在下方產生各資料的長條圖，如下圖所示，以視覺化的方式呈現資料。

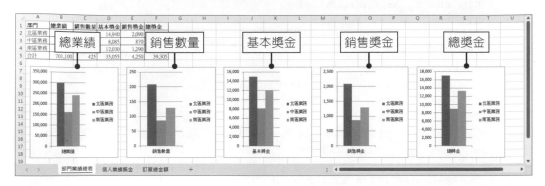

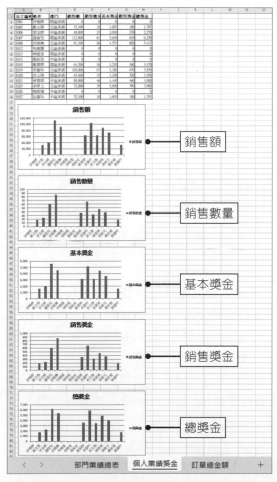

⊘ 編寫程式碼

因每個工作表畫圖的邏輯相同,所以可以建立迴圈來完成多張圖表。

```
Sub DrawChart()
    Dim chtObj As ChartObject
    Dim topOffset As Integer

    '部門業績總表
    nSheet1.Activate
    i = nSheet1.UsedRange.Rows.Count
    topOffset = nSheet1.Range("A" & i + 2).Top
    For k = 2 To 6
        Set chtObj = nSheet1.ChartObjects.Add(10 + 220 * (k - 2), _
                    topOffset, 200, 200)
        chtObj.Chart.SetSourceData Source:=Union(Range("A1:A4"), _
        Range(Chr(64 + k) & "1:" & Chr(64 + k) & "4"))
        chtObj.Chart.PlotBy = xlRows
        Set chtObj = Nothing
    Next 'k

    '個人業績獎金
    nSheet2.Activate
    i = nSheet2.UsedRange.Rows.Count
    topOffset = nSheet2.Range("A" & i + 2).Top
    For k = 4 To 8
        Set chtObj = nSheet2.ChartObjects. _
                    Add(10, topOffset + 220 * (k - 4), 400, 200)
        chtObj.Chart.SetSourceData Source:=Union(Range("B1:B" & i), _
        Range(Chr(64 + k) & "1:" & Chr(64 + k) & i))
        'chtObj.Chart.PlotBy = xlRows
        Set chtObj = Nothing
    Next 'k
End Sub
```

說明 1. 程式要求將各項目分別產生獨立圖表,因此資料來源就不能直接設定為連續範圍。例如:C 欄銷售數量的資料來源要設定成 Range("A1:A4") 加上 Range("C1:C4"),因此設定為 Union(Range("A1:A4"), Range("C1:C4"))。而使用迴圈自動替換掉欄位的字母,由 2 對應 B、3 對應 C、4 對應 D……,此時須使用 Chr() 方法,以 ASCII 字元碼來換算文字,如:A 的編碼是 65、B 是 66、C 是 67……,配合迴圈的變數 k,就能得出所要的資料範圍。

2. 「部門業績總表」工作表中的 B～F 欄的資料應產生 5 個圖表,使用 For k = 2 To 6 的迴圈來產生圖表;「個人業績獎金」工作表中的 D～H 欄的資料應產生 5 個圖表,使用 For k = 4 To 8 的迴圈來產生圖表。

3. 想讓「部門業績總表」工作表中的 5 個圖表水平排列，必須計算每個圖表的位置偏移量，才不會全部疊在一起。程式中 topOffset 變數用於控制圖表的 Top 座標，若想讓圖表上緣對齊資料表格下方的第 2 列，先以下行程式抓出第 1 個工作表使用的最後一列：

$$i = nSheet1.UsedRange.Rows.Count$$

然後以下行程式把往下兩列的 Top 座標存入 topOffset：

$$topOffset = nSheet1.Range("A" \& i + 2).Top$$

4. 產生「部門業績總表」圖表的 ChartObjects.Add() 方法中，第 1 個參數是 Left 座標，「10 + 220 * (k - 2)」中的 10 是指第一個圖表距離左側 10 pt，而每個圖表的 Left 座標向右位移 220 pt (圖表寬度是 200 pt，各圖表水平間隔 20 pt)。第 2 個參數是 Top 座標，直接使用 topOffset 變數，對齊資料表格下方的第 2 列。第 3 個及第 4 個參數為寬度及高度，皆設定為 200 pt。

5. 產生「個人業績獎金」圖表的 ChartObjects.Add() 方法中，第 1 個參數是 Left 座標，設定為 10 pt。第 2 個參數是 Top 座標，「topOffset + 220 * (k - 4)」中的 topOffset 表示第 1 個圖表的 Top 座標，而後續每個圖表的 Top 座標向下位移 220 pt (圖表高度是 200 pt，各圖表垂直間隔 20 pt)。第 3 個及第 4 個參數為寬度及高度，分別設定為 400 pt 及 200 pt。

執行成果

依照設定的月份產生一個「業績報表.xlsx 檔案」，可查看成果檔案如下。

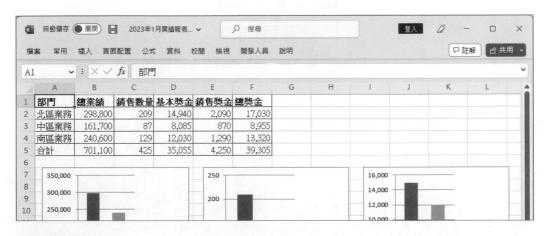

完成結果檔

程式檔案：範例檔案\ch15\業績獎金計算.xlsm
成果檔案：範例檔案\ch15\2023年1月業績報表.xlsx

15-2 點餐系統

程式功能說明

1. 簡易餐廳櫃檯點餐系統，輸入餐點、送出後，會自動寫入訂單資料，並列印備餐單與品管單給相關部門。

2. 菜單資料須可讓使用者自訂修改，以符合不同的需求。

流程圖

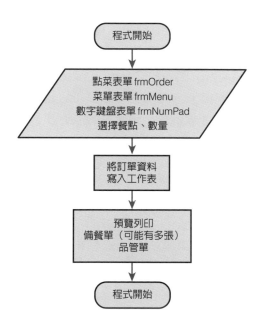

程式開始

點菜表單 frmOrder
菜單表單 frmMenu
數字鍵盤表單 frmNumPad
選擇餐點、數量

將訂單資料
寫入工作表

預覽列印
備餐單（可能有多張）
品管單

程式開始

原始資料檔

請開啟「範例檔案\ch15\點餐系統.xlsx」檔案，原始資料檔中有三個工作表，分別是「菜單」、「訂單」、「訂單明細」。初始只有「菜單」工作表中有內容，執行程式後，才會將資料填入「訂單」和「訂單明細」工作表中。

	A	B	C	D	E
1	編號	品項	負責單位	單價	
2	1	漢堡	廚房	60	
3	2	蛋餅	廚房	40	
4	3	蘿蔔糕	廚房	40	
5	4	燒餅	廚房	30	
6	5	煎蛋	廚房	20	
7	6	三明治	廚房	30	
8	7	油條	廚房	10	
9	8	豆漿	吧檯	20	
10	9	米漿	吧檯	20	
11	10	奶茶	吧檯	15	
12					

菜單　訂單　訂單明細　＋

介面設計

本例須建立三個表單，包含點餐表單(frmOrder)、菜單表單(frmMenu)、數字鍵盤表單(frmNumPad)等表單。因三個表單將會同時出現在畫面上，因此須將表單的 **ShowModal** 屬性設定為 **False**。而點餐表單(frmOrder)預設顯示在視窗中央，菜單表單(frmMenu)及數字鍵盤表單(frmNumPad)則會自訂表單位置，因此要將這兩個表單的 **StartUpPosition** 屬性設定為 **0 – 自訂**。

各表單控制項的屬性設定表列如下。

表單控制項	屬性	屬性值
frmOrder	ShowModal	False
frmMenu	ShowModal	False
	StartUpPosition	0 – 自訂
frmNumPad	ShowModal	False
	StartUpPosition	0 – 自訂

🗨 frmOrder ─ 點餐表單

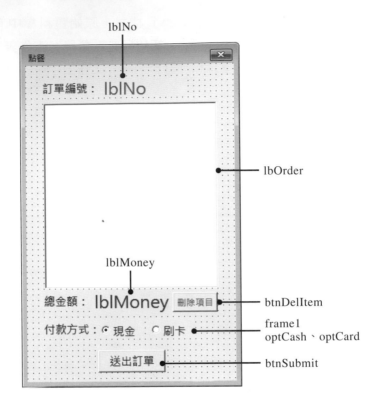

lblNo

lbOrder

lblMoney

btnDelItem

frame1
optCash、optCard

btnSubmit

🗨 frmMenu ─ 菜單表單

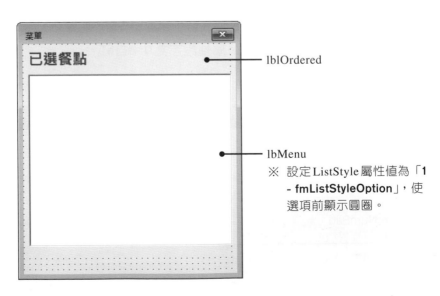

lblOrdered

lbMenu

※ 設定 ListStyle 屬性值為「**1 - fmListStyleOption**」，使選項前顯示圓圈。

📑 frmNumPad — 數字鍵盤表單

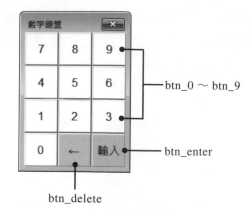

btn_0 ～ btn_9

btn_enter

btn_delete

程式說明

📑 點餐表單 frmOrder 初始化

✔ 程式要求：

1. 每當為顧客點餐時，必須產生一個新的訂單編號，訂單編號是依照「訂單」工作表中的「訂單編號」續編下去。如果是首次使用，訂單編號則從1開始。

2. 將點餐表單上的「總金額」標籤控制項lblMoney歸零。

✔ 編寫程式碼

```
Private Sub UserForm_Initialize()
    Dim sno As Integer
    '將第2個工作表「訂單」依訂單編號排序，再往下+1就是最新的單號
    If Sheets(2).UsedRange.Rows.Count > 1 Then
        Sheets(2).UsedRange.Sort Key1:=Sheets(2).UsedRange.Columns(1), _
        Order1:=xlAscending, Header:=xlYes
        sno = CInt(Sheets(2).Cells(Sheets(2).UsedRange.Rows._
            Count, 1).Text) + 1
    Else
        sno = 1
    End If
    lblNo.Caption = sno
    lblMoney.Caption = "0"    '總金額歸零
End Sub
```

從點餐表單 frmOrder 呼叫出菜單表單 frmMenu

● **程式要求**：進行點餐時，在點餐表單 frmOrder 右側會出現菜單表單供使用者點選，而菜單表單中的菜色內容，則來自「菜單」工作表中的資料所填入。

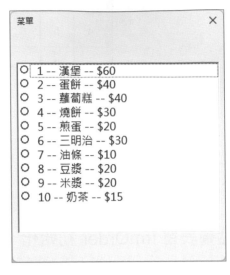

● **編寫程式碼**

```
Private Sub UserForm_Activate()
    Dim i As Integer
    '在frmMenu填入並開啟菜單
    frmMenu.lbMenu.Visible = True
    frmMenu.lblOrdered.Caption = ""
    frmMenu.lbMenu.Clear
    For i = 2 To Sheets(1).UsedRange.Rows.Count
        '格式為「編號 -- 品名 --$ 單價」
        frmMenu.lbMenu.AddItem CInt(Sheets(1).Cells(i, 1).Text) & _
            " -- " & Sheets(1).Cells(i, 2).Text & " -- $" & _
            CInt(Sheets(1).Cells(i, 4).Text)
    Next 'i
    frmMenu.Left = frmOrder.Left + frmOrder.Width + 10
    frmMenu.Top = frmOrder.Top
    frmMenu.Show
End Sub
```

📧 從菜單表單 frmMenu 中進行選餐

✅ 程式要求：

1. 只要在菜單表單 frmMenu 的選單中點選菜色，會將選單中的其他菜色隱藏，只顯示被選擇的品項。

2. 點餐後不必改用鍵盤操作，而是直接呼叫數字鍵盤表單 frmNumPad，透過數字鍵盤快速輸入訂餐數量。

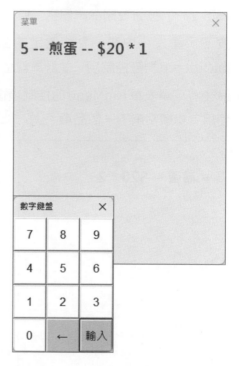

✅ 編寫程式碼

```
Private Sub lbMenu_Click()
    lblOrdered.Caption = lbMenu.Value & " * 1"   '預設數量是1個
    lbMenu.Visible = False
    frmNumPad.Left = frmMenu.Left
    frmNumPad.Top = frmMenu.Top + 200
    frmNumPad.Show
End Sub
```

📋 數字鍵盤表單 frmNumPad 的按鍵功能設定

✅ **程式要求:** 數字鍵盤表單 frmNumPad 使用多個按鈕控制項配置而成,每個按鈕都要撰寫程式來控制其動作。

1. 按下 0～9 的數字按鈕,在菜單表單 frmMenu 的 lblOrdered 標籤文字最末就會加上該數字。例如:按下數字 0 的按鈕,lblOrdered 標籤文字最末就會增加一個「0」。

2. 按下「←」按鈕會刪除一個字,但只能刪除數量,不可刪到前面的品項。

3. 按下「輸入」按鈕,會將選定的品項、數量寫入點餐表單 frmOrder 中的 lblOrdered 標籤控制項,並計算總金額。

4. 最後將菜單表單 frmMenu 的控制項復原顯示,並將數字鍵表單隱藏起來,供使用者繼續點選下一個品項。

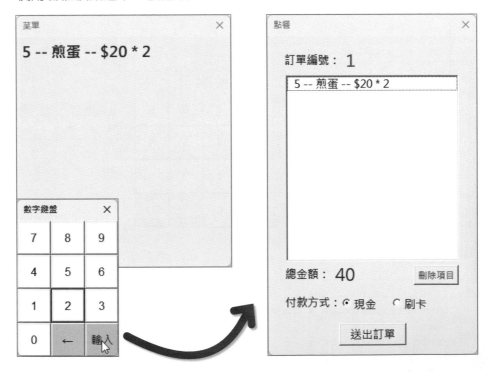

◉ 編寫程式碼

1. 數字按鈕的功能設定（下列程式以 0 為例）

```
Private Sub btn_0_Click()
    frmMenu.lblOrdered.Caption = frmMenu.lblOrdered.Caption & "0"
End Sub
```

2. 「←」按鈕的功能設定

```
Private Sub btn_delete_Click()
    '按下「←」會刪除一個字，但只能刪除數量，不可刪到前面的品項
    If Right(frmMenu.lblOrdered.Caption, 2) <> "* " Then
        frmMenu.lblOrdered.Caption = Left(frmMenu.lblOrdered. _
            Caption, (Len(frmMenu.lblOrdered.Caption) - 1))
    End If
End Sub
```

> **說明** 因為只能刪除訂餐數量，不能刪除到前面的品項名稱，因此以字串做判斷，設定只有在 "*" 之後的文字才會被刪除。

3. 「輸入」按鈕的功能設定

```
Private Sub btn_enter_Click()
    Dim arrTemp() As String
    '格式為「編號 -- 品名 --$ 單價 * 數量」
    '有輸入數量才寫入點餐表單frmOrder.lbOrder
    If Right(frmMenu.lblOrdered.Caption, 2) <> "* " Then
        arrTemp = Split(frmMenu.lblOrdered.Caption, "*")
        If CInt(arrTemp(UBound(arrTemp))) > 0 Then
            frmOrder.lbOrder.AddItem frmMenu.lblOrdered.Caption
            subs.CalcTotalMoney
        End If
    End If
    frmMenu.lblOrdered.Caption = ""
    frmMenu.lbMenu.Selected(frmMenu.lbMenu.ListIndex) = False
    frmMenu.lbMenu.Visible = True
    frmNumPad.Hide
End Sub
```

從點餐表單 frmOrder 中刪除項目

● **程式要求**：已加入至點餐系統中的項目，可以按下「刪除項目」按鈕，將它從該筆訂單中刪除。

● **編寫程式碼**

```
Private Sub btnDelItem_Click()
    If lbOrder.ListIndex <> -1 Then   '有選擇項目
        lbOrder.RemoveItem lbOrder.ListIndex
        subs.CalcTotalMoney
    End If
End Sub
```

說明 若符合「lbOrder.ListIndex <> -1」(ListIndex 屬性值不等於 -1) 這行指令，代表在 lbOrder 控制項中有選擇到的項目。

計算總金額

● **程式要求**：若是訂單中的選項有所增減時（例如：選擇餐點、刪除餐點）時，會重新計算點餐表單 frmOrder 中的總金額。

● **編寫程式碼**

```
Sub CalcTotalMoney()
    Dim i As Integer
    Dim tot As Long
    Dim arrTemp() As String
    Dim arrTemp2() As String
    '由frmOrder.lbOrder的項目計算總金額
    '格式為「編號 -- 品名 --$ 單價 * 數量」
    tot = 0
    For i = 0 To frmOrder.lbOrder.ListCount - 1
        arrTemp = Split(frmOrder.lbOrder.List(i), "$")
        arrTemp2 = Split(arrTemp(UBound(arrTemp)), "*")
        tot = tot + CInt(arrTemp2(0)) * CInt(arrTemp2(1))
    Next 'i
    frmOrder.lblMoney.Caption = tot
End Sub
```

說明 1. 在 subs 模組撰寫一個 CalcTotalMoney 副程式，負責執行計算 frmOrder.lbOrder 中已點項目的總金額。

2. 以「For i = 0 To frmOrder.lbOrder.ListCount - 1」迴圈來輪詢每一個項目 (frmOrder.lbOrder.List)。由於 ListBox 控制項的 ListIndex 是從 0 開始,所以 迴圈設定由 0 算到總數 -1。

3. frmOrder.lbOrder 中每個項目的格式為「編號 -- 品名 --$ 單價 * 數量」,所 以這裡利用字串運算來分別取出單價與數量。使用 arrTemp() 和 arrTemp2() 兩個陣列,先用「$」切開存入 arrTemp(),例如:「5 -- 煎蛋 -- $20 * 1」會被切成「5 -- 煎蛋 --」(arrTemp(0)) 與「20 * 1」(arrTemp(1)),以 「arrTemp(UBound(arrTemp))」指令取 arrTemp() 的最後一個項目,再用「*」 分成兩段存入 arrTemp2(),這裡我們就能確定第一段 arrTemp2(0) 是單價、 第二段 arrTemp2(1) 是數量,由此便能加總算出已選餐點的總金額,顯示於 frmOrder.lblMoney 標籤。

📮 從點餐表單 frmOrder 中送出訂單

☑ **程式要求:按下「送出訂單」按鈕後:**

1. 將已選餐點寫入「訂單」工作表及「訂 單明細」工作表中。

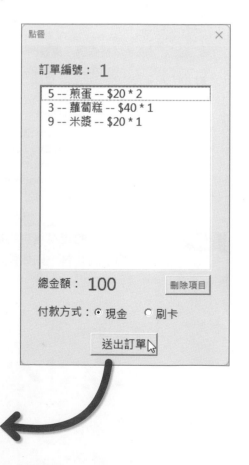

15-29

編寫程式碼

```
'寫入第2個工作表「訂單」
Sheets(2).Activate
r = Sheets(2).UsedRange.Rows.Count    '找到最後一列
r = r + 1
Sheets(2).Cells(r, 1).Value = frmOrder.lblNo
Sheets(2).Cells(r, 2).Value = frmOrder.lblMoney
If optCash.Value Then
    Sheets(2).Cells(r, 3).Value = "現金"
Else
    Sheets(2).Cells(r, 3).Value = "刷卡"
End If

'寫入第3個工作表「訂單明細」
Sheets(3).Activate
r = Sheets(3).UsedRange.Rows.Count    '找到最後一列
r = r + 1
For i = 0 To lbOrder.ListCount - 1
    Sheets(3).Cells(r, 1).Value = frmOrder.lblNo
    '格式為「編號 -- 品名 --$ 單價 * 數量」
    arrTemp = Split(frmOrder.lbOrder.List(i), "$")
    arrTemp2 = Split(arrTemp(UBound(arrTemp)), "*")
    Sheets(3).Cells(r, 3).Value = CInt(arrTemp2(0))
    Sheets(3).Cells(r, 4).Value = CInt(arrTemp2(1))
    'frmOrder.lbOrder.List(i)扣掉「 -- $」後面的文字即是品項內容
    Sheets(3).Cells(r, 2).Value = Trim(Left(frmOrder. _
     lbOrder.List(i), (Len(frmOrder.lbOrder.List(i)) - Len _
     (arrTemp(UBound(arrTemp))) - 5)))
    r = r + 1
Next 'i
```

說明 「訂單」工作表的資料可直接從點餐表單 frmOrder 上的控制項取得資料;而「訂單明細」的資料,則如同計算總金額時的字串處理。

2. 新增第4個工作表「列印」，其
中將「廚房」、「吧檯」的備餐單
及「品管單」的資料分別填入，
並執行預覽列印，可印出備餐單
給不同的負責單位。

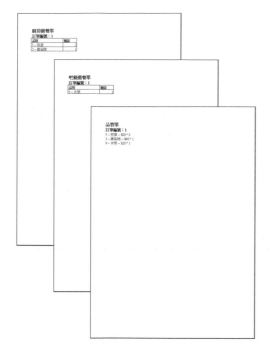

	A	B	C
1	**廚房備餐單**		
2	**訂單編號：1**		
3	**品項**	**數量**	
4	5 -- 煎蛋	2	
5	3 -- 蘿蔔糕	1	
6			
7	**吧檯備餐單**		
8	**訂單編號：1**		
9	**品項**	**數量**	
10	9 -- 米漿	1	
11			
12	**品管單**		
13	**訂單編號：1**		
14	5 -- 煎蛋 -- $20 * 2		
15	3 -- 蘿蔔糕 -- $40 * 1		
16	9 -- 米漿 -- $20 * 1		
17			

菜單 | 訂單 | 訂單明細 | **列印**

✅ 編寫程式碼

```
'寫入第4個工作表「列印」
If Sheets.Count > 3 Then    '第一次執行只有三個工作表
    '前張單的格式和列印設定還留在第4個工作表
    '因此這裡刪除並重新產生新的工作表
    Application.DisplayAlerts = False    '刪除工作表時不要詢問
    Sheets(4).Delete
End If
Sheets.Add , Sheets(3)
Sheets(4).Name = "列印"
Sheets(4).Activate

'先查詢有幾種負責單位
'需印出各負責單位的備餐單，以及一張完整的單據給品管/包餐人員
strUnit = ","
```

```
          For j = 2 To Sheets(1).UsedRange.Rows.Count
              If InStr(strUnit, "," & Trim(Sheets(1).Cells(j, 3).Text) _
               & ",") = 0 Then
                  strUnit = strUnit & Trim(Sheets(1).Cells(j, 3).Text) & ","
              End If
          Next 'j
          strUnit = Mid(strUnit, 2)
          If Right(strUnit, 1) = "," Then
              strUnit = Left(strUnit, (Len(strUnit) - 1))
          End If
          arrUnit = Split(strUnit, ",")
             ⋮
```

說明 1. 如果之前有執行過程式，第 4 個工作表「列印」會留著上一次的格式和列印設定，因此要先將第 4 個工作表刪除，重新新增一個空白的工作表。

2. 從「菜單」工作表取出總共有多少個負責單位，存入 arrUnit() 陣列中，再用巢狀的迴圈輪詢，如果已選餐點對應到負責單位則印出資料。這邊大量使用類似的字串處理方式，就不再贅述。

```
             ⋮
          Sheets(4).Columns(1).ColumnWidth = 20
          frmOrder.Hide
          frmMenu.Hide
          Sheets(4).PrintPreview
          End
```

說明 「Sheets(4).PrintPreview」程式切換到預覽列印的畫面。在預覽列印之前，先將表單隱藏起來，以免覆蓋在預覽畫面上方無法操作。在關閉預覽列印時結束程式。

各表單的關閉設定

● **程式要求**：設定由點餐表單 frmOrder 來控制程式的起始與結束。當點餐表單 frmOrder 關閉時，結束所有程式及表單。

● **編寫程式碼**

```
  Private Sub UserForm_Terminate()
      End
  End Sub
```

不允許關閉表單

程式要求：為避免使用者誤將菜單表單 frmMenu 和數字鍵盤表單 frmNumPad 關閉會影響操作流程，因此設定使用者無法點擊視窗關閉鈕來關閉表單。

編寫程式碼

```
Private Sub UserForm_QueryClose(Cancel As Integer, CloseMode As
Integer)
    Cancel = True
End Sub
```

說明 只要在菜單表單 frmMenu 和數字鍵盤表單 frmNumPad 的 QueryClose 事件程序中，設定 Cancel 參數為 True，即可取消關閉作業。

執行成果

除了存入各項訂單資料之外，在原工作表中還新增一個「列印」工作表，可實際操作範例檔案，查看範例成果如下。

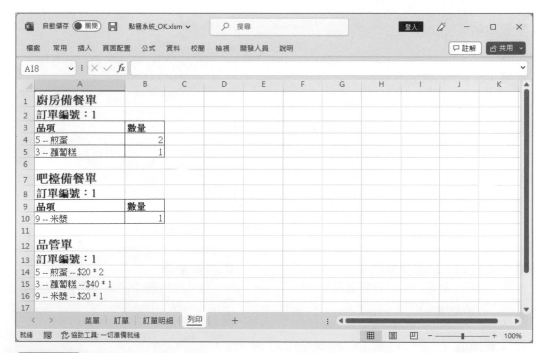

完成結果檔

程式檔案：範例檔案\ch15\點餐系統_OK.xlsm
成果檔案：範例檔案\ch15\點餐系統_OK.pdf

國家圖書館出版品預行編目資料

Excel VBA快速上手：程式設計與實務應用/全華
研究室，郭欣怡編著. -- 初版. -- 新北市：全華圖
書股份有限公司, 2023.05
　　　面；　公分
　　ISBN 978-626-328-460-9（平裝）

　　1.CST: EXCEL（電腦程式）

312.49E9　　　　　　　　　　　112007055

Excel VBA快速上手 程式設計與實務應用

作者 / 全華研究室 郭欣怡

發行人 / 陳本源

執行編輯 / 李慧茹

封面設計 / 盧怡瑄

出版者 / 全華圖書股份有限公司

郵政帳號 / 0100836-1號

印刷者 / 宏懋打字印刷股份有限公司

圖書編號 / 06516

初版一刷 / 2023 年 5 月

定價 / 新台幣 480 元

ISBN / 978-626-328-460-9 (平裝)

ISBN / 978-626-328-461-6（PDF）

ISBN / 978-626-328-462-3（EPUB）

全華圖書 / www.chwa.com.tw

全華網路書店Open Tech / www.opentech.com.tw

若您對本書有任何問題，歡迎來信指導 book@chwa.com.tw

臺北總公司（北區營業處）
地址：23671 新北市土城區忠義路 21 號
電話：(02) 2262-5666
傳真：(02) 6637-3695、6637-3696

南區營業處
地址：80769 高雄市三民區應安街 12 號
電話：(07) 381-1377
傳真：(07) 862-5562

中區營業處
地址：40256 臺中市南區樹義一巷 26 號
電話：(04) 2261-8485
傳真：(04) 3600-9806（高中職）
　　　(04) 3601-8600（大專）

歡迎加入 全華會員

● 會員獨享

會員享購書折扣、紅利積點、生日禮金、不定期優惠活動…等。

● 如何加入會員

掃 ORcode 或填妥讀者回函卡直接傳真 (02) 2262-0900 或寄回，將由專人協助登入會員資料，待收到 E-MAIL 通知後即可成為會員。

如何購買 全華書籍

1. 網路購書

全華網路書店「http://www.opentech.com.tw」，加入會員購書更便利，並享有紅利積點回饋等各式優惠。

2. 實體門市

歡迎至全華門市（新北市土城區忠義路21號）或各大書局選購。

3. 來電訂購

(1) 訂購專線：(02) 2262-5666 轉 321-324
(2) 傳真專線：(02) 6637-3696
(3) 郵局劃撥（帳號：0100836-1　戶名：全華圖書股份有限公司）
※ 購書未滿 990 元者，酌收運費 80 元。

OpenTech 全華網路書店
.com.tw

全華網路書店 www.opentech.com.tw
E-mail: service@chwa.com.tw

※ 本會員制如有變更則以最新修訂制度為準，造成不便請見諒。

讀書回函卡

掃 QRcode 線上填寫 ▶▶▶

2020.09 修訂

姓名：＿＿＿＿＿＿＿＿＿＿　生日：西元＿＿＿＿年＿＿＿月＿＿＿日　性別：□男 □女

電話：（　　　）＿＿＿＿＿＿＿＿＿＿＿＿　手機：＿＿＿＿＿＿＿＿＿＿＿＿

e-mail：（必填）＿＿＿＿＿＿＿＿＿＿＿＿＿＿＿＿＿＿＿＿＿＿＿＿＿

註：數字零，請用 Φ 表示，數字 1 與英文 L 請另註明並書寫端正，謝謝。

通訊處：□□□□□

學歷：□高中・職　□專科　□大學　□碩士　□博士

職業：□工程師　□教師　□學生　□軍・公　□其他

學校／公司：＿＿＿＿＿＿＿＿　科系／部門：＿＿＿＿＿＿＿＿

· 需求書類：

□ A. 電子 □ B. 電機 □ C. 資訊 □ D. 機械 □ E. 汽車 □ F. 工管 □ G. 土木 □ H. 化工

□ I. 設計 □ J. 商管 □ K. 日文 □ L. 美容 □ M. 休閒 □ N. 餐飲 □ O. 其他

· 本次購買圖書為：＿＿＿＿＿＿＿＿＿＿＿＿＿＿＿　書號：＿＿＿＿＿＿

· 您對本書的評價：

封面設計：□非常滿意　□滿意　□尚可　□需改善，請說明＿＿＿＿＿＿

內容表達：□非常滿意　□滿意　□尚可　□需改善，請說明＿＿＿＿＿＿

版面編排：□非常滿意　□滿意　□尚可　□需改善，請說明＿＿＿＿＿＿

印刷品質：□非常滿意　□滿意　□尚可　□需改善，請說明＿＿＿＿＿＿

書籍定價：□非常滿意　□滿意　□尚可　□需改善，請說明＿＿＿＿＿＿

整體評價：請說明＿＿＿＿＿＿＿＿＿＿＿＿＿＿＿＿＿＿＿＿＿＿

· 您在何處購買本書？

□書局　□網路書店　□書展　□團購　□其他

· 您購買本書的原因？（可複選）

□個人需要　□公司採購　□親友推薦　□老師指定用書　□其他

· 您希望全華以何種方式提供出版訊息及特惠活動？

□電子報　□ DM　□廣告（媒體名稱　　　　　　　）

· 您是否上過全華網路書店？（www.opentech.com.tw）

□是　□否　您的建議＿＿＿＿＿＿＿＿＿＿＿＿＿＿＿＿

· 您希望全華出版哪方面書籍？＿＿＿＿＿＿＿＿＿＿

· 您希望全華加強哪些服務？＿＿＿＿＿＿＿＿＿＿

· 感謝您提供寶貴意見，全華將秉持服務的熱忱，出版更多好書，以饗讀者。

填寫日期：　　　／　　　／

親愛的讀者：

感謝您對全華圖書的支持與愛護，雖然我們很慎重的處理每一本書，但恐仍有疏漏之處，若您發現本書有任何錯誤，請填寫於勘誤表內寄回，我們將於再版時修正，您的批評與指教是我們進步的原動力，謝謝！

全華圖書 敬上

勘　誤　表

頁　數	行　數	書　　名		作　者
書號			錯誤或不當之詞句	建議修改之詞句

我有話要說：（其它之批評與建議，如封面、編排、內容、印刷品質等‧‧‧）